普通高等教育“十三五”应用型人才创新素质培养示范教材
校企合作协同育人示范教材

Java 程序设计案例教程

主　编　邓海生　李月军　左银波
副主编　李运良　刘宗伟　颜　群　黎芳芳
主　审　张　亮　单宝军

北京邮电大学出版社
www.buptpress.com

内容简介

本书是一本实用的Java程序设计教程，以面向高校进行Java语言程序设计教学实践活动和培训机构进行Java程序员开发培训为目标。本书强调基本概念、技术和方法的阐述，注重理论联系实际的操作，强化读者有关创新素质的培养。本书内容主要包括Java程序设计概述、Java基本的程序设计结构、类和对象、抽象类和接口、字符串类、集合框架、图形用户界面设计、I/O流与文件、多线程、网络编程和Java访问关系型数据库。每章都列举经典实例，并精心设计创新素质拓展内容，课后配有思考题和练习题，旨在帮助读者夯实基础知识、强化实践能力、拓展创新知识和提高创新意识，以期提升读者发现、分析和解决问题的能力。

本书可以作为高等院校计算机类相关专业及职业培训教材，也可以作为其他专业选学或自学教材，本书配有试题库、电子课件、习题解答、源程序代码、理论学习手册和实验指导手册等相关辅助教学资料，凡使用本书作为教材的教师，可登录网站下载或联系主编索要，主编邮箱：denghaisheng@xijing.edu.cn。

图书在版编目(CIP)数据

Java程序设计案例教程 / 邓海生，李月军，左银波主编．-- 北京 ：北京邮电大学出版社，2018.9 (2025.1重印)

ISBN 978-7-5635-5618-2

Ⅰ．①J… Ⅱ．①邓… ②李… ③左… Ⅲ．①JAVA语言—程序设计—教材 Ⅳ．①TP312.8

中国版本图书馆CIP数据核字（2018）第244423号

书　　名：Java程序设计案例教程
主　　编：邓海生　李月军　左银波
责任编辑：廖　娟
出版发行：北京邮电大学出版社
社　　址：北京市海淀区西土城路10号（邮编：100876）
发 行 部：电话：010-62282185　传真：010-62283578
E-mail：publish@bupt.edu.cn
经　　销：各地新华书店
印　　刷：保定市中画美凯印刷有限公司
开　　本：787 mm×1 092 mm　1/16
印　　张：19.5
字　　数：472千字
版　　次：2018年9月第1版　2025年1月第4次印刷

ISBN 978-7-5635-5618-2　　定　价：49.00元

· 如有印装质量问题，请与北京邮电大学出版社发行部联系 ·

序

该书是基于校企合作、培养创新应用型人才的系列教材之一，也是Java工程师和编程初学者的必备书。1995年年底，Java语言在Internet舞台上一亮相便名声大噪。回顾过去二十年的成果，编程语言排行榜上Java的占比长期位居第一。Java虚拟机优化线程的魔力、跨平台兼容性、Java虚拟机、面向对象的思想以及易学上手等优点一直使Java在行业充当霸主。

Java的创始人之一James Gosling说："Java不仅仅是applets，它能做任何事情"，事实也同样证明了，全球有25亿Java器件运行着Java程序，450多万Java开发者活跃在地球的每个角落，数以千万计的Web用户每次上网都亲历Java的威力。近几年，我国新兴互联网行业发展迅速，各大传统行业也纷纷向互联网转型，软件人才极其不足，其中Java人才最为缺乏，社会对Java软件工程师的需求达到全部需求量的60%～70%。

本书提倡实践能力培养与创新素质提升并重，突出实际应用。全书内容结构合理，知识点全面，讲解详细，内容由浅入深，循序渐进，重点难点突出。本书以初学者的角度详细讲解了Java开发中重点用到的多种技术，包括Java开发环境的搭建及其运行机制、基本语法、面向对象的思想，采用典型翔实的例子、通俗易懂的语言阐述面向对象中的抽象概念。在多线程、常用API、集合、IO、GUI、网络编程章节中，通过剖析案例、分析代码结构含义、解决常见问题等方式，帮助初学者培养良好的编程习惯，通过扫描二维码来进一步扩充所学知识。相信本书对于Java的学习者来说，是个相当不错的选择。

本书由蓝桥学院与西京学院合作编写，蓝桥学院主要参与人员有李运良、刘宗伟、颜群、黎芳芳、单宝军；西京学院主要参与人员有邓海生、李月军、左银波。蓝桥学院由工信部的人才培养支撑机构——工信部人才交流中心主办，拥有多年的IT人才教育培养经验，由中国工程院院士倪光南担任名誉院长，教学团队拥有几十名资深教师。另外，蓝桥学院主办全国规模最大的IT类科技竞赛"蓝桥杯大赛"，大赛组委会的老师根据历年Java竞赛参赛选手的知识掌握程度及分析能力向本书编委提供了很多有意义的建议，我们在此表示衷心的感谢。

张亮

蓝桥学院院长

蓝桥杯大赛组委会副主任

前　言

Java 语言是当前最为流行的程序设计语言之一，其诸多优秀特征使其成为被业界广泛认可和采用的语言开发工具。同时，越来越多的高校也将其作为程序设计教学时主要的编程语言。Java 作为一种跨平台的程序，语言版本涵盖的范围较广——从定位于嵌入式系统应用的 J2ME 到定位于客户端应用的 J2SE，以及定位于企业服务器端程序应用的 J2EE。本书的目的就是通过校企联合、共同编写，以理论知识为基础、经典案例为载体，帮助 Java 初学者快速进入 Java 程序的精彩世界。同时，本书以创新素质拓展相关内容为引导，注重对读者创新素质的培养，帮助读者拓展创新知识、提升创新意识和培养创新思维，适应瞬息万变的时代。

本书编写的初衷是设计一本真正能够适应高校进行 Java 程序设计教学实践活动和培训机构进行 Java 程序员开发培训的基础教程，按照由浅入深、通俗易懂的原则介绍 Java 编程语言，让读者迅速了解、理解和掌握 Java 技术的基本思想与应用开发技术，掌握基础知识和操作技能，编制面向对象和网络化的程序，并且能够根据实际需求编制出一些实用程序。

本书的内容主要包括 Java 程序设计概述、Java 基本的程序设计结构、类和对象、抽象类和接口、字符串类、集合框架、图形用户界面设计、I/O 流与文件、多线程、网络编程和 Java 访问关系型数据库。本书强调基本概念技术和方法的阐述，注重理论联系实际的操作，强化对读者创新素质的培养，每章列举实例和分析、精心设计创新素质拓展内容，章后依据由浅入深的原则附有思考题与练习题，引导读者思考和进行程序设计，以提高读者解决实际问题的能力。教师可根据情况安排课后习题作业及习题分析。另外，本书还配有试题库、电子课件、习题解答、源程序代码、理论学习手册和实验指导手册等相关辅助教学资料可供下载。

本书由西京学院与蓝桥软件学院合作编写，主审为蓝桥软件学院张亮、单宝军，主编为西京学院邓海生、李月军、左银波，副主编为蓝桥软件学院李运良、刘宗伟、颜群和黎芳芳。本书在编写过程中还得到许多老师和同学的支持与帮助，他们参与了资料的收集、实验及程序的调试工作，在此一并表示衷心的感谢。由于编者水平有限，书中不足之处在所难免，希望读者批评指正，意见和建议可发至邮箱 360810836@qq.com，编者将不胜感激。

编　者

2018 年 7 月

目　录

第1章　Java程序设计概述

本章简介

Java是一门优秀的面向对象的编程语言，它的优点是与平台无关，可以实现“一次编写，到处运行”。Java虚拟机(JVM)使得经过编译的Java代码能在任何系统上运行。本章主要介绍Java语言的特点、Java开发环境的搭建和编写第一个Java程序等。在创新素质拓展部分，安排了“联合编译多个Java类”“编写‘蓝桥Java工程师管理系统’主界面”等开放型、设计型实验，培养学生创新素质。

1.1　计算机语言的特点

1.1.1　计算机语言发展历程

计算机语言是指用于人与计算机之间通信的语言。为了使电子计算机完成各项工作，就需要有一套用于编写计算机程序的数字、字符和语法规则，由这些字符和语法规则组成的计算机的各种指令(或各种语句)，就是计算机能接受的语言。计算机语言分为机器语言、汇编语言和高级语言。

1. 机器语言

机器语言是通常所说的第一代计算机语言。机器语言是由“0”和“1”组成的二进制数，是一串串由“0”和“1”组成的指令序列，可将这些指令序列交给计算机执行。相对于汇编语言和高级语言，机器语言运行效率最高。

机器语言的缺点：机器语言很晦涩。程序员需要知道每个指令对应的“0”“1”序列，靠记忆是一件不可能完成的工作。在程序运行过程中，如果出错需要修改，那更是难上加难。

2. 汇编语言

汇编语言是通常所说的第二代计算机语言。为了让程序员从机器语言大量的记忆工作中解脱出来，人们进行了一种有益的改进，用一些简洁的、有一定含义的英文字符串来替代特定指令的“0”“1”序列，例如，用“MOV”代表数据传递、“DEC”代表数据减法运算。这种变革对程序员而言，犹如人们从在绳子上打结计数发展到使用数字符号计数，极大地提高了工作效率。

汇编语言的缺点：汇编语言中，每一个指令只能对应实际操作过程中的一个很细微的动作,例如移动、自增等,要实现一个相对复杂的功能就需要非常多的步骤,工作量仍然很大。

3. 高级语言

高级语言就是通常所说的第三代计算机语言。和汇编语言相比,高级语言将许多硬件相关的机器指令合并成完成具体任务的单条高级语言,与具体操作相关的细节(如寄存器、堆栈等)被透明化,不需要程序员了解。程序员只要会操作单条高级语句,不需要深入掌握操作系统级别的细节,就可以开发出程序。

目前,影响最大、使用最广泛的高级语言有 Java、C、C++ 、C#。另外还有一些特殊类型的语言,包括智能化语言(LISP、Prolog、CLIPS……)、动态语言(Python、PHP、Ruby……)等。这里着重介绍一下 C 语言、C++ 语言和 C# 语言。

- C 语言

C 语言是一种计算机程序设计语言,它既具有高级语言的特点,又具有汇编语言的特点。C 语言于 1972 年由美国贝尔实验室推出。C 语言的一些重要特点如下:

(1) C 语言(习惯上称为中级语言)把高级语言的基本结构和语句与低级语言的实用性结合起来,它可以像汇编语言一样对位、字节和地址进行操作。

(2) C 语言使用指针直接进行靠近硬件的操作,对于程序员而言显得更加灵活,但同时也给程序带来了安全隐患。因此在构建 Java 语言时,参考了 C 语言的诸多优势,但为了安全性考虑,取消了指针操作。

- C++ 语言

C++ 语言是具有面向对象特性的 C 语言。

面向对象是一种对现实世界理解和抽象的方法,是计算机编程技术发展到一定阶段后的产物。当今,程序开发思想已经全面从面向过程(C 语言)分析、设计和编程发展到面向对象的模式。

通过面向对象的方式,将现实世界的事务抽象成类和对象,帮助程序员实现对现实世界的抽象与建模。通过面向对象的方法,采用更利于人理解的方式对复杂系统进行分析、设计与编程。

- C# 语言

C# 语言是一种面向对象的、运行于. NET Framework 之上的高级程序设计语言。C# 与 Java 惊人地相似(单一继承、接口、编译成中间代码再运行),就如同 Java 和 C 在基本语法上类似一样。在语言层面,C# 语言是微软公司. NET Windows 网络框架的主角。

1.1.2 Java 程序的工作原理

Java 虚拟机(Java Virtual Machine)简称 JVM,它不是一台真实的机器,而是想象中的机器,通过模拟真实机器来运行 Java 程序。

既然是模拟出来的机器,Java 虚拟机看起来同样有硬件,如处理器、堆栈、寄存器等,还具有相应的指令系统。

Java 程序运行在这个抽象的 Java 虚拟机上,它是 Java 程序的运行环境,也是 Java 最具吸引力的特性之一。

前面提到过,Java 语言的一个重要特点就是目标代码级的平台无关性,接下来将从原理上进一步说明为什么 Java 语言具有这样的平台无关性。实现 Java"一次编译,到处运行"的关键就是使用了 Java 虚拟机。

例如,使用 C 语言开发的一个类似计算器的软件,如果想要这个软件在 Windows 平台上运行,则需要在 Windows 平台下编译成目标代码,这个计算器的目标代码只能在 Windows 平台上运行。而如果想让这个计算器软件在 Linux 平台上运行,则必须在对应的平台下编译,产生针对该平台的目标代码,才可以运行。

对于 Java 语言而言,则完全不是这样。用 Java 编写的计算器程序(.java 后缀)经过编译器编译成字节码文件,这个字节码文件不是针对具体平台的,而是针对抽象的 Java 虚拟机的,在 Java 虚拟机上运行。而在不同的平台上,会安装不同的 Java 虚拟机,这些不同的 Java 虚拟机屏蔽了各个不同平台的差异,从而使 Java 程序(字节码文件)具有平台无关性。也就是说,Java 虚拟机在执行字节码时,把字节码解释成具体平台上的机器指令执行,具体原理如图 1.1 所示。

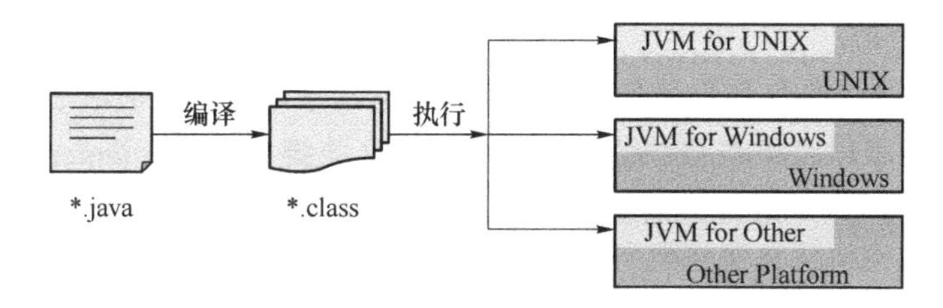

图 1.1　Java 虚拟机

理解了 Java 虚拟机之后,接下来介绍 Java 程序工作原理。如图 1.2 所示,Java 字节码文件先后经过 JVM 的类装载器、字节码校验器和解释器,最终在操作系统平台上运行。具体各部分的主要功能描述如下。

- 类装载器。其主要功能是为执行程序寻找和装载所需要的类,就是把字节码文件装到 Java 虚拟机中。
- 字节码校验器。其功能是对字节码文件进行校验,保证代码的安全性。字节码校验器负责测试代码段格式并进行规则检查,检查伪造指针、违反对象访问权限或试图改变对象类型的非法代码。
- 解释器。具体的平台并不认识字节码文件,最终起作用的还是这个最重要的解释器,它将字节码文件翻译成所在平台能识别的内容。

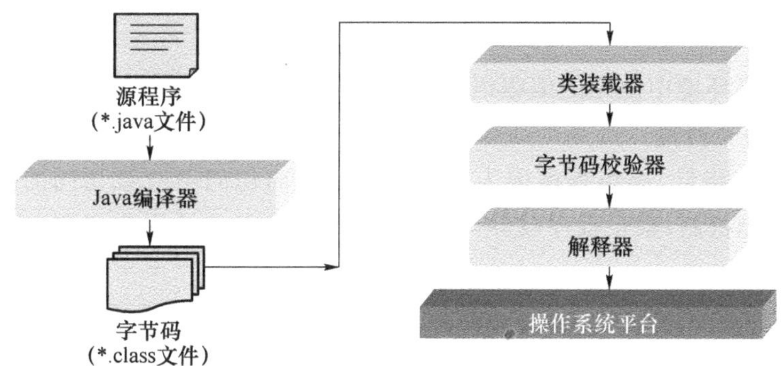

图 1.2　Java 程序工作原理

1.1.3 Java 语言的关键特点

Sun 公司在《Java 白皮书》中对 Java 语言的定义是“Java:A simple,object-oriented,distribute, interprete, robust, secur, architecture-neutral, portabl, high-performance, multithreaded,and dynamic language”。按照这个定义,Java 是一种具有“简单、面向对象、分布式、解释型、稳健、安全、与体系结构无关、可移植、高性能、多线程和动态执行”等特性的语言。下面简要介绍 Java 的这些特性。

1. 简单性

Java 语言的语法与 C 和 C++ 语言很接近,便于大多数程序员学习和使用。另外,Java 丢弃了 C++ 中那些很少使用的、很难理解的、令人迷惑的特性,如操作符重载、多继承、自动的强制类型转换。特别是 Java 语言不使用指针并提供了自动的废料收集,使得程序员不必为内存管理而担忧。

2. 面向对象

Java 语言提供类、接口和继承等原语,为了简单起见,它只支持类之间的单继承,但支持接口之间的多继承以及类与接口之间的实现机制(关键字为 implements)。Java 语言全面支持动态绑定,而 C++ 语言只对虚函数使用动态绑定。Java 语言不支持类似 C 语言那样的面向过程的程序设计技术,所以 Java 语言是一种纯面向对象的程序设计语言。

3. 分布式

Java 语言支持 Internet 应用的开发,在基本的 Java 应用编程接口中有一个网络应用编程接口 Java.net,它提供了用于网络应用编程的类库,包括 URL、URLConnection、Socket、ServerSocket 等。Java 的 RMI(远程方法激活)机制也是开发分布式应用的重要手段。

4. 解释型

Java 解释器直接对 Java 字节码进行解释执行。字节码本身携带了许多编译时的信息,使得连接过程更加简单。Java 程序可以在提供 Java 语言解释器和实时运行系统的任意环境上运行。

5. 稳健性(鲁棒性)

Java 语言在编译和运行程序时,都要对可能出现的问题进行检查,以避免产生错误。Java 采用面向对象的异常(例外)处理机制、强类型机制、自动垃圾回收机制等,使 Java 更具稳健性。

6. 安全性

Java 是在网络环境中使用的编程语言,必须考虑安全性问题,主要有以下两个方面。

(1) 设计的安全防范

Java 语言没有指针,避免程序因为指针使用不当而访问不应该访问的内存空间;提供数组元素上标检测机制,禁止程序越界访问内存;提供内存自动回收机制,避免程序遗漏或重复释放内存。

(2) 运行安全检查

为了防止字节码程序被非法改动,解释执行前,Java 先对字节码程序做检查,防止网络“黑客”对字节码程序恶意改动造成系统破坏。

7. 与体系结构无关

用Java解释器生成的与体系结构无关的字节码指令，只要安装了Java运行环境，Java程序就可以在任意的处理器上运行。Java虚拟机(Java virtual machine，JVM)能够识别这些字节码指令，Java解释器得到字节码后，对它进行转换，使之在不同的平台上运行，实现了“一次编译，到处运行”。

8. 可移植性

与平台无关的特性使Java程序不必重新编译就可以移植到网络的不同机器上，同时，Java的类库中也实现了与不同平台的接口，使这些类库可以移植。另外，Java中的原始数据类型存储方法是固定的，避免了移植时可能产生的问题。

9. 高性能

Java字节码的设计使之能很容易地直接转换成对应于特定CPU(central processing unit)的机器码，从而得到较高的性能。随着JIT(just-in-time)编译器技术的发展，Java的运行速度越来越接近于C++。

10. 多线程

在Java语言中，线程是一种特殊的对象，它必须由Thread类或其子(孙)类来创建。创建线程的方法通常有以下两种：

1) 使用Thread(Runnable)构造方法将一个实现了Runnable接口的对象包装成一个线程；

2) 从Thread类派生出子类并重写run方法，使用该子类创建的对象即为线程。

值得注意的是，Thread类已经实现了Runnable接口，因此任何一个线程均有它的run方法，而run方法中包含了线程所要运行的代码。线程的活动由一组方法来控制。Java语言支持多个线程的同时执行，并提供多线程之间的同步机制(关键字为synchronized)。

11. 动态执行

Java语言的设计目标之一是适应动态变化的环境。Java程序的基本组成单元是类(程序员编制的类或类库中的类)，而类又是运行时动态加载的，这就使得Java可以在分布式环境中动态地维护程序及类库。

1.2　Java开发环境

1.2.1　下载、安装JDK

使用Java语言编程前，必须拥有Java的开发和运行环境，然后利用文本编辑工具编写Java源代码，再使用Java编译程序对源代码进行编译，之后就可以运行了。

第一步　下载JDK

Java SDK(Java software development kit)是由Sun公司所推出的Java开发工具。Java SDK从1.2版本开始，针对不同的应用领域分为3个不同的平台：Java SE、Java EE和Java ME，分别是Java标准版(Java standard edition)、Java企业版(Java enterprise edition)和Java微型版(Java micro edition)。可以从Oracle官网上下载JDK，网址为：http://www.oracle.com/technetwork/java/javase/downloads/index.html。

JDK 是一个 Java 应用程序的开发环境。它由两部分组成，下层是处于操作系统层之上的运行环境，上层由编译工具、调试工具和运行 Java 应用程序所需的工具组成。

JDK 主要包含以下基本工具(仅列举部分常用的工具)。

- javac：编译器，将源程序转成字节码文件。
- java：执行器，运行编译后的字节码文件。
- javadoc：文档生成器，从源码注释中自动产生 Java 文档。
- jar：打包工具，将相关的类文件打包成一个文件。

JDK 包含以下常用类库。

- java.lang：系统基础类库，其中包括字符串类 String 等。
- java.io：输入输出类库，进行文件读写需要用到。
- java.net：网络相关类库，进行网络通信会用到其中的类。
- java.util：系统辅助类库，编程中经常用到的集合属于这个类库。
- java.sql：数据库操作类库，连接数据库、执行 SQL 语句、返回结果集需要用到该类库。
- javax.servlet：JSP、Servlet 等使用到的类库，是 Java 后台技术的核心类库。

第二步　安装 JDK

此处以安装 jdk-9_windows-x64_bin.exe 为例介绍 JDK 的安装。

双击下载的安装文件 jdk-9_windows-x64_bin.exe，打开如图 1.3 所示安装向导界面，单击“下一步”按钮，打开如图 1.4 所示的自定义安装界面。

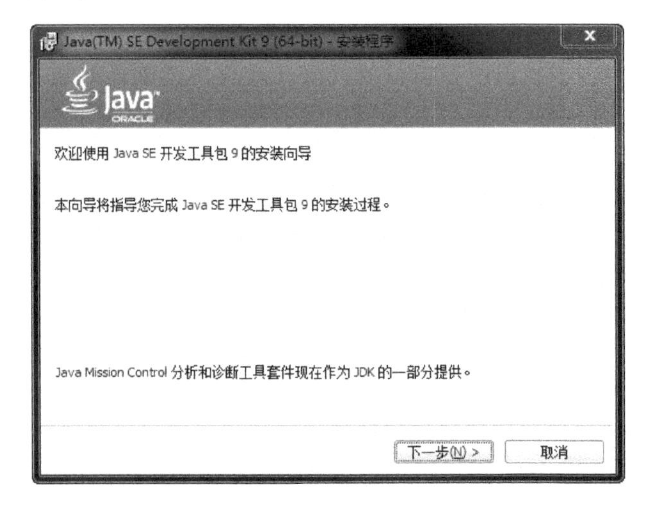

图 1.3　JDK 安装向导

图 1.4 中显示了 JDK 安装时的有关内容。特别要注意 JDK 安装路径的选择，系统默认安装到“C:\Program Files\Java\jdk-9”文件夹中，为了便于后续章节程序编译，此处将安装路径改成便于操作的文件夹，单击“更改”按钮，输入“D:\JDK-9\”，单击“下一步”按钮后开始安装。

安装完成后出现 JRE(Java runtime environment，Java 运行环境)安装界面，如图 1.5 所示。单击“更改”按钮，在“文件夹名称”文本框中输入“D:\JDK-9\JRE”，单击“确定”按钮返回如图 1.5 所示界面，继续安装 JRE，安装完成后出现如图 1.6 所示界面。

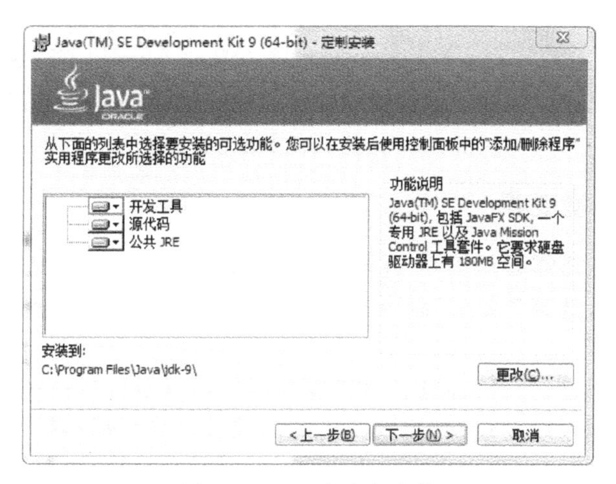

图 1.4　JDK 自定义安装

图 1.5　JRE 安装

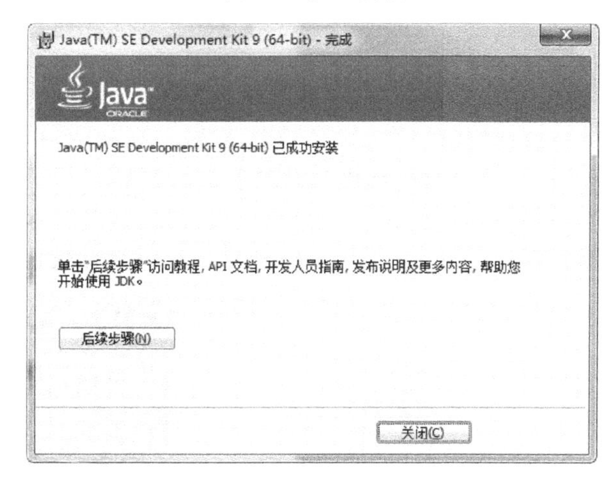

图 1.6　JDK 安装完成

在控制台下输入 java-version 命令，出现如图 1.7 所示的结果即表明 JDK 安装成功。

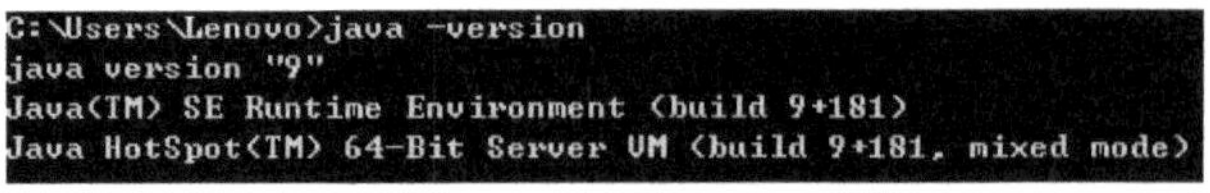

```
C:\Users\Lenovo>java -version
java version "9"
Java(TM) SE Runtime Environment (build 9+181)
Java HotSpot(TM) 64-Bit Server VM (build 9+181, mixed mode)
```

图 1.7　验证 JDK 安装是否成功

1.2.2　设置环境变量

JDK 安装完成后，还需要对 JDK 进行环境变量设置，主要包括 Path 和 CLASSPATH。右击“我的电脑”图标，选择“属性”命令，打开“系统属性”对话框，选择“高级”选项卡，如图 1.8所示。

单击“环境变量”按钮，打开“环境变量”对话框，在“系统变量”列表中找到 Path 变量，单击“编辑”按钮，打开“编辑系统变量”对话框，如图 1.9 所示。在“变量值”文本框中对 Path 的变量值进行编辑或修改，建议在原来的变量值后加上“D:\JDK-9\bin;”，然后单击“确定”按钮。

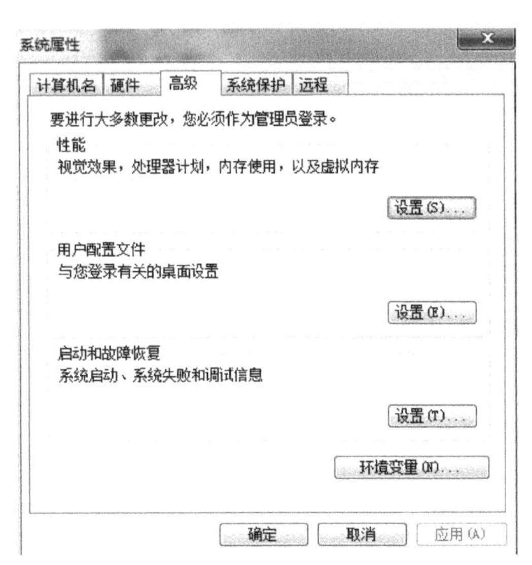

图 1.8　“系统属性”对话框的“高级”选项卡

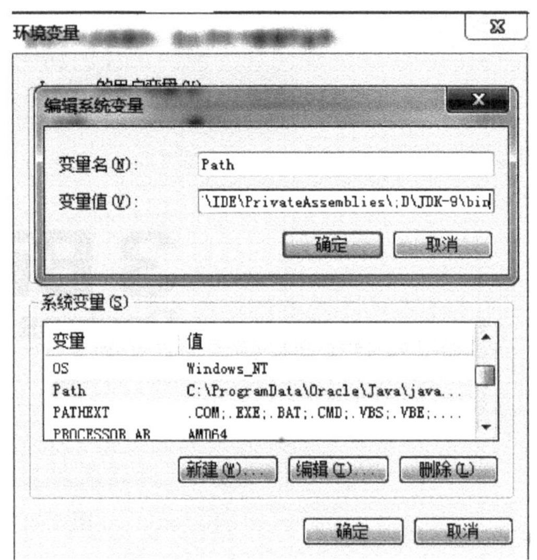

图 1.9　设置 Path 变量

同样，在“系统变量”列表中设置 CLASSPATH 变量。如果“环境变量”对话框的“系统变量”列表中没有 CLASSPATH 变量，选择“新建”按钮建立 CLASSPATH 变量，然后对其变量值进行编辑或修改，如图 1.10 所示。

关于如何配置环境变量，也可扫描如图 1.11 所示二维码观看教学视频。

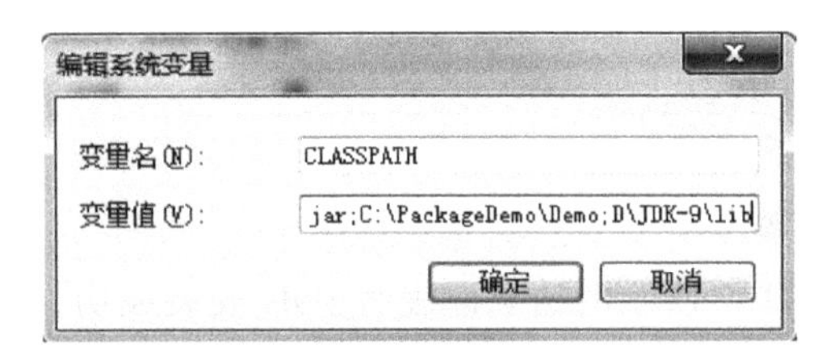

图 1.10　设置 CLASSPATH 变量

图 1.11　“配置环境变量”教学视频下载地址

1.2.3 测试环境变量

设置完成后,可以通过以下方式来验证是否安装或设置成功。在“开始”菜单中选择“运行”命令,输入“cmd”,在打开窗口的命令行中输入“javac”,如果安装和设置成功,则会出现如图 1.12 所示的选项提示。

```
管理员: C:\Windows\system32\cmd.exe

C:\Users\Lenovo>javac
用法: javac <options> <source files>
其中, 可能的选项包括:
  @<filename>                  从文件读取选项和文件名
  -Akey[=value]                传递给注释处理程序的选项
  --add-modules <模块>(,<模块>)*
        除了初始模块之外要解析的根模块; 如果 <module>
                为 ALL-MODULE-PATH, 则为模块路径中的所有模块。
  --boot-class-path <path>, -bootclasspath <path>
        覆盖引导类文件的位置
  --class-path <path>, -classpath <path>, -cp <path>
        指定查找用户类文件和注释处理程序的位置
  -d <directory>               指定放置生成的类文件的位置
  -deprecation                 输出使用已过时的 API 的源位置
  -encoding <encoding>         指定源文件使用的字符编码
  -endorseddirs <dirs>         覆盖签名的标准路径的位置
  -extdirs <dirs>              覆盖所安装扩展的位置
  -g                           生成所有调试信息
  -g:{lines,vars,source}       只生成某些调试信息
  -g:none                      不生成任何调试信息
  -h <directory>               指定放置生成的本机标头文件的位置
  --help, -help                输出此帮助消息
  --help-extra, -X             输出额外选项的帮助
```

图 1.12 javac 选项提示

1.3 第一个 Java 程序

1.3.1 Java 程序概述

Java 源文件以 java 为扩展名。源文件的基本组成部分是类(class),如本例中的 HelloWorld 类。

一个源文件中最多只能有一个 public 类,其他类的个数不限,如果源文件包含一个 public 类,则该源文件必须以 public 类名命名。

Java 程序的执行入口是 main()方法,它有固定的书写格式。

```
public static void main(String[] args){…}
```

Java 语言严格区分大小写。

Java 程序由一条条语句构成,每个语句以分号结束。

刚编写的这个程序的作用是向控制台输出“HelloWorld!”。程序虽然非常简单,但其包括了一个 Java 程序的基本组成部分。以后编写 Java 程序,都是在这个基本组成部分上增加内容。下面是编写 Java 程序基本步骤的介绍。

(1) 编写程序结构。

```
public class HelloWorld{


}
```

程序的基本组成部分是类，这里命名为 HelloWorld，因为前面有 public 修饰，所以程序源文件的名称必须和类名一致。类名后面有一对大括号，所有属于这个类的代码都写在这对大括号里面。

(2) 编写 main 方法。

```
public static void main(String[] args){

}
```

一个程序运行起来需要有个入口，main()方法就是这个程序的入口，是这个程序运行的起始点。程序没有 main()方法，Java 虚拟机就不知道从哪里开始执行了。需要注意的是，一个程序只能有一个 main()方法，否则不知道从哪个 main()方法开始运行！

编写 main()方法时，按照上面的格式和内容书写即可，内容不能缺少，顺序也不能调整，具体的各个修饰符的作用，后面的课程会详细介绍。main()方法后面也有一对大括号，Java 代码写在这对大括号里，Java 虚拟机在这对大括号里按顺序执行代码。

(3) 编写执行代码。

```
System.out.println("HelloWorld!");
```

System. out. println("**********")方法的作用很简单，就是向控制台输出**********，输出之后自动换行。前面已经说过，JDK 包含了一些常用类库，提供了一些常用方法，这个方法就是 java. lang. System 类里提供的方法。如果程序员希望向控制台输出内容之后，不自动换行，则使用方法 System. out. print()。

1.3.2 编辑、编译和运行第一个 Java 程序

第一步 编辑 Java 程序

JDK 中没有提供 Java 编辑器，需要使用者自己选择一个方便易用的编辑器或集成开发工具。作为初学者，读者可以使用记事本、UltraEdit、Editplus 作为 Java 编辑器，编写第一个Java程序。下面以记事本为例，使用它编写 HelloWorld 程序。

打开“记事本”，按照图 1.13 所示输入代码(注意大小写和程序缩进)，完成后将其保存为 HelloWorld. java 文件(注意不要保存成 HelloWorld. java. txt 文件)。

HelloWorld.java - 记事本

文件(F) 编辑(E) 格式(O) 查看(V) 帮助(H)

```
public class HelloWorld
{
   public static void main(String[] args)

   {
      System.out.println("HelloWorld");
    }
}
```

图 1.13 HelloWorld 程序代码

第二步　编译 java 源文件

在控制台环境下，进入到保存 HelloWorld. java 的目录，执行 javac HelloWorld. java 命令，对源文件进行编译。Java 编译器会在当前目录下产生一个以. class 为后缀的字节码文件。

第三步　运行 class 文件

执行 java HelloWorld(注意没有. class 后缀)命令，会输出执行结果，如图 1.14 所示。

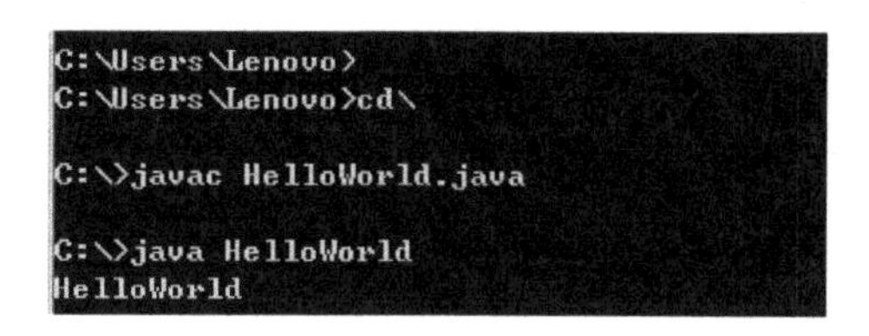

图 1.14　编译和运行 Java 程序

1.3.3　Java 集成开发环境 Eclipse

Eclipse 是著名的跨平台自由集成开发环境(IDE)，深受广大开发人员的青睐，应用非常广泛。Eclipse 最初由 IBM 公司开发，于 2001 年 11 月发布了第一个版本，后来作为一个开源项目捐献给了开源组织。本书后面章节中的例程都以 Eclipse 为开发平台。

可以在官方网站 http://www. eclipse. org 下载 Eclipse。下载时需要根据操作系统选择不同的链接，Windows 操作系统下 32 位的开发环境下载地址如图 1.15 所示。默认 Eclipse是英文版的，为便于使用，需要下载中文语言包，下载地址如图 1.16 所示。

图 1.15　Eclipse 下载地址

图 1.16　Eclipse 中文语言包下载地址

JDK 成功安装并配置后，将下载的 Eclipse 压缩包先解压到磁盘目录下，然后在 Eclipse 所在目录下创建 language 和 links 子目录，将中文语言包解压到 language 子目录下，最后在 links 子目录下创建一个 language. link 文件，内容为“path＝e:/eclipse/language”，这里假设 Eclipse 安装在 E:\eclipse 目录下，如图 1.17 所示。

Eclipse 以项目(project)的方式组织代码，因此，编写代码前要先创建项目。打开 Eclipse后，首先创建一个项目，依次选择“文件”→“新建”→“Java 项目”，然后输入项目名，单击“完成”按钮就生成了一个新项目。选择“文件”→“新建”→“类”，打开“新建 Java 类”对话框，如图 1.18 所示。输入类的名称，选择自动生成 public static void main( )函数，完成类的创建，接下来就可以编写 Java 源代码了。

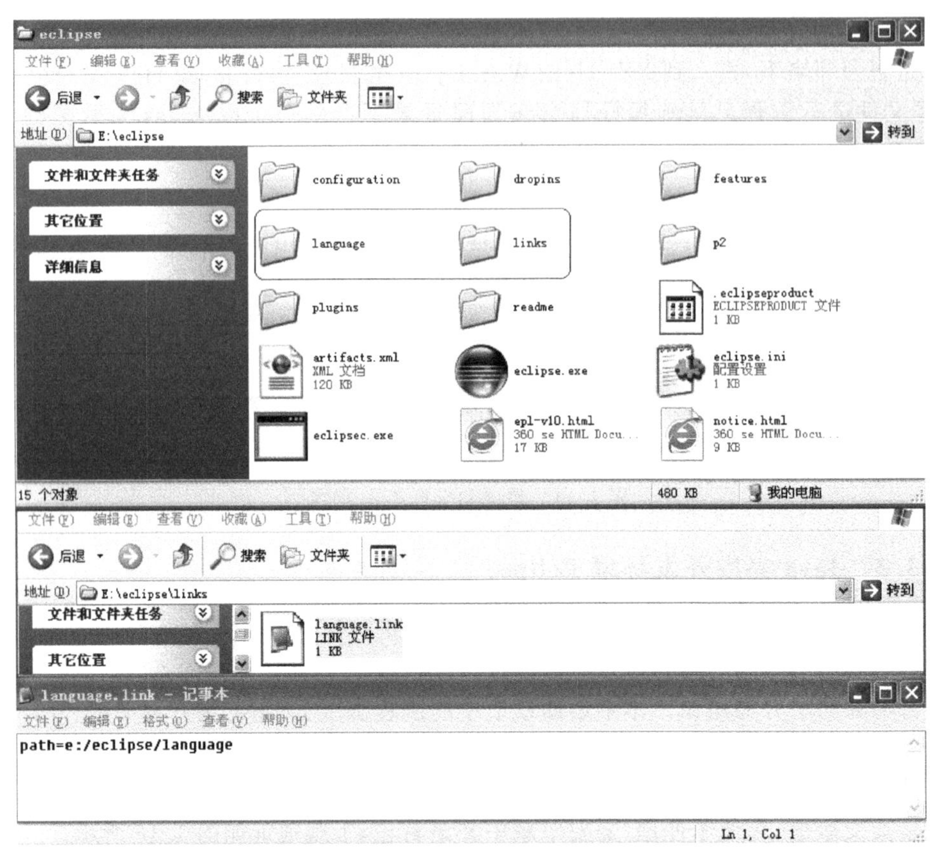

图 1.17　Eclipse 中文语言包配置

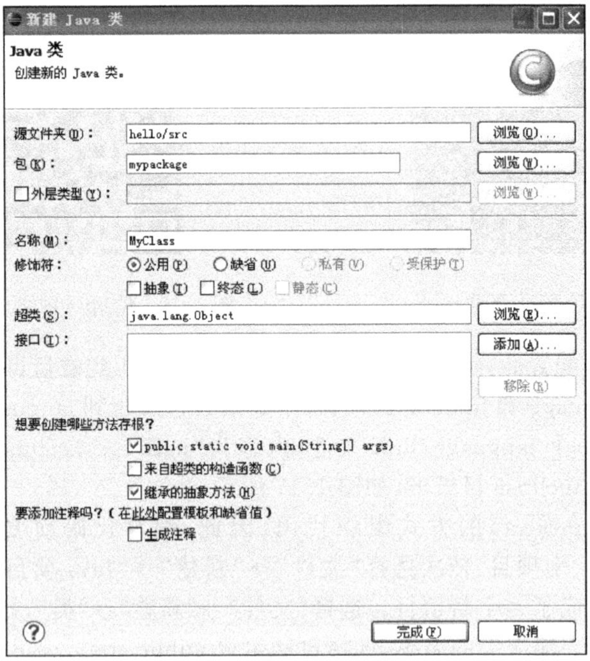

新建 Java 类

Java 类

创建新的 Java 类。

源文件夹(D)：hello/src　浏览(O)...

包(K)：mypackage　浏览(W)...

□外层类型(Y)：　浏览(W)...

名称(M)：MyClass

修饰符：⊙公用(P)　○缺省(U)　○私有(V)　○受保护(T)

□抽象(T)　□终态(L)　□静态(C)

超类(S)：java.lang.Object　浏览(E)...

接口(I)：　添加(A)...　移除(R)

想要创建哪些方法存根？

☑public static void main(String[] args)

□来自超类的构造函数(C)

☑继承的抽象方法(H)

要添加注释吗？(在此处配置模板和缺省值)

□生成注释

完成(F)　取消

图 1.18　“新建 Java 类”对话框

1.4 创新素质拓展

1.4.1 联合编译多个 Java 类

【目的】

在编译多个 Java 源文件，自主学习 Java 主类结构相关知识的基础上，鼓励学生大胆质疑，尝试解答思考题，培养学生创新意识。

【要求】

编写 4 个源文件：Hello.java、A.java、B.java 和 C.java，每个源文件只有一个类，Hello.java 是一个应用程序（含有 main 方法），使用了 A、B 和 C 类。将 4 个源文件保存到同一目录中，例如 C:\JavaDemo，然后编译 Hello.java。

【程序运行效果示例】

程序运行效果示例如图 1.19 所示。

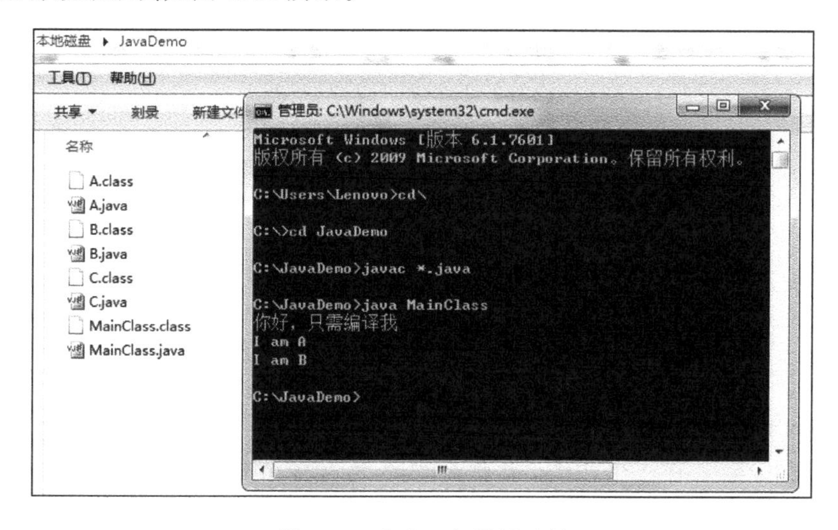

图 1.19 程序运行效果示例

【参考程序】

Hello.java

```
public class MainClass
{
    public static void main(String args[ ])
    {
        【代码 1】    //命令行窗口输出"你好,只需编译我"
        A a = new A();
        a.fA();
        B b = new B();
        b.fB();
    }
}
```

A. java

```
public class A
{
        void fA()
        {
                【代码 2】    //命令行窗口输出"I am A"
        }
}
```

B. java

```
public class B
{
        void fB()
         {
                【代码 3】    //命令行窗口输出"I am B"
         }
}
```

C. java

```
public class C
{
        void fC()
         {
              【代码 4】    //命令行窗口输出"I am C"
         }
}
```

【知识点链接】

Java 项目中，至多有一个主类，也就是说不允许多个主类同时存在。Java的主类结构，相关知识链接，请扫描右侧二维码：

【思考题】

能将 Hello. java、A. java、B. java、C. java 代码直接合并成一个源文件吗？若能合并，合并后的源文件名称应该是什么？

1.4.2 编写“蓝桥 Java 工程师管理系统”主界面

【目的】

在完成“蓝桥 Java 工程师管理系统”主界面的基础上，鼓励学生仿照该系统，自己设计并实现一个自定义系统界面，培养学生创新实践能力。

【要求】

编写源文件 LQManager. java，实现“蓝桥 Java 工程师管理系统”主界面。在此基础上，自行设计并实现一个自定义系统界面，如工资管理系统、学籍管理系统等。

【程序运行效果示例】

“蓝桥计划 Java 工程师管理系统”(以下简称“蓝桥系统”)主界面，如图 1.20 所示。

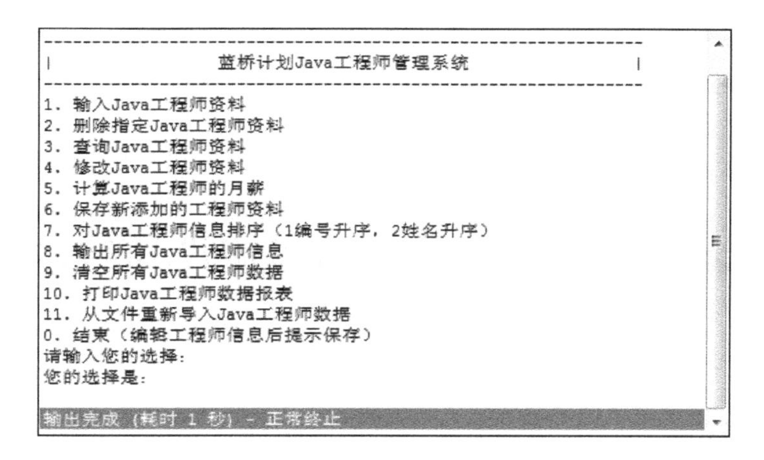

图 1.20 “蓝桥系统”主界面

【知识点链接】

Eclipse 个性化设置，例如调整控制台的字体大小、颜色等。相关知识链接，请扫描如下二维码。

【思考题】

1. 编译器怎样提示丢失大括号的错误?
2. 编译器怎样提示语句丢失分号的错误?
3. 编译器怎样提示将 System 写成 system 这一错误?
4. 编译器怎样提示将 String 写成 string 这一错误?

1.5 本章练习

1. Java 字节码文件的后缀为(　　)。(选择一项)

   A. .docx　　B. .java　　C. .class　　D. 以上答案都不对

2. 下列描述中说法正确的是(　　)。(选择一项)

   A. 机器语言执行速度最快
   B. 汇编语言执行速度最快
   C. 高级语言执行速度最快
   D. 机器语言、汇编语言和高级语言执行速度都一样

3. Javac 的作用是(　　)。(选择一项)

   A. 将源程序编译成字节码　　B. 将字节码编译成源程序
   C. 解释执行 Java 字节码　　D. 调试 Java 代码

4. 请描述什么是 Java 虚拟机。

5. 为什么 Java 能实现目标代码级的平台无关性。

第2章　Java基本的程序设计结构

本章简介

在深入学习Java程序设计之前，首先要掌握Java语言基础知识。Java中的语句由标识符、关键字、运算符、分隔符和注释等元素构成；Java的流程控制语句，用来控制Java语句的执行顺序；Java中的数组存放相同类型的变量或对象。在教学内容组织上，依据验证型实验到设计型实验进阶的原则，设计实验例题，并围绕蓝桥杯软件设计大赛进行算法训练，旨在夯实学生创新知识，培养学生创新能力。

2.1　标识符命名规则

2.1.1　标识符

标识符是用于给程序中的变量、类、创建的对象及对象方法等命名的符号。Java语言对标识符的定义有以下规定：

(1) 标识符由字母、下划线“_”及美元符号“$”开头，后面可以是字母、下划线、美元符号和数字(0～9)；

(2) 标识符区分字母的大小写，如XY和Xy代表不同的标识符；

(3) 标识符的名字长度不限，但不宜太长，否则不利于程序编写；

(4) 标识符不能是关键字。

例如，i1、abc、test_1等都是合法的标识符，而2count、high#、null等都是非法的标识符。关键字不能当作标识符使用。Java语言区分字母大小写，VALUE、Value、value表示不同的标识符。

2.1.2　关键字

关键字是Java语言本身使用的标识符，每个关键字都有其特殊的意义，不能用于任何其他用途。需注意，关键字一律用小写字母表示。Java语言中的关键字如表2.1所示。

表 2.1　Java 语言的关键字

类型	关键字
与数据类型相关的关键字	boolean、int、long、short、byte、float、double、char、class、interface
与流程控制相关的关键字	if、else、do、while、for、switch、case、default、break、continue、return、try、catch、finally
与修饰符相关的关键字	public、protected、private、final、void、static、strictfp、abstract、transient、synchronized、volatile、native
与动作相关的关键字	package、import、throw、throws、extends、implements、this、super、instanceof、new
其他关键字	true、false、goto、const

2.2　Java 基本数据类型

Java 数据类型分为两大类，即基本数据类型和引用数据类型，如图 2.1 所示。其中引用数据类型又分为类、接口和数组，不是本章介绍的重点，后面中会详细介绍。

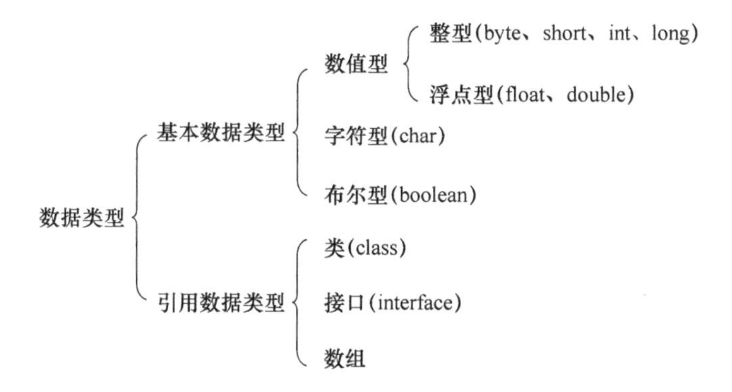

图 2.1　Java 数据类型

Java 基本数据类型分为 4 种，分别是整型、浮点型、字符型和布尔型。表 2.2 列出了不同的 Java 基本数据类型所占的字节数、位数和使用说明。

表 2.2　Java 基本数据类型说明

数据类型	字节数	位数	使用说明
byte	1	8	取值范围：$-2^7 \sim 2^7-1$
short	2	16	取值范围：$-2^{15} \sim 2^{15}-1$
int	4	32	取值范围：$-2^{31} \sim 2^{31}-1$
long	8	64	取值范围：$-2^{63} \sim 2^{63}-1$，直接赋值时必须在数字后加上 l 或 L
float	4	32	取值范围：1.4E−45～3.4E38，直接赋值时必须在数字后加上 f 或 F
double	8	64	取值范围：4.9E−324～1.8E308
char	2	16	使用 Unicode 编码(2 个字节)，可存汉字
boolean	—	—	只有 true 和 false 两个取值

2.2.1 整型

Java 各整数类型有固定的表示范围和字段长度,其不受具体操作系统的影响,以保证 Java 程序的可移植性。

Java 语言整型常量有以下 3 种表示形式。

(1) 十进制整数,例如 12,−127,0;

(2) 八进制整数,以 0 开头,例如 014(对应于十进制的 12);

(3) 十六进制整数,以 0x 或 0X 开头,例如 0XC(对应于十进制的 12)。

进制转换的内容不是本书涉及的范畴,如有不清楚的,请扫描右侧二维码。

Java 语言的整型常量默认为 int 型,声明 long 型的整型常量需要在常量后面加上 l 或 L,例如:

```
long maxNum = 9999999999L;
```

看下面的程序,其运行结果如图 2.2 所示。

```
class MaxNum
{
    public static void main(String[] args)
    {
        long maxNum = 9999999999;
        System.out.println(maxNum);
    }
}
```

```
Console
<terminated> MaxNum [Java Application] D:\JDK-9\bin\javaw.exe (2018年4月12日
The literal 9999999999 of type int is out of range
at 第二章.MaxNum.main(MaxNum.java:7)
```

图 2.2 运行结果

程序运行出错的原因为,Java 语言的整型常量默认为 int 型,其最大值为 2 147 483 647,而在给 maxNum 赋值时,等号右边的整型常数为 9999999999,大于 int 型的最大值,所以报错。处理方法是在 9999999999 后面加个"L"(或"l")。

为了存整数,Java 语言设计出 4 种整型类型的目的是存不同大小的数,这样可以节约存储空间,对于一些硬件内存小或者要求运行速度快的系统显得尤为重要。例如,需要存储一个两位整数,其数值范围为−99 到 99,程序员就可以使用 byte 类型进行存储,因为 byte 类型的取值范围为−128 到 127。

2.2.2　浮点型

Java 浮点类型常量有以下两种表示形式：

(1) 十进制形式，例如 3.14，314.0，.314；

(2) 科学记数法形式，例如 3.14e2，3.14E2，100E－2。

Java 语言浮点型常量默认为 double 型，声明一个 float 型常量，则需要在常量后面加上“f”或“F”，例如：

```
float floatNum = 3.14F;
```

不同于整型，通过简单的推算，程序员就可以知道这个类型的整数的取值范围，对于 float 型和 double 型，要想推算出来，需要理解浮点型的存储原理，且计算起来比较复杂。接下来，通过下面的程序，可以直接在控制台输出这两种类型的最小值和最大值，程序运行结果如图 2.3 所示。

```
class FloatDoubleMinMax
{
        public static void main(String[] args)
        {
                System.out.println("float 最小值 = " + Float.MIN_VALUE);
                System.out.println("float 最大值 = " + Float.MAX_VALUE);

                System.out.println("double 最小值 = " + Double.MIN_VALUE);
                System.out.println("double 最大值 = " + Double.MAX_VALUE);
        }
}
```

```
Console
<terminated> FloatDoubleMinMax [Java Application] D:\JDK-9\b
float最小值 = 1.4E-45
float最大值 = 3.4028235E38
double最小值 = 4.9E-324
double最大值 = 1.7976931348623157E308
```

图 2.3　浮点型数的取值范围

2.2.3　字符型

字符型(char 型)数据用来表示通常意义上的字符。

字符型常量为用单引号括起来的单个字符，因为 Java 使用 Unicode 编码，一个 Unicode 编码占 2 个字节，一个汉字也是占 2 个字节，所以 Java 中字符型变量可以存放一个汉字，例如：

```
char eChar = 'q';
char cChar = '桥';
```

关于 Unicode 编码知识，请扫描右侧二维码。

Java 字符型常量有以下 3 种表示形式。

(1) 用英文单引号括起来的单个字符，例如'a'、'汉'；

(2) 用英文单引号括起来的十六进制字符代码值表示单个字符，其格式为'\u××××'，其中 u 是约定的前缀（u 是 Unicode 的第一个字母），而后面的××××位是 4 位十六进制数，是该字符在 Unicode 字符集中的序号，例如'\u0061'；

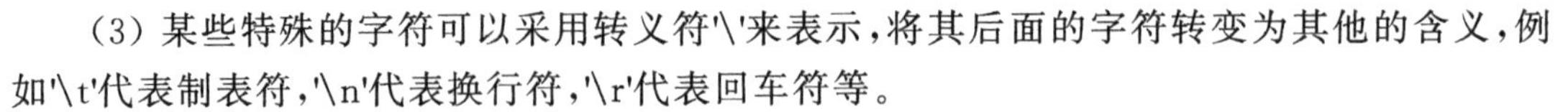

(3) 某些特殊的字符可以采用转义符'\'来表示，将其后面的字符转变为其他的含义，例如'\t'代表制表符，'\n'代表换行符，'\r'代表回车符等。

通过下面的程序及程序的运行结果（如图 2.4 所示），可以进一步了解 Java 字符型常量的使用方法。

```
class CharShow
{
        public static void main(String[] args)
        {
                char eChar = 'q';
                char cChar = '桥';
                System.out.println("显示汉字：" + cChar);
                char tChar = '\u0061';
                System.out.println("Unicode 代码 0061 代表的字符为：" + tChar);
                char fChar = '\t';
                System.out.println(fChar + "Unicode 代码 0061 代表的字符为：" + tChar);
        }
}
```

```
Console
<terminated> CharShow [Java Application] D:\JDK-9\bin\
显示汉字：桥
Unicode代码0061代表的字符为：a
    Unicode代码0061代表的字符为：a
```

图 2.4　Java 字符型常量的使用

2.2.4　布尔型

Java 中布尔型（boolean 型）可以表示真或假，只允许取值 true 或 false（不可以用 0 或非 0 的整数替代 true 和 false，这点和 C 语言不同），例如：

```
boolean flag = true;
```

boolean 型适于逻辑运算，一般用于程序流程控制，后面流程控制的内容经常会使用到布尔型。

2.2.5　基本数据类型转换

Java 的数据类型转换分为以下 3 种：基本数据类型转换、字符串与其他数据类型转换、其他实用数据类型转换。本节介绍 Java 基本数据类型转换，其中 boolean 型不可以和其他的数据类型互相转换。整型、字符型、浮点型的数据在混合运算中相互转换遵循以下原则：

- 容量小的类型自动转换成容量大的数据类型（如图 2.5 所示）；
- byte、short、char 之间不会互相转换，三者在计算时首先会转换为 int 型；
- 容量大的数据类型转换成容量小的数据类型时，需要加上强制转换符，但可能造成精度降低或溢出，使用时需要格外注意；
- 有多种类型的数据混合运算时，系统首先自动地转换成容量最大的数据类型，然后再进行计算。

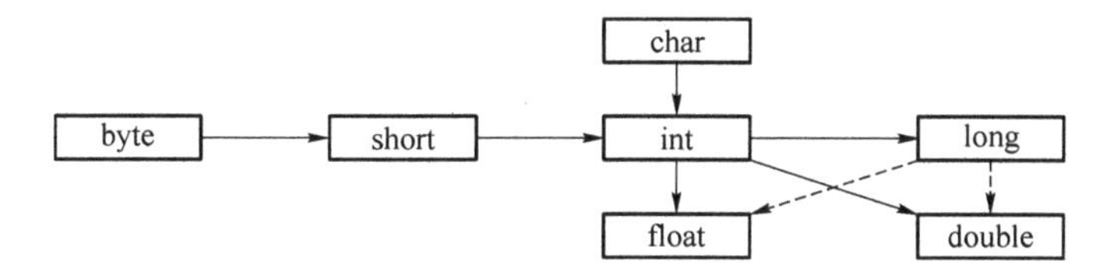

图 2.5　Java 基本数据类型转换

注：实箭头表示无信息丢失的转换，虚箭头表示可能有精度损失的转换。

通过下面的程序及程序的运行结果（如图 2.6 所示），可以进一步加深对 Java 基本数据类型转换的认识。

```
class TestConvert
{
    public static void main(String[] args)
    {
        int i1 = 222;
        int i2 = 333;
        double d1 = (i1 + i2) * 2.9;           //系统将转换为 double 型运算
        float f1 = (float)((i1 + i2) * 2.9);   //从 double 型转换成 float 型,需要进行强制类型转换
        System.out.println(d1);
        System.out.println(f1);

        byte b1 = 88;
        byte b2 = 99;
        byte b3 = (byte)(b1 + b2);             //系统先转换为 int 型运算,再从 int 型转换成 byte 型
                                               //需要进行强制类型转换
        System.out.println("88 + 99 = " + b3);  //强制类型转换,数据结果溢出

        double d2 = 5.1E88;
        float f2 = (float)d2;                  //从 double 型强制转换成 float 型,结果溢出
        System.out.println(f2);

        float f3 = 3.14F;
```

```
        f3 = f3 + 0.05F;//这条语句不能写成 f3 = f3 + 0.05;,否则会报错,因为 0.05 是 double 型,
                        //加上 f3,仍然是 double 型,赋给 float 会报错
        System.out.println("3.14F + 0.05F = " + f3);
    }
}
```

```
Console ☒
<terminated> TestConvert [Java Application] D:\JDK-9\
1609.5
88 + 99 = -69
Infinity
3.14F + 0.05F = 3.19
```

图 2.6　运行结果

2.3　程序流程控制

2.3.1　顺序结构

顺序结构的程序是按照语句顺序从上到下执行。赋值语句是使用赋值运算符及其扩展运算符执行的语句,构成 Java 程序的基本语句。

第 1 章编写了“蓝桥 Java 工程师管理系统”的主界面,其中第五项内容为“计算 Java 工程师的月薪”,接下来单独完成这一模块的功能。

假设 Java 工程师的月薪按以下方式计算:

Java 工程师月薪＝月底薪＋月实际绩效＋月餐补－月保险

其中:

- 月底薪为固定值;
- 月实际绩效＝月绩效基数(月底薪×25%)×月工作完成分数(最小值为 0,最大值为 150)/100;
- 月餐补＝月实际工作天数×15;
- 月保险为固定值。

计算 Java 工程师月薪时,用户输入月底薪、月工作完成分数(最小值为 0,最大值为 150)、月实际工作天数和月保险 4 个值后,即可以计算出 Java 工程师月薪。具体代码如下。

```
import java.util.Scanner;
class CalSalary
{
    public static void main(String[] args)
    {
        double engSalary = 0.0;             //Java 工程师月薪
        int basSalary = 3000;               //底薪
        int comResult = 100;                //月工作完成分数(最小值为 0,最大值为 150)
        double workDay = 22;                //月实际工作天数
```

```
            double insurance = 3000 * 0.105;//月应扣保险数

            Scanner input = new Scanner(System.in);  //从控制台获取输入的对象
            System.out.print("请输入 Java 工程师底薪:");
            basSalary = input.nextInt();//从控制台获取输入——即底薪,赋值给 basSalary
            System.out.print("请输入 Java 工程师月工作完成分数(最小值为 0,最大值为 150):");
            comResult = input.nextInt();//从控制台获取输入——即月工作完成分数,赋值给 comResult
            System.out.print("请输入 Java 工程师月实际工作天数:");
            workDay = input.nextDouble();//从控制台获取输入——即月实际工作天数,赋值给 workDay
            System.out.print("请输入 Java 工程师月应扣保险数:");
            insurance = input.nextDouble();//从控制台获取输入——即月应扣保险数,赋值给 insurance

            //Java 工程师月薪 = 底薪 + 底薪 × 25 % × 月工作完成分数/100 + 15 × 月实际工作天数
            //- 月应扣保险数
            engSalary = basSalary + basSalary * 0.25 * comResult/100 + 15 * workDay - insurance;
            System.out.println("Java 工程师月薪为:" + engSalary);
        }
}
```

本程序需要从控制台获取输入,所以在程序的第一行加入了代码 import java.util.Scanner;,引入 Scanner 工具类,通过该工具类从控制台获取输入。具体获取输入的代码,通过程序中的注释,很容易看明白。

2.3.2 分支结构

分支结构包括单分支语句和多分支语句。

1. if 语句

if 语句有以下 3 种语法形式。

第一种形式为基本形式,其语法形式如下:

```
if(表达式){
        代码块
   }
```

其语义是:如果表达式的值为 true,则执行其后的代码块,否则不执行该代码块。其执行过程如图 2.7 所示。

说明:

(1) 这里的"表达式"为关系表达式或逻辑表达式,不能像其他语言那样以数值来代替;

(2) "代码块"是指一个语句或多个语句,当为多个语句时,一定要用一对花括号"{"和"}"将其括起,使之成为一个复合语句。

if 语句的第二种语法形式如下:

```
if(表达式){
        代码块 A
  }else{
        代码块 B
}
```

其语义是:如果表达式的值为 true,则执行其后的代码块 A,否则执行代码块 B。其执行过程如图 2.8 所示。

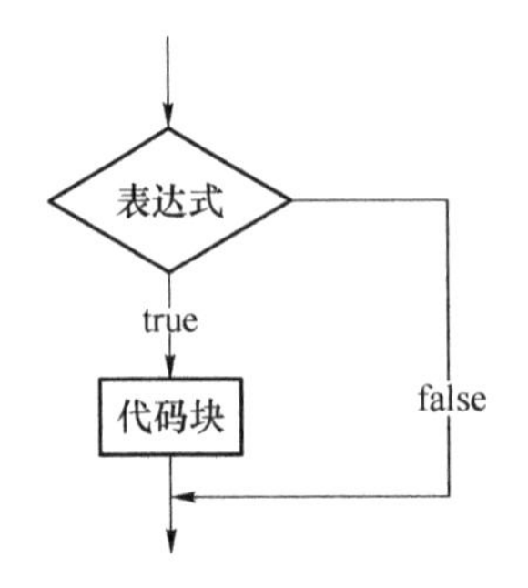

图 2.7 if 语句语法形式一

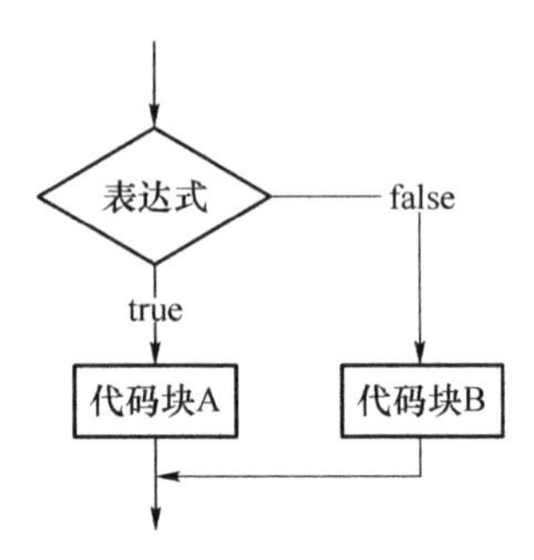

图 2.8 if 语句语法形式二

使用 if 语句,代码如下:

```
import java.util.Scanner;
class TestIf1
{
        public static void main(String[] args)
        {
                int JavaScore = - 1;                //Java 考试成绩
                Scanner input = new Scanner(System.in);
                System.out.print("请输入王云同学 Java 考试成绩:");
                JavaScore = input.nextInt();     //从控制台获取 Java 考试成绩
                //使用 if…else…实现
                if(JavaScore >= 60)
                {
                        System.out.println("恭喜你,考试合格!");
                }else{
                        System.out.println("很难过地通知你,考试不及格,需要补考!");
                }
        }
}
```

假设上面的程序需求发生了变化,更改为:如果王云同学的 Java 考试成绩和 Web 考试成绩都大于等于 60 分,则输出“恭喜你,获得 Java 初级工程师认证!”,否则输出“你有考试不及格,需要补考!”,具体的代码如下:

```
import java.util.Scanner;
class TestIf2
{
        public static void main(String[] args)
        {
                int JavaScore = -1;              //Java 考试成绩
                int WebScore = -1;               //Web 考试成绩
                Scanner input = new Scanner(System.in);
                System.out.print("请输入王云同学 Java 考试成绩:");
                JavaScore = input.nextInt();  //从控制台获取 Java 考试成绩
                System.out.print("请输入王云同学 Web 考试成绩:");
                WebScore = input.nextInt();   //从控制台获取 Web 考试成绩
                //使用 if…else…实现
                if(JavaScore >= 60 && WebScore >= 60)
                {
                        System.out.println("恭喜你,获得 Java 初级工程师认证!");
                }else{
                        System.out.println("你有考试不及格,需要补考!");
                }
        }
}
```

if 语句的第三种语法形式如下：

```
if(表达式 1){
        代码块 A
}else if(表达式 2){
        代码块 B
}else if(表达式 3){
        代码块 C
…
}else{
        代码块 X
}
```

其语义是：依次判断表达式的值，当出现某个表达式的值为 true 时，执行其对应的代码块，然后跳到整个 if 语句之后继续执行程序。如果所有的表达式均为 false，则执行代码块 X，然后继续执行后续程序，其执行过程如图 2.9 所示。

还是前面的例子，需求更改为：王云同学的 Java 考试成绩为 x，则按以下要求输出结果。

(1) $x \geqslant 85$，则输出“恭喜你，成绩优秀！”。

(2) $70 \leqslant x < 85$，则输出“恭喜你，成绩良好！”。

(3) $60 \leqslant x < 70$，则输出“恭喜你，成绩合格！”。

（4）$x<60$，则输出“很抱歉，成绩不合格！”。

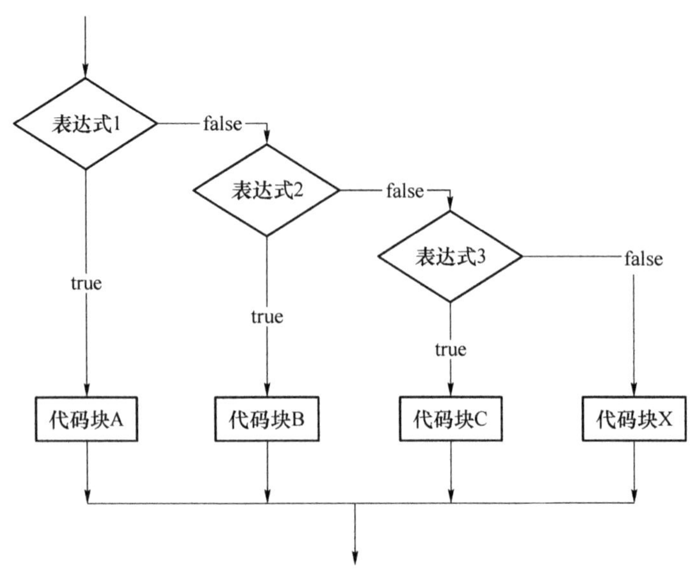

图 2.9　if 语句语法形式三

具体代码如下：

```
import java.util.Scanner;
class TestIf3
{
        public static void main(String[] args)
        {
                int JavaScore = - 1;            //Java 考试成绩
                Scanner input = new Scanner(System.in);
                System.out.print("请输入王云同学 Java 考试成绩:");
                JavaScore = input.nextInt();  //从控制台获取 Java 考试成绩
                //使用 if…else if…实现
                if(JavaScore >= 85)
                {
                        System.out.println("恭喜你,成绩优秀!");
                }else if(JavaScore >= 70){
                        System.out.println("恭喜你,成绩良好!");
                }else if(JavaScore >= 60){
                        System.out.println("恭喜你,成绩合格!");
                }else{
                        System.out.println("很抱歉,成绩不合格!");
                }
        }
}
```

注意，程序中判断表达式的前后顺序务必要有一定的规则，要么从大到小，要么从小到大，否则会出现错误。还是刚才的案例，如果把 JavaScore >=70 表达式及其之后的语句和

JavaScore >=60 表达式及其之后的语句换个位置，编译运行，当用户输入 75 的时候，就会输出“恭喜你，成绩合格！”，软件出现缺陷。

2. switch…case 语句

若要从多个分支中选择一个分支去执行，虽然可用 if 嵌套语句来解决，但当嵌套层数较多时，程序的可读性大大降低。Java 提供的 switch…case 语句可清楚地处理多分支选择问题。switch…case 语句根据表达式的值来执行多个操作中的一个，其执行流程如图 2.10 所示。

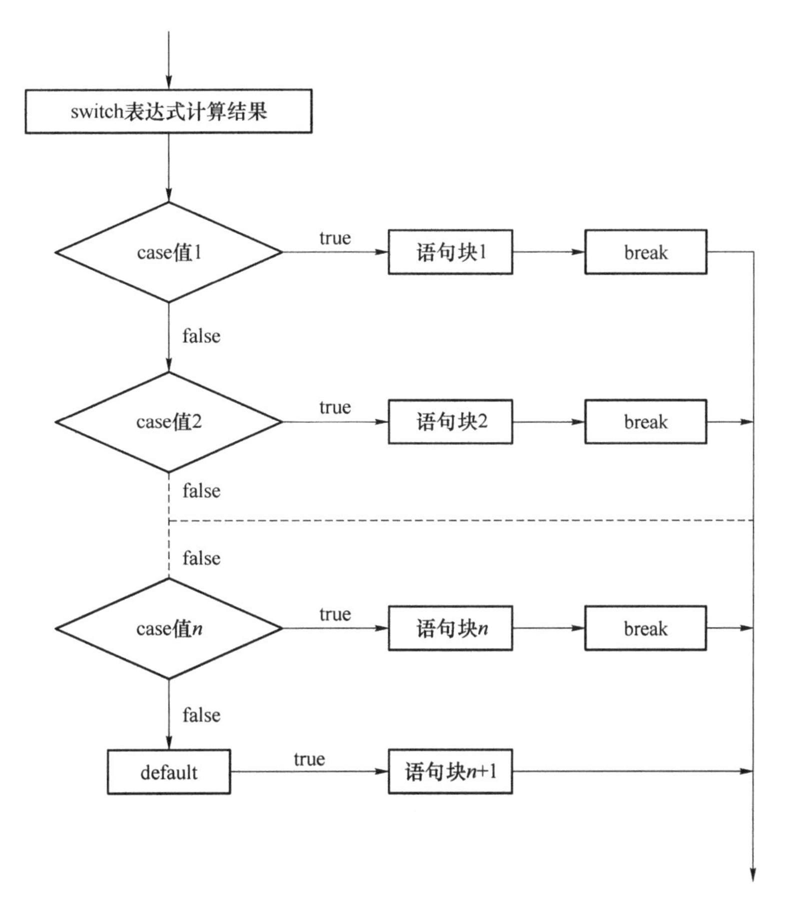

图 2.10 switch…case 语句的执行流程

switch…case 语句的形式如下：

```
switch(表达式) {
    case  值 1:语句块 1;break;        //分支 1
    case  值 2:语句块 2;break;        //分支 2
    ……
    case  值 n:语句块 n;break;        //分支 n
    [default:语句块 n+1;]             //分支 n+1
}
```

说明：

(1) switch 后面的表达式的类型可以是 byte、char、short 和 int(不允许 float 型和 long 型)。

(2) case 后面的值 1、值 2、……、值 n 是与表达式类型相同的常量,但它们之间的值应各不相同,否则就会出现相互矛盾的情况。case 后面的语句块可以不用花括号括起。

(3) default 语句可以省略。

(4) 当表达式的值与某个 case 后面的常量值相等时,就执行此 case 后面的语句块。

(5) 若去掉 break 语句,则执行完第一个匹配 case 后的语句块后,会继续执行其余 case 后的语句块,而不管这些 case 值是否匹配。

使用 switch…case 语句实现本章案例中自动判断成绩等级的功能。具体代码如下：

```
import java.util.Scanner;
public class TestSwitch{
    public static void main(String []args){
        int k;
        int grade;
        System.out.println("请输入试卷成绩:");
        Scanner sc = new Scanner(System.in);
        grade = sc.nextInt();
        k = grade/10;
        switch(k) {
            case 10:
            case 9:
                    System.out.println("成绩:优秀");  break;
            case 8:
                    System.out.println("成绩:良好");  break;
            case 7:
                    System.out.println("成绩:中等");  break;
            case 6:
                    System.out.println("成绩:及格");  break;
            default:
                    System.out.println("成绩:不及格");
        }
    }
}
```

对以上程序进行编译,运行结果如图 2.11 所示。

```
Console ☒
<terminated> TestSwitch [Java Application]
请输入试卷成绩:
85
成绩:良好
```

图 2.11　程序运行结果

2.3.3　循环结构

循环语句的作用是反复执行一段程序代码，直到满足终止条件为止。Java 语言提供的循环语句有 while 语句、do…while 语句和 for 语句。这些循环语句各有其特点，用户可根据不同的需要选择使用。

1. while 语句

while 循环的语法形式如下：

```
while(循环条件){
        循环代码块
}
```

其语义是：如果循环条件的值为 true，则执行循环代码块，否则跳出循环，其执行过程如图 2.12 所示。

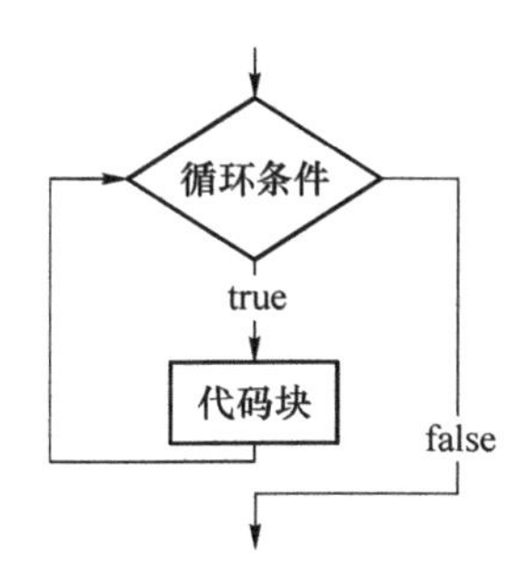

图 2.12　while 语句循环执行过程

用 while 语句统计 1～100(包括 100)之间数的总和，代码如下：

```
public class TestWhile1{
        public static void main(String[] args){
                int sum = 0;
                int i = 1;
                while(i< = 100){
                        sum += i;
                        i++ ;
                }
                System.out.println("1 到 100(包括 100)的数的总和为：" + sum);
        }
}
```

在使用 while 循环以及下面介绍的 do…while 循环时，必须要注意，在循环体中要改变循环条件中的参数(例如本例中的 i++)或者有其他跳出循环的语句，这样才能跳出循环，否则就会出现死循环。

下面使用 while 循环再完成一个案例，这个案例的需求如下。

程序的主界面是：

1. 输入数据

2. 输出数据

3.退出程序

请选择你的输入(只能输入 1、2、3):

当用户输入 1 时,执行模块 1 的功能,执行完毕之后,继续输出主界面;当用户输入 2 时,执行模块 2 的功能,执行完毕之后,继续输出主界面;当用户输入 3 时,则退出程序。具体代码如下所示,在"蓝桥 Java 工程师管理系统"中也会使用类似的代码结构,需要注意。

```
import java.util.Scanner;
class TestWhile2
{
        public static void main(String[] args)
        {
                int userSel = - 1;          //用户选择输入的参数
                while(true){//使用 while(true),在单个模块功能执行结束后,重新输出主界面,继续循环
                      System.out.println("1.输入数据");
                      System.out.println("2.输出数据");
                      System.out.println("3.退出程序");
                      System.out.print("请选择你的输入(只能输入 1、2、3):");
                      Scanner input = new Scanner(System.in);
                      userSel = input.nextInt();  //从控制台获取用户输入的选择
                      switch(userSel){
                              case 1:
                                      System.out.println("执行 1.输入数据模块");
                                      System.out.println("******************");
                                      System.out.println("******************");
                                      break;
                              case 2:
                                      System.out.println("执行 2.输出数据模块");
                                      System.out.println("******************");
                                      System.out.println("******************");
                                      break;
                              case 3:
                                      System.out.println("结束程序!");
                                      break;
                              default:
                                      System.out.println("输入数据不正确!");
                                      break;
                      }
                      if(userSel = = 3)      //当用户输入 3 时,退出 while 循环,结束程序
                      {
                              break;
                      }
                }
        }
}
```

程序运行结果如图 2.13 所示。

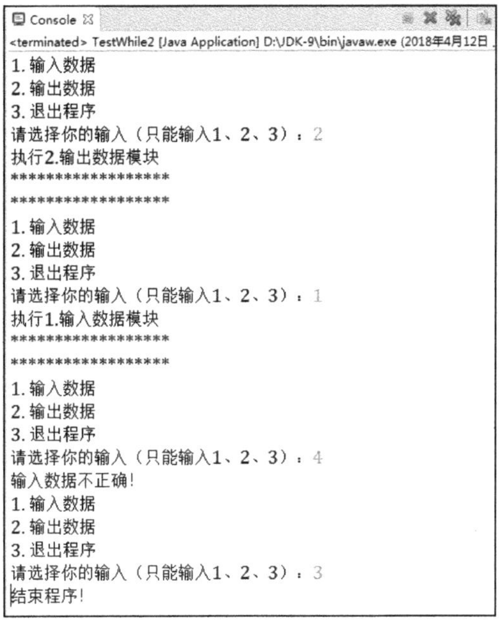

```
Console ☒
<terminated> TestWhile2 [Java Application] D:\JDK-9\bin\javaw.exe (2018年4月12日
1. 输入数据
2. 输出数据
3. 退出程序
请选择你的输入（只能输入1、2、3）：2
执行2.输出数据模块
******************
******************
1. 输入数据
2. 输出数据
3. 退出程序
请选择你的输入（只能输入1、2、3）：1
执行1.输入数据模块
******************
******************
1. 输入数据
2. 输出数据
3. 退出程序
请选择你的输入（只能输入1、2、3）：4
输入数据不正确!
1. 输入数据
2. 输出数据
3. 退出程序
请选择你的输入（只能输入1、2、3）：3
结束程序!
```

图 2.13 使用 while 循环输出主界面

如图 2.13 所示，当用户输入 2 时，执行 case 2 后面的代码并跳出 switch 语句，之后再通过 if 语句判断用户输入的是否是 3，如果是 3，则跳出 while 循环，结束程序，如果不是 3，则继续执行 while 循环，输出主界面。

2. do…while 循环

do…while 循环的语法形式如下：

```
do{
    循环代码块
}while(循环条件);
```

do…while 循环和 while 循环类似，不同点在于 do…while 循环以 do 开头，先执行循环代码块，然后再判断循环条件，如果循环条件满足，则继续循环。由此可见，do…while 循环中的循环代码块至少会被执行一次。

下面完成一个案例，这个案例的需求是让用户输入正确的程序密码之后，才可以执行下面的代码，否则继续让用户输入，直到输入正确为止，具体代码实现如下：

```
import java.util.Scanner;
class TestWhile3
{
    public static void main(String[] args)
    {
        //使用字符串 String 存储密码，后面课程会详细介绍 String 类
        String userPass = "";                  //用户输入的密码
        final String PASSWORD = "123456";      //正确密码为 123456
        Scanner input = new Scanner(System.in);
```

```
            do{
                System.out.print("请输入程序密码:");
                userPass = input.nextLine();//从控制台获取用户输入的密码
                System.out.println();
                //字符串的 equals()方法用于判断两个字符串的值是否相同
            }while(! userPass.equals(PASSWORD));//密码输入不正确,继续循环,重新输入
            System.out.println("程序密码正确,继续执行!");
        }
}
```

程序运行结果如图 2.14 所示。

3. for 循环

for 语句常常用循环控制变量来显式控制循环的执行次数,一般用于循环控制次数已知的场合。

for 语句的一般形式如下:

```
for(初始语句;逻辑表达式;迭代语句){
    循环体;
}
```

其中:初始语句一般完成对循环变量赋初值;逻辑表达式用来判断循环是否继续进行;循环体是反复执行的语句块;迭代语句完成对循环变量取值的修改。

for 语句的执行流程如图 2.15 所示,其执行过程如下:

图 2.14　do…while 循环程序运行结果

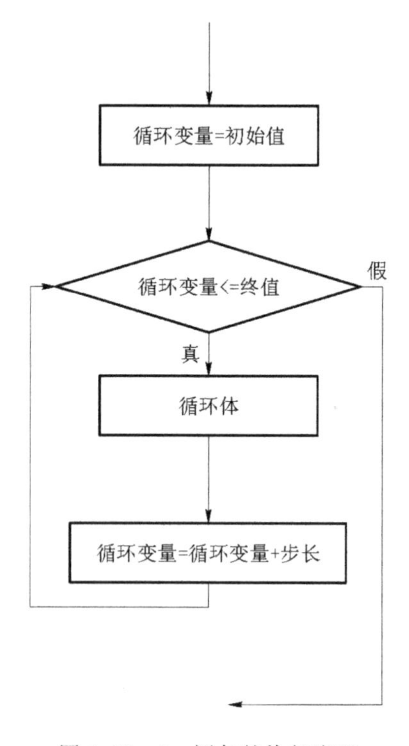

图 2.15　for 语句的执行流程

(1) 执行初始语句；

(2) 判断逻辑表达式的值，若值为 true，则执行循环体，然后再执行第(3)步；若值为 false，则跳出循环体语句；

(3) 执行迭代语句，然后转去执行第(2)步。

编写一个程序打印出所有的“水仙花数”，代码如下。所谓“水仙花数”是指一个三位数，其各位数字的立方和等于该数本身。例如，153 是一个“水仙花数”，因为 $153=1^3+5^3+3^3$。

```
public class TestFor{
      public static void main(String[] args) {
            int b1, b2, b3;
            for(int m = 101; m<1000; m++ ) {
                        b3 = m / 100;
                  b2 = m % 100 / 10;
                        b1 = m % 10;
                  if((b3 * b3 * b3 + b2 * b2 * b2 + b1 * b1 * b1) == m) {
                              System.out.println(m + "是一个水仙花数");
                        }
            }
      }
}
```

对以上程序进行编译，运行结果如图 2.16 所示。

假设“蓝桥 Java 工程师管理系统”中可以存放 10 个 Java 工程师信息，现在需要分别输入这 10 个 Java 工程师的底薪，并计算出底薪大于等于 6 000 的高薪人员比例以及这些高薪人员的底薪平均值，程序运行结果如图 2.17 所示。

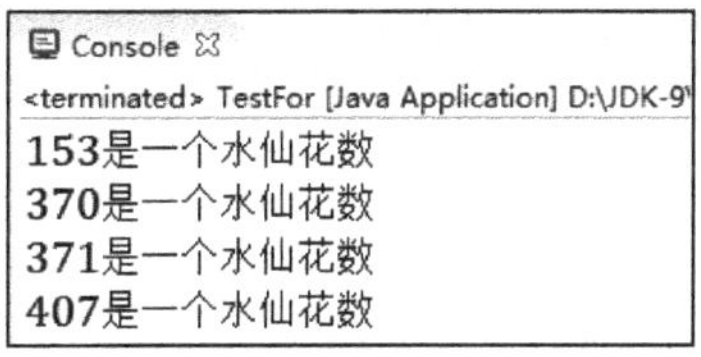

```
Console ☒
<terminated> TestFor [Java Application] D:\JDK-9\
153是一个水仙花数
370是一个水仙花数
371是一个水仙花数
407是一个水仙花数
```

图 2.16 打印出所有“水仙花数”程序运行结果

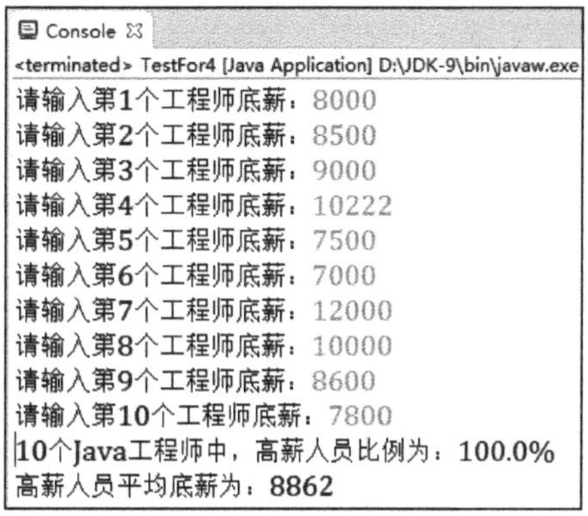

```
Console ☒
<terminated> TestFor4 [Java Application] D:\JDK-9\bin\javaw.exe
请输入第1个工程师底薪：8000
请输入第2个工程师底薪：8500
请输入第3个工程师底薪：9000
请输入第4个工程师底薪：10222
请输入第5个工程师底薪：7500
请输入第6个工程师底薪：7000
请输入第7个工程师底薪：12000
请输入第8个工程师底薪：10000
请输入第9个工程师底薪：8600
请输入第10个工程师底薪：7800
10个Java工程师中，高薪人员比例为：100.0%
高薪人员平均底薪为：8862
```

图 2.17 计算高薪人员比例及平均底薪

具体代码如下：

```
import java.util.Scanner;
class TestFor4
{
```

```
        public static void main(String[] args)
        {
            int highNum = 0;                        //底薪大于等于 6000 的 Java 工程师人数
            int sumBasSalary = 0;                   //高薪人员底薪总和
            Scanner input = new Scanner(System.in);
            for(int i = 1;i<= 10 ; i++)
            {
                System.out.print("请输入第" + i + "个工程师底薪:");
                int basSalary = input.nextInt();
                if(basSalary >= 6000)
                {
                    highNum = highNum + 1;      //高薪人员计数
                    sumBasSalary = sumBasSalary + basSalary;//高薪人员底薪求和
                }
            }
            System.out.println("10 个 Java 工程师中,高薪人员比例为:" + highNum/10.0 * 100 + "%");
            System.out.println("高薪人员平均底薪为:" + sumBasSalary/highNum);
        }
}
```

思考:运行该程序,判断高薪人员平均底薪计算结果是否存在损溢的情况? 如果存在,是什么原因引起的? 该如何解决?

4. 双重 for 循环

双重 for 循环是指在 for 循环体内包含有 for 循环语句的情形,形式如下:

```
for( ;  ;  )      //外循环开始
{……
    for( ; ; )    //内循环开始
    {…… }         //内循环结束
} //外循环结束
```

下面使用双重 for 循环,编写一个程序打印三角形数字图案。

```
public class TestFor5{
        public static void main(String[] args) {
            for(int i = 1;i<= 10;i++ )   {          //外层 for 循环

                for(int j = 1;j<= i;j++ ){      //内嵌 for 循环

                        System.out.print(i + "");
                }                               //并列的内嵌 for 循环结束
                System.out.println("");
            }                                   //外层 for 循环结束
        }
}
```

对以上程序进行编译，运行结果如图 2.18 所示。

```
Console
<terminated> TestFor5 [Java Application] D:\JDK-9\bin\
1
22
333
4444
55555
666666
7777777
88888888
999999999
10101010101010101010
```

图 2.18 打印三角型数字图案程序运行结果

2.3.4 转移语句

break 语句、continue 语句以及后面要学到的 return 语句，都是让程序从一部分跳转到另一部分，习惯上都称为跳转语句。在循环体内，break 语句和 continue 语句的区别在于：使用 break 语句是跳出循环执行循环之后的语句，而 continue 语句是中止本次循环继续执行下一次循环。

1. break 语句

break 语句通常有不带标号和带标号两种形式：

```
break;
```

或

```
break label;
```

其中：break 是关键字，label 是用户定义的标号。

break 语句虽然可以独立使用，但通常主要用于 switch 语句和循环结构中，控制程序的执行流程转移。break 语句的应用有下列三种情况：

(1) break 语句用在 switch 语句中，其作用是强制退出 switch 语句，执行 switch 语句之后的语句。

(2) break 语句用在单层循环结构的循环体中，其作用是强制退出循环结构。若程序中有内外两重循环，而 break 语句写在内循环中，则执行 break 语句只能退出内循环，而不能退出外循环。若想要退出外循环，可使用带标号的 break 语句。

(3) break label 语句用在循环语句中，必须在外循环入口语句的前方写上 label 标号，可以使程序流程退出标号所指明的外循环。

2. continue 语句

continue 语句只能用于循环结构中，其作用是使循环短路。它有以下两种形式：

```
continue;
```

或

```
continue label;
```

其中：continue 是关键字，label 为标号。

(1) continue 语句也称为循环的短路语句。在循环结构中，当程序执行到 continue 语句时就返回到循环的入口处，执行下一次循环，而循环体内写在 continue 语句后的语句不执行。

（2）当程序中有嵌套的多层循环时，为了从内循环跳到外循环，可使用带标号的 continue label 语句。此时，应在外循环的入口语句前方加上标号。

编写程序，输出 1～100 之间所有的素数；计算并输出 1～100 之间所有的奇数之和。

```
public class TestBreakContinue{
        public static void main(String[ ] args)    {
                int j,k;                                        //声明循环变量
                int m = 0;                                      //换行控制
                int sum = 0;                                    //求和
                System.out.print("**********100 以内的素数有:");
                System.out.println();                           //换行
                for(int i = 2;i< = 100;i ++ ){
                        for(j = 2;j< = i/2;j ++ )
                                if(i % j = = 0)
                                        break;
                                if(j>i/2){
                                        System.out.print(i + "\t");
                                        if(m = = 9){        //每输出 10 个数字后换行
                                                System.out.println("");
                                                m = 0;
                                        }
                                        else
                                                m ++ ;
                                }
                }
                System.out.println();                               //换行
                System.out.print("******100 以内所有奇数的和计算****** ");
                for(k = 1;k< = 100;k ++ ){
                        if(k % 2 = = 0)
                                continue;                           //判断是偶数就跳过
                        sum = sum + k;
                }
                System.out.println();                               //换行
                System.out.print("100 以内所有奇数的和等于" + sum);
        }
}
```

对以上程序进行编译，运行结果如图 2.19 所示。

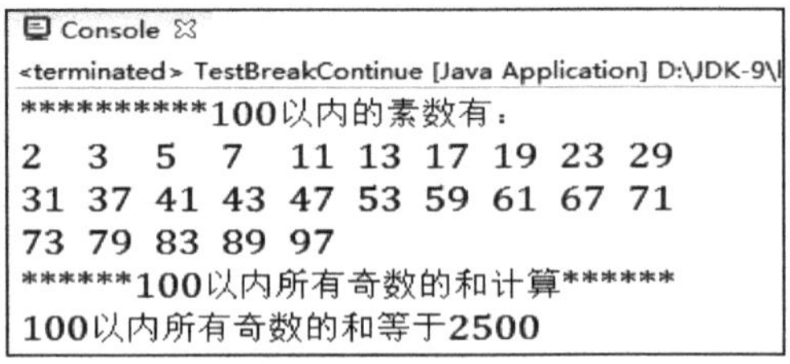

```
Console ⊠
<terminated> TestBreakContinue [Java Application] D:\JDK-9\
**********100以内的素数有:
2   3   5   7   11  13  17  19  23  29
31  37  41  43  47  53  59  61  67  71
73  79  83  89  97
******100以内所有奇数的和计算******
100以内所有奇数的和等于2500
```

图 2.19　程序运行结果

2.4　数组定义方法及操作

2.4.1　数组的概念

Java 提供了一种称为数组的数据类型，数组不是基本数据类型，而是引用数据类型。

数组是把相同类型的若干变量按一定顺序组织起来，这些按序排列的同类型数据元素的集合称为数组。数组有两个核心要素：相同类型的变量和按一定的顺序排列。数组中的元素在内存中是连续存储的。数组中的数据元素可以是基本类型，也可以是引用类型。

2.4.2　一维数组

1. 一维数组的声明和创建

声明数组就是要确定数组名和数组元素的数据类型。数组名是符合 Java 标识符定义规则的用户自定义标识符。数组元素的数据类型可以是 Java 的任何数据类型，如基本数据类型(int、float、double、char)等。一维数组的声明格式有两种：

```
数组元素类型 数组名[];//格式一
```

或

```
数组元素类型 []数组名;//格式二
```

创建数组格式的格式如下：

```
new 数组名[<数组元素个数>];
```

也可以一次性完成数组的声明和创建，格式如下：

```
数组元素类型 []数组名 = new 数组名[<数组元素个数>];
```

例如，要表示班级 30 名学生的“高等数学”的成绩，可以用一个长度为 30 的一维 float 型数组表示，有两种表示方式：

```
float[] highMath;
highMath = new float[30];
```

或

```
float[] highMath = new float[30];
```

highMath 数组创建之后，其内存分配及初始值如图 2.20 所示。

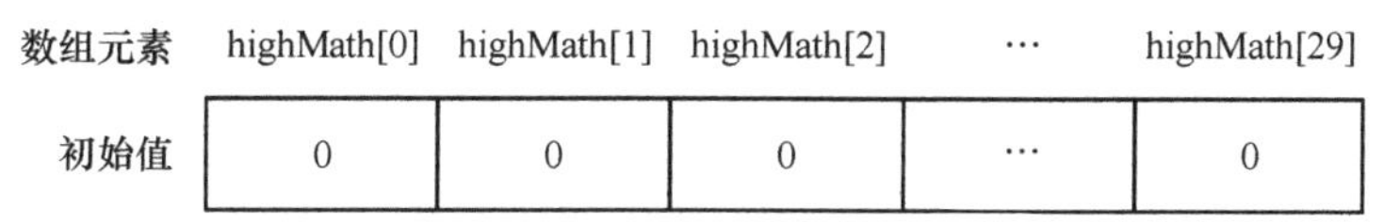

图 2.20　数组 highMath 的内存分配及初始值

2. 一维数组的初始化

创建数组后，系统给数组中的每个元素一个默认值，如整型数组的默认值为 0。也可以在声明数组同时赋予数组一个初始值，格式如下：

```
int[] a1 = {6,5,3,2,1};
```

这个初始化操作相当于执行了以下两个语句：

```
int[] a1 = new int[5];
a1[0] = 6; a1[1] = 5; a1[2] = 3; a1[3] = 2; a1[4] = 1;
```

数组元素的下标序号是从 0 开始的。

3. 一维数组的使用

(1) 数组的访问

数组初始化后就可以通过数组名与数组下标来引用数组中的每一个元素。一维数组元素的引用格式如下：

```
数组名[数组下标];
```

其中，数组名是经过声明和初始化的标识符；数组下标是指元素在数组中的位置，下标值可以是整型常量或整型变量表达式。请切记，下标是从 0 开始的，如果数组长度为 n，数组下标的取值范围是 0～($n-1$)，如果使用 n 或者 n 以上的元素，将会发生数组下标越界异常，虽然编译时能通过，但程序运行时将终止。

(2) 数组的长度

数组被初始化后，其长度就被确定。对于每个已分配了存储空间的数组，Java 用一个数据成员 length 来存储这个数组的长度值，其格式如下：

```
数组名.length
```

例如，a1.length 的值为 5，即 a1 数组的元素有 5 个，highMath.length 的值等于 30。

假设“蓝桥系统”中可以存放 10 个 Java 工程师信息，现在需要分别输入这 10 个 Java 工程师的底薪，计算出底薪大于等于 6 000 的高薪人员比例以及这些高薪人员的底薪平均值。要求保留这 10 个 Java 工程师底薪的信息，并需要根据用户选择输出这个工程师的底薪。接下来采用数组来完成这个案例，具体代码如下。

```
import java.util.Scanner;
class TestArray1
{
        public static void main(String[] args)
        {
                int highNum = 0;                              //底薪大于等于 6000 的 Java 工程
                                                              //师人数
                int sumBasSalary = 0;                         //高薪人员底薪总和
                int[] basSalary = new int[10];                //创建一个长度为 10 的整型数组

                Scanner input = new Scanner(System.in);
                for(int i = 1;i<= 10 ; i++)
                {
                        System.out.print("请输入第" + i + "个工程师底薪:");
                        //依次让用户输入的第 i 个工程师的底薪,注意下标是 i-1
                        basSalary[i-1] = input.nextInt();
```

```
                if(basSalary[i-1] >= 6000)
                {
                    highNum = highNum + 1;//高薪人员计数
                    sumBasSalary = sumBasSalary + basSalary[i-1];  //高薪人员底薪求和
                }
            }
            System.out.println("10 个 Java 工程师中,高薪人员比例为:" + highNum/10.0 * 100 + "%");
            System.out.println("高薪人员平均底薪为:" + sumBasSalary/highNum);

            System.out.print("请输入你需要获取第几个工程师的底薪:");
            int index = input.nextInt();
            System.out.println("第" + index + "个工程师的底薪为:" + basSalary[index-1]);
        }
    }
```

程序运行结果如图 2.21 所示。

```
Console ☒
<terminated> TestFor4 [Java Application] D:\JDK-9\bin\javaw.exe
请输入第1个工程师底薪：8000
请输入第2个工程师底薪：8500
请输入第3个工程师底薪：9000
请输入第4个工程师底薪：10222
请输入第5个工程师底薪：7500
请输入第6个工程师底薪：7000
请输入第7个工程师底薪：12000
请输入第8个工程师底薪：10000
请输入第9个工程师底薪：8600
请输入第10个工程师底薪：7800
10个Java工程师中，高薪人员比例为：100.0%
高薪人员平均底薪为：8862
```

图 2.21　用数组存放 Java 工程师底薪

2.4.3　数组常见操作

数组的操作包括数组元素的复制、排序、查找等。

1. 数组元素的复制

在 Java 中可以使用 arraycopy()方法来复制数组，其格式如下：

```
System.arraycopy(Object sArray,int srcPos,Object dArray,int destPos, int length);
```

该方法将从源数组 sArray 中的指定位置 srcPos 处开始复制，把 length 个元素复制到目标数组 dArray 中，目标数组的位置从 destPos 处开始向后进行修改或替换。

2. 数组元素的排序

对于数组元素的排序，除了利用程序员自己编制的排序程序，还可以利用 Java.uitl 包中 Arrays 类里提供的对各种数据类型进行排序的 sort()方法，读者可查阅 Java 帮助文档的相关内容。例如，对 double 型数据进行排序的方法格式如下：

```
public static void sort(double[] a)
```

或

```
public static void sort(double[] a,int fromIndex, int toIndex)
```

这两种方法都是对指定 double 型数组 a 按数字升序进行排序。第二种方法排序的范围是从第 fromIndex(包括)个元素起一直到第 toIndex－1 个元素止,不包括第 toIndex 个元素,如果参数 fromIndex＝toIndex,则排序范围为空。

3. 数组元素的查找

Arrays 类中提供了 binarySearch()方法用于在指定数组中查找指定的数据,可用于对各种数据类型的查找。指定数组在被调用之前必须对其进行排序,如果没有对数组进行排序,则结果是不明确的。如果数组包含多个带有指定值的元素,则找到的是第一个出现的位置。

例如,对 double 型的数据进行查找的方法格式如下：

```
public static int binarySearch(double[] a,double val)
```

该方法在指定的 double 型数组 a 中查找 double 型值为 val 的元素,若查找到值为 val 的元素,则得到该元素的下标序号(整型),如果没有找到元素 val,则返回一个负值整型数。

2.4.4 二维数组

1. 二维数组的声明和创建

二维数组的声明与一维数组类似,只是需要给出两对方括号,其格式如下：

```
数据类型  数组名[ ][ ];
```

或

```
数据类型[ ][ ]  数组名;
```

例如：

```
int  arr[ ][ ];
```

或

```
int [ ][ ]  arr;
```

2. 二维数组的初始化

二维数组的声明同样也是为数组命名和指定其数据类型的,它不为数组元素分配内存,只有经初始化后才能为其分配存储空间。二维数组的初始化也分为使用 new 操作符和赋初值方式两种方式。

(1) 使用 new 操作符初始化

```
数组名 = new 数组元素类型 [数组的行数][数组的列数];
```

例如：

```
int arra[ ][ ];                //声明二维数组
arra = new int[3][4];          //初始化二维数组
```

上述两条语句声明并创建了一个 3 行 4 列的数组 arra,即 arra 数组有 3 个元素,而每一个元素又都是长度为4的一维数组,实际上共有12个元素,共占用12×4=48个字节的连续存储空间。初始化二维数组的语句arra=new int[3][4];实际上相当于下述4条语句:

```
arra = new int[3][ ];           //创建一个有3个元素的数组,且每个元素也是一个数组
arra[0] = new int[4];           //创建arra[0]元素的数组,它有4个元素
arra[1] = new int[4];           //创建arra[1]元素的数组,它有4个元素
arra[2] = new int[4];           //创建arra[2]元素的数组,它有4个元素
```

(2) 赋初值方式初始化

在数组声明时对数据元素赋初值就是用指定的初值对数组初始化,例如,int[ ][ ] arr1={{3,-9,6},{8,0,1},{11,9,8} };声明并初始化数组arr1,它有3个元素,每个元素又都是有3个元素的一维数组。

用指定初值的方式对数组初始化时,各子数组元素的个数可以不同。例如,int[ ][ ] arr1={{3,-9},{8,0,1},{10,11,9,8} };等价于以下语句:

```
int[ ][ ] arr1 = new  int[3][ ];
int ar1[0] = {3, - 9};
int ar1[1] = {8,0,1};
int ar1[2] = {10,11,9,8};
```

3. 二维数组的使用

接下来完成一个案例:某学习小组有4个学生,每个学生有3门课的考试成绩,如表2.3所示。求各科目的平均成绩和总平均成绩。

表2.3 学生成绩表

科目	王云	刘静涛	南天华	雷静
Java基础	77	65	91	84
前端技术	56	71	88	79
后端技术	80	81	85	66

具体代码如下:

```
import java.util.Scanner;
class TestArray2
{
        public static void main(String[] args)
        {
                int i = 0;
                int j = 0;
                String[] course = {"Java基础","前端技术","后端技术"};
                String[] name = {"王云","刘静涛","南天华","雷静"};
                int[][] stuScore = new int[3][4];                   //存放所有学生各科成绩
                int[] singleSum = new int[]{0,0,0};                 //存放各科成绩的和
                int allScore = 0;                                   //存放总成绩
                Scanner input = new Scanner(System.in);
```

```
            //输入成绩,对单科成绩累加,对总成绩累加
            for(i = 0;i<3; i++)
            {
                for(j = 0;j<4;j++){
                    System.out.print("请输入科目:" + course[i] + "学生:" + name[j] + "的成绩:");
                    stuScore[i][j] = input.nextInt();                    //读取学生成绩
                    singleSum[i] = singleSum[i] + stuScore[i][j];       //单科成绩累加
                }
                allScore = allScore + singleSum[i];                      //总成绩累加
            }

            for(i = 0;i<3; i++)
            {
                System.out.println("科目:" + course[i] + "的平均成绩:" + singleSum[i] / 4.0);
            }
            System.out.println("总平均成绩:" + allScore / 12.0);
        }
    }
```

程序运行结果如图 2.22 所示。

```
Console
<terminated> Test2Array [Java Application] D:\JDK-9\bin\javaw.exe
请输入科目：Java基础 学生：王云 的成绩：77
请输入科目：Java基础 学生：刘静涛 的成绩：88
请输入科目：Java基础 学生：南天华 的成绩：89
请输入科目：Java基础 学生：雷静 的成绩：91
请输入科目：前端技术 学生：王云 的成绩：86
请输入科目：前端技术 学生：刘静涛 的成绩：92
请输入科目：前端技术 学生：南天华 的成绩：78
请输入科目：前端技术 学生：雷静 的成绩：83
请输入科目：后端技术 学生：王云 的成绩：82
请输入科目：后端技术 学生：刘静涛 的成绩：78
请输入科目：后端技术 学生：南天华 的成绩：85
请输入科目：后端技术 学生：雷静 的成绩：86
科目：Java基础的平均成绩：86.25
科目：前端技术的平均成绩：84.75
科目：后端技术的平均成绩：82.75
总平均成绩:84.58333333333333
```

图 2.22　二维数组的应用运行结果

2.5　创新素质拓展

2.5.1　判断是否回文数

【目的】

在掌握使用 if…else if 多分支语句基础上,鼓励学生试验、归纳、总结,探索数值型数据

每位数值的求解方法，培养学生的逻辑思维能力。

【要求】

编写一个 Java 应用程序。用户从键盘输入一个 1～9 999 之间的数，程序将判断这个数是几位数，并判断这个数是否是回文数。回文数是指将该数含有的数字逆序排列后得到的数和原数相同，例如 12121、3223 都是回文数。

【程序运行效果示例】

程序运行效果如图 2.23 所示。

图 2.23 程序运行效果

【参考程序】

```
import javax.swing.JOptionPane;
public class Number
{
    public static void main(String args[])
    {
        int number = 0,d5,d4,d3,d2,d1;
        String str = JOptionPane.showInputDialog("输入一个 1 至 99999 之间的数");
        number = Integer.parseInt(str);
        if(【代码 1】)                 //判断 number 在 1 至 99999 之间的条件
            {
                【代码 2】          //计算 number 的最高位(万位)d5
                【代码 3】          //计算 number 的千位 d4
                【代码 4】          //计算 number 的百位 d3
                d2 = number % 100/10;
                d1 = number % 10;
              if(【代码 5】)        //判断 number 是 5 位数的条件
                {
                 System.out.println(number + "是 5 位数");
                 if(【代码 6】)   //判断 number 是回文数的条件
                  {
```

```
            System.out.println(number + "是回文数");
        }
        else
        {
            System.out.println(number + "不是回文数");
        }
    }
    else if(【代码 7】)  //判断 number 是 4 位数的条件
    {
        System.out.println(number + "是 4 位数");
        if(【代码 8】)     //判断 number 是回文数的条件码
        {
            System.out.println(number + "是回文数");
        }
        else
        {
            System.out.println(number + "不是回文数");
        }
    }
    else if(【代码 9】)  //判断 number 是 3 位数的条件
    {
        System.out.println(number + "是 3 位数");
        if(【代码 10】)  //判断 number 是回文数的条件
        {
            System.out.println(number + "是回文数");
        }
        else
        {
            System.out.println(number + "不是回文数");
        }
    }
else if(d2! = 0)
    {
        System.out.println(number + "是 2 位数");
        if(d1 = = d2)
        {
            System.out.println(number + "是回文数");
        }
        else
        {
            System.out.println(number + "不是回文数");
        }
```

```
                }
            else if(d1! = 0)
                {
                  System.out.println(number + "是 1 位数");
                   System.out.println(number + "是回文数");
                }
            }
        else
            {
              System.out.printf("\n%d不在 1 至 99999 之间",number);
            }
    }
}
```

【知识点链接】

JOptionPane 类提示框的一些常用的方法。相关知识链接,请扫描右侧二维码。

【思考题】

1. 程序运行时,用户从键盘输入 2332,程序提示怎样的信息?
2. 程序运行时,用户从键盘输入 654321,程序提示怎样的信息?
3. 程序运行时,用户从键盘输入 33321,程序提示怎样的信息?
4. 改编程序:依据上述代码,判断用户从键盘输入一个 1~9999 之间的数,是不是水仙花数。

2.5.2 数列排序

【目的】

在掌握程序控制流程、数组定义方法及操作的基础上,鼓励学生探索数组排序的实现方法,培养学生的创新意识和逻辑思维能力。

【要求】

问题描述:给定一个长度为 n 的数列,将这个数列按从小到大的顺序排列,$1\leqslant n\leqslant 200$。

输入格式:第一行为一个整数 n。第二行包含 n 个整数,为待排序的数,每个整数的绝对值小于 10 000。

输出格式:输出一行,按从小到大的顺序输出排序后的数列。

样例输入:

5

8 3 6 4 9

样例输出:

3 4 6 8 9

【参考程序】

```
import java.io.BufferedReader;
import java.io.IOException;
import java.io.InputStreamReader;
import java.util.ArrayList;
import java.util.Arrays;
public class ArraySort {
    public static void main(String[] args) throws NumberFormatException, IOException {
        BufferedReader bf = new BufferedReader(new InputStreamReader(System.in));
        int num = Integer.parseInt(bf.readLine());
        String s = bf.readLine();
        int arr [] = sort(s);
        for(int i = 0; i<num; i++) {
            if(Math.abs(arr[i])>10000){
                continue;
            }
            System.out.print(arr[i] + "");
        }
    }

    private static int [] sort(String s) {
            String [] str = s.split("");
            int [] arr = new int[str.length];
            for(int i = 0; i<str.length; i++) {
                arr[i] = Integer.parseInt(str[i]);
            }

            for(int i = 0; i<arr.length - 1; i++) {
                for(int j = i + 1; j<arr.length; j++) {
                    if(arr[i]>arr[j]){
                        int temp  = arr[i];
                        arr[i] = arr[j];
                        arr[j] = temp;
                    }
                }
            }
            return arr;
    }

}
```

【知识点链接】

Java 编程中常常需要对字符串进行分隔的，这就需要用到 split 方法。相关知识链接，请扫描右侧二维码。

【思考题】

如何通过冒泡排序、插入排序实现从大到小的排序？

2.6 本章练习

一、选择题

1. 下列选项中，(　　)是合法的标识符。

   A. 31class　　B. void　　C. −5　　D. _blank

2. 下列选项中，(　　)不是 Java 中的关键字。

   A. if　　B. null　　C. sizeof　　D. private

3. 下列选项中(　　)不是合法的标识符。

   A. $million　　B. $_million　　C. 2$_million　　D. $2_million

4. 下列选项中，(　　)不属于 Java 语言的基本数据类型。

   A. 整数型　　B. 浮点型　　C. 数组　　D. 字符型

5. 下列关于基本数据类型的说法中，不正确的一项是(　　)。

   A. boolean 型变量的值只能取真或假

   B. float 型是带符号的 32 位浮点数

   C. double 型是带符号的 64 位浮点数

   D. char 型是 8 位 Unicode 字符

6. 下列 Java 语句中，不正确的一项是(　　)。

   A. $e, a, b=10;　　B. char c, d='a';

   C. float e=0.0d;　　D. double c=0.0f;

7. 在编写 Java 程序时，如果不为类的成员变量定义初始值，Java 会给出它们的默认值，下列说法中不正确的一项是(　　)。

   A. byte 的默认值是 0　　B. boolean 的默认值是 false

   C. char 类型的默认值是'\0'　　D. long 类型的默认值是 0.0L

8. 下列选项中，(　　)不属于 Java 语言流程控制结构。

   A. 分支语句　　B. 赋值语句　　C. 循环语句　　D. 跳转语句

9. 假设 a 是 int 型的变量，并初始化为 1，则下列选项中(　　)是合法的条件语句。

   A. if(a){}　　B. if(a=2){}　　C. if(a<3){}　　D. if(true){}

10. 假设 a、b 为 long 型变量，x、y 为 float 型变量，ch 为 char 类型变量，且均已经被赋值，则下列语句中，正确的是(　　)

    A. switch(x+y){}　　B. switch ch{}

    C. switch(ch+1){}　　D. switch(a+b);{}

11. 给出下面程序代码：

```
byte[] a1, a2[];
byte a3[][];
byte[][] a4;
```

下列数组操作语句中，不正确的一项是(　　)。

A. a2=a1　　B. a2=a3　　C. a2=a4　　D. a3=a4

12. 关于数组，下列说法中不正确的是(　　)。

A. 数组是最简单的复合数据类型，是一系列数据的集合

B. 定义数组时必须分配内存

C. 数组元素可以是基本数据类型、对象或其他数组

D. 一个数组中所有元素都必须具有相同的数据类型

13. 数组定义语句 int a[]={1, 2, 3}；对此语句的叙述错误的是(　　)。

A. 定义了一个名为 a 的一维数组　　B. a 数组元素的下标为 1～3

C. a 数组有 3 个元素　　D. 数组中每个元素的类型都是整数

14. 执行语句 int[] x=new int[20];后，下面说法中，正确的是(　　)。

A. x[19]为空　　B. x[19]为 0

C. x[19]未定义　　D. x[0]为空

二、编程题

1. 根据某高校大学生成绩管理需求编写 Java 应用程序，要求根据操作者输入的试卷成绩和平时成绩，按照“总成绩=试卷成绩×70%+平时成绩×30%”来计算总成绩；另外，对输入的试卷成绩进行校验，判断并输出相应的等级，等级划分标准为优秀($90\leqslant x\leqslant 100$)、良好($80\leqslant x<90$)、中等($70\leqslant x<80$)、及格($60\leqslant x<70$)和不及格($x<60$)，若试卷成绩小于 0 则给予相应提示。

2. 根据某高校大学生成绩管理需求编写 Java 应用程序，分别统计班级 30 名学生“高等数学”“Java 程序设计”的总成绩和平均成绩，并按各科成绩由低到高的顺序排序。

3. 利用 do…while 循环，计算 1! +2! +3! +…+100! 的值。

第3章　类和对象

本章简介

Java是面向对象的程序设计语言，其核心是类和对象。本章介绍了面向对象的特点，类的定义，涉及类中成员属性、成员方法的定义，类和对象的关系，对象的创建，成员方法和属性的使用，访问修饰符的作用等知识。其中，在创新素质拓展部分，安排了编写Java应用程序，用来刻画"三角形""梯形"和"圆形"，通过开放型、设计型实验，培养学生创新素质。

3.1　面向对象的基本特征

面向对象(object oriented，OO)的软件开发是当今软件开发的主流技术。而面向对象的思想、概念和应用已经扩展到数据库系统、交互式界面、应用平台、分布式系统、网络管理架构、计算机辅助设计技术、人工智能等多个领域。本节将讨论面向对象的几个基本概念。

3.1.1　对象、类和实体

1. 对象

对象是存在的具体实体，具有明确定义的状态和行为。这句话的含义是：任何客观存在的实体都是对象，并且都可以通过这个对象的状态属性和行为属性来描述。状态属性用来描述对象静态方面的属性，如学生对象的姓名、性别、年龄等；行为属性用来描述对象的功能或者动态方面的属性，如学生对象的学习、打篮球等。

如图3.1所示，对于收银员对象来说，姓名、年龄和体重属于状态属性，收款、打印账单属于行为属性；对于顾客对象，姓名、年龄和体重属于状态属性，购买商品属于行为属性。

2. 类

类是面向对象技术中非常重要的一个概念。简单地说，类就是同种对象的集合。

例如，张三、李四这两个人毫无疑问都属于人类，为什么说他们属于人类呢，因为他们都有人类的特点，即他们都有身高、体重、年龄、性别等属性，他们还会直立行走、能劳动、有智慧。其中，身高、体重、年龄、性别属于状态属性，直立行走、能劳动和有智慧属于行为属性。不难看出，"人类"的概念是一个抽象的概念，它把各个实体对象，即人的个体对象的共同属性抽象出来了，并形成了一个"模板"，这个"模板"就是我们判断张三和李四属于人类的理论依据。同时这个"模板"还可以帮助我们"克隆"出其他的实体对象，如王五、赵六。当然，这里的“克隆”指的是派生，在面向对象的相关概念中，有一个专有动词，即“实例化”。

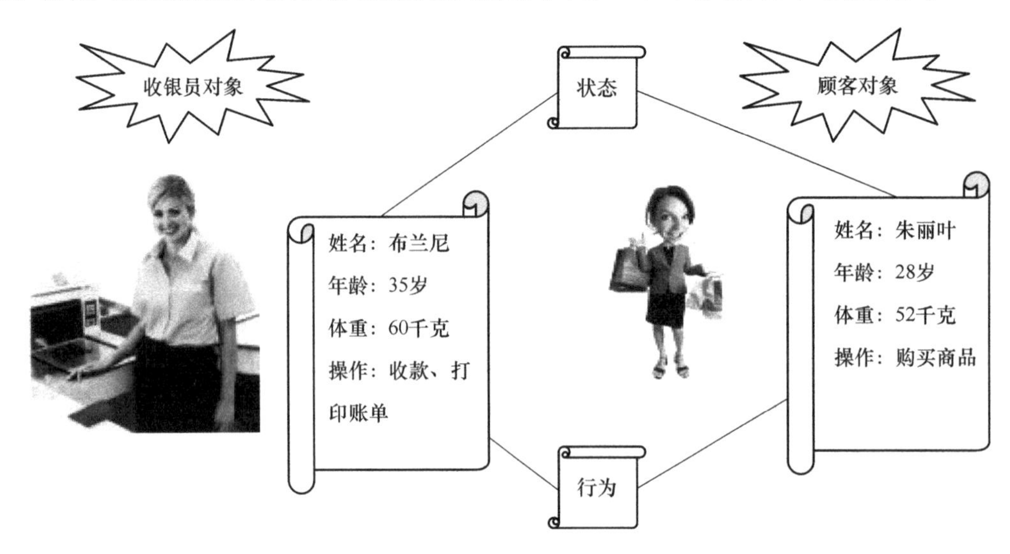

图 3.1 对象示例

简单地说，类是面向对象程序的基本单位，是抽象了同类对象的共同状态属性和行为属性形成的“模板”。有了这个“模板”，就可以实例化出任何具体对象。

3. 实体

实体是以类为“模板”克隆出的具体对象。它能且只能反映出“模板”中定义的状态属性和行为属性。对象、类和实体之间的关系如图 3.2 所示。不难看出，类是对象的抽象，而实体则是类具体化的结果，类到实体具体化的过程称为实例化。

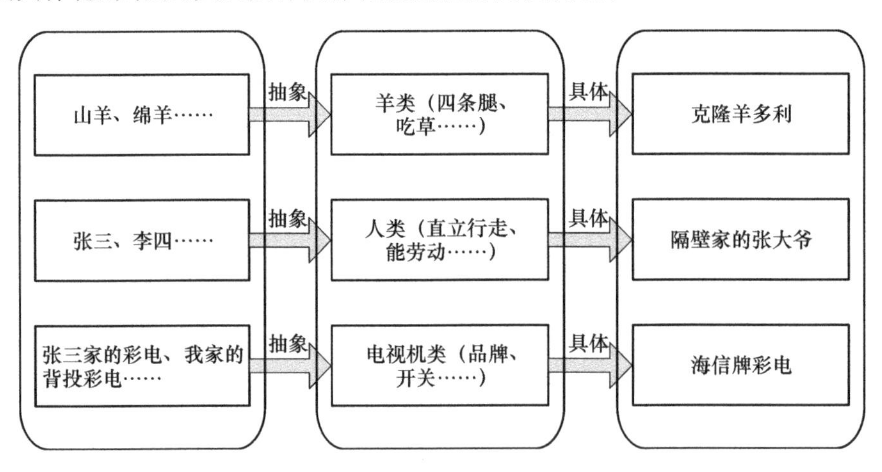

图 3.2 对象、类和实体之间的关系

3.1.2 对象的属性

对象是具有以下三种属性的计算机软件结构。

1. 状态属性

状态属性，主要指对象内部包括的状态信息，在计算机软件结构中，它被映射为变量，这些变量的值体现了对象目前的状态。例如，以电视机为例，每台电视机都具有品牌、大小、颜色、是否开启、所在频道等信息。

2. 行为属性

行为属性是对象的另一类属性，表示对对象的操作。在计算机软件结构中，它被映射为方法。通过行为属性，可以改变状态属性的值，仍然以电视机为例，它具备开关、调节音量、改变频道等行为属性。通过开关操作，可以改变电视机对象的状态属性——是否开启；通过改变频道，可以改变电视机对象的状态属性——所在频道。

另外，对象的行为属性还是对象与其他对象之间信息交互的接口。其他对象可以通过这个接口调用对象，从而实现操作对象或改变对象状态的目的。对象之间的联系如图 3.3 所示。

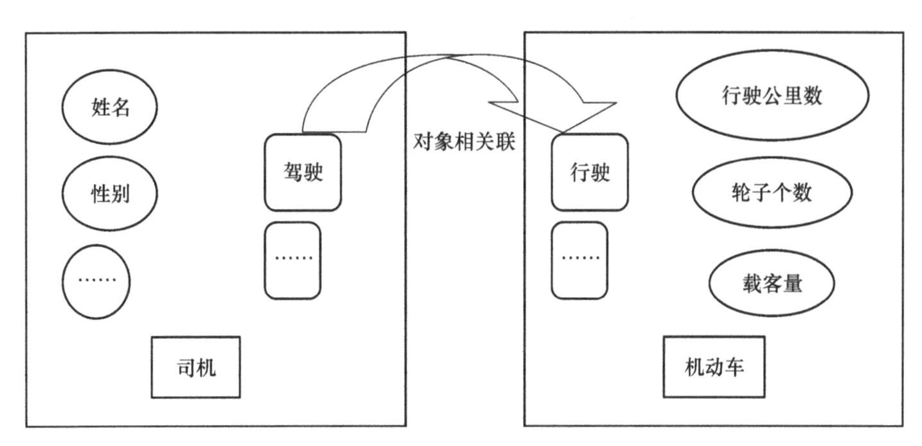

图 3.3　对象之间的联系

图 3.3 中，用矩形表示对象，用椭圆表示状态属性，用圆角矩形表示行为属性。可见，司机对象通过“驾驶”的行为属性，实现了机动车的“行驶”操作，进而改变了该机动车的“行驶公里数”这一状态属性。因此，我们说司机对象和机动车对象实现了通信。

3. 标识

标识，即对象的名称，是一个对象区别其他对象的标志，在计算机中，它可以是类的名字，也可以是某个具体对象的名字。

3.1.3　面向对象的特点

1. 封装

把数据和函数包装在一个单独的单元(称为类)的行为称为封装。数据封装是类的最典型特点。封装机制将数据和代码捆绑到一起，避免了外界的干扰和不确定性。也就是说，数据不能被外界访问，只能被封装在同一个类中的函数访问，这些函数提供了对象数据和程序之间的接口。简单地说，一个对象就是一个封装了数据和操作代码的逻辑实体。

在一个对象内部，某些代码和(或)某些数据可以是私有的，不能被外界访问。通过这种方式，对象对内部数据提供了不同级别的保护，以防止程序中无关的部分意外改变或错误使用了对象的私有部分。

2. 继承

继承是可以让某个类型的对象获得另一个类型对象的属性的方法。继承支持按级分类的概念，例如，知更鸟属于飞鸟类，也属于鸟类。这种分类的原则是，每一个子类都具有父类的公共特性。

在面向对象的编程实现(object oriented programming，OOP)中，继承的概念很好地支持了代码的重用性，也就是说，我们可以向一个已经存在的类中添加新的特性，而不必改变这个类。这可以通过从这个已存在的类派生一个新类来实现，这个新的类将具有原来那个类的特性和新的特性。继承机制的魅力和强大就在于它允许程序员利用已经存在的类(接近需要，而不是完全符合需要的类)，并且可以以某种方式修改这个类，而不会影响其他的东西。

注意，每个子类只定义这个类所特有的特性。而如果没有按级分类，每类都必须显式地定义它所有的特性。

3. 多态

多态是 OOP 的另一个重要概念。多态的意思是事物具有不同形式的能力。对于不同的实例，某个操作可能会有不同的行为，这个行为依赖于所要操作数据的类型。例如，在加法操作中，如果操作的数据是数，它对两个数求和。如果操作的数据是字符串，则它将连接两个字符串。

多态机制使具有不同内部结构的对象可以共享相同的外部接口。这意味着，虽然针对不同对象的具体操作不同，但通过一个公共的类，它们(指具体操作)可以通过相同的方式予以调用。多态在实现继承的过程中被广泛应用。

面向对象程序设计语言支持多态，即“一个接口，多个实现”(one interface multiple method)。简单来说，多态机制允许通过相同的接口引发一组相关但不相同的动作，通过这种方式，可以减少代码的复杂度。在某个特定的情况下应该做出怎样的动作，这由编译器决定，不需要程序员手工干预。

3.2 类的定义及使用

Java 语言里定义类的简单语法如下：

```
[修饰符] class 类名 {
    零个到多个构造器定义……
    零个到多个属性……
    零个到多个方法……
}
```

其中，修饰符包括访问控制修饰符和非访问控制修饰符，常见的修饰符有 public、private、protected，以及默认修饰符 friendly 等。[ ]表示可有可无。

从程序的可读性角度来看，类名必须由一个或多个有意义的单词连缀而成，每个单词的首字母大写，其余字母小写，单词与单词之间不使用分隔符。

对一个类而言，可以包含三种最常见的成员：构造器、方法和属性，这三种成员都可以定义 0 个或多个，如果都定义为 0 个，即是定义了一个空类，实际中没有太大意义。

属性用于定义该类或该类的实例所包含的数据，方法则用于定义该类或该类的对象的实例行为特征或功能实现。构造器是一类特殊的方法，用于构造该类的实例，Java 通过 new 关键字来调用构造器，从而返回该类的实例。如果程序员没有为一个类编写构造器，则系统会为该类提供一个默认的构造器。一旦程序员为一个类提供了构造器，系统将不再为该类提供默认构造器。

3.2.1 定义类的成员属性

属性也就是变量，定义格式如下：

```
[修饰符] 属性类型 属性名 [=默认值];
```

修饰符：可以省略，也可以是 public、private、protected、final、static。其中，public、private 和 protected 可以与 static、final 组合起来修饰属性。

属性类型：可以是基本数据类型，也可以是类等引用数据类型。

属性名：只要是一个合法的标识符即可。从程序员的角度看，属性名一般由一个或多个有意义的单词连缀而成，第一个单词首字母小写，后面每个单词首字母大写，其他字母均小写，单词和单词之间不需要任何分隔符。

默认值：也就是初始值，对变量进行初始化。

3.2.2 定义类的一般成员方法

类的成员方法又称为成员函数，属于类中的行为属性，标志了类所具有的功能和操作，其实质是一段用来完成某种操作的程序。语法格式如下：

```
[修饰符] 返回值类型 方法名(形参列表){
        //零条或多条可执行语句;
}
```

修饰符：可以省略，也可以是 public、protected、private、abstract、static 和 final。其中，public、private、protected 只能出现其一，abstract 和 final 最多只能出现其一，它们都可以和 static 组合起来使用。

返回值类型：如果一个方法没有返回值，则必须使用 void 来声明没有返回值。如果有返回值，返回值类型可以是 Java 语言支持的任意数据类型，同时必须要有一个对应的 return 语句，该语句返回一个变量或一个表达式，这个变量或表达式的类型必须与此处声明的类型匹配(相同或者能够转化成返回值类型)。

方法名：一般以动词开始，采用动宾式结构，动词全部小写，后面的名词首字母大写。

形参列表：表示该方法可以接受的参数，多个参数之间用逗号“,”分隔。

3.2.3 类的定义及使用

第一步：类的定义

接下来通过定义学生类，熟悉 Java 类定义的写法，具体代码如下所示：

```
public class Student
{
    String stuName;   //学生姓名
    int stuAge;       //学生年龄
    int stuSex;       //学生性别
    int stuGrade;     //学生年级
    //定义听课的方法，在控制台直接输出
    public void learn()
    {
        System.out.println(stuName + "正在认真听课！");
    }
    //定义写作业的方法，输入时间，返回字符串
    public String doHomework(int hour)
    {
        return "现在是北京时间：" + hour + "点，" + stuName + "正在写作业！";
    }
}
```

需要注意的是，这个类里面没有 main 方法，所以只能编译，不能运行。

第二步：对象的实例化

定义好 Student 类后，就可以根据这个类创建(实例化)对象了。类就相当于一个模板，可以创建多个对象。创建对象的语法形式如下：

```
类名 对象名 = new 类名();
```

在学习使用 String 类创建 String 字符串时，其实已经创建了类的对象，所以大家对这样的语法形式并不陌生。创建对象时，要使用 new 关键字，后面要跟着类名。

根据上面创建对象的语法，创建王云这个学生对象的代码如下：

```
Student wangYun = new Student();
```

这里，只创建了 wangYun 这个对象，并没有对这个对象的属性赋值，考虑到每个对象的属性值不一样，所以通常在创建对象后给对象的属性赋值。在 Java 语言中，通过“.”操作符来引用对象的属性和方法，具体的语法形式如下：

```
对象名.属性;
对象名.方法;
```

通过上面的语法形式，可以给对象的属性赋值，也可以更改对象属性的值或者调用对象的方法，具体的代码如下：

```
wangYun.stuName = "王云";
wangYun.stuAge = 22;
wangYun.stuSex = 1;              //1 代表男，2 代表女
wangYun.stuGrade = 4;            //4 代表大学四年级
wangYun.learn();                 //调用学生听课的方法
```

```
wangYun.doHomework(22);//调用学生写作业的方法,输入值 22 代表现在是 22 点
                                //该方法返回一个 String 类型的字符串
```

第三步:对象的使用

接下来通过创建一个测试类 TestStudent(这个测试类需要和之前编译过的 Student 类在同一个目录),来测试 Student 类的创建和使用,具体代码如下所示:

```
public class TestStudent
{
        public static void main(String[] args)
        {
                Student wangYun = new Student();              //创建 wangYun 学生类对象
                wangYun.stuName = "王云";
                wangYun.stuAge = 22;
                wangYun.stuSex = 1;                           //1 代表男,2 代表女
                wangYun.stuGrade = 4;                         //4 代表大学四年级
                wangYun.learn();                              //调用学生听课的方法
                String rstString = wangYun.doHomework(22);    //调用学生写作业的方法,输入值 22
                                                              //代表现在是 22 点
                System.out.println(rstString);
        }
}
```

编译并运行该程序,运行结果如图 3.4 所示。

```
Console ⊠
<terminated> TestStudent [Java Application] D:\JDK-9\bin\
王云正在认真听课!
现在是北京时间:22点, 王云 正在写作业!
```

图 3.4　创建和使用 Student 类

注意:这个程序有两个 Java 文件,每个 Java 文件中编写了一个 Java 类,编译完成后形成 2 个 class 文件。也可以将两个 Java 类写在一个 Java 文件里,但其中只能有一个类用 public 修饰,并且这个 Java 文件的名称必须用这个 public 类的类名命名,具体代码如下。

```
public class TestStudent
{
        public static void main(String[] args)
        {
                Student wangYun = new Student();              //创建 wangYun 学生类对象
                wangYun.stuName = "王云";
                wangYun.stuAge = 22;
                wangYun.stuSex = 1;                           //1 代表男,2 代表女
                wangYun.stuGrade = 4;                         //4 代表大学四年级
                wangYun.learn();                              //调用学生听课的方法
```

```
            String rstString = wangYun.doHomework(22);//调用学生写作业的方法,输入值 22
                                                      //代表现在是 22 点
            System.out.println(rstString);
        }
}
class Student                                         //不能使用 public 修饰
{
        String stuName;                               //学生姓名
        int stuAge;                                   //学生年龄
        int stuSex;                                   //学生性别
        int stuGrade;                                 //学生年级
        //定义听课的方法,在控制台直接输出
        public void learn()
        {
            System.out.println(stuName + "正在认真听课!");
        }
        //定义写作业的方法,输入时间,返回字符串
        public String doHomework(int hour)
        {
            return "现在是北京时间:" + hour + "点," + stuName + "正在写作业!";
        }
}
```

3.3 抽象和封装

面向对象设计首先要做的就是抽象。根据用户的业务需求抽象出类,并关注这些类的属性和方法,将现实世界中的对象抽象成程序设计中的类。接下来分析一下"租车系统"的部分需求。

(1) 在控制台输出"请选择要租车的类型:(1 代表轿车,2 代表卡车)",等待用户输入。

(2) 如果用户选择的是轿车,则在控制台输出"请选择轿车品牌:(1 代表红旗,2 代表长城)",等待用户输入。

(3) 如果用户选择的是卡车,则在控制台输出"请选择卡车吨位:(1 代表 5 吨,2 代表 10 吨)",等待用户输入。

(4) 在控制台输出"请给所租的车起名:",等待用户输入车名。

(5) 所租的车油量默认值为 20 升,车辆损耗度为 0(表示刚保养完的车,无损耗)。

(6) 具有显示所租车辆信息功能,显示的信息包括:车名、品牌/吨位、油量和车损度。

3.3.1 类抽象

程序员开发出来的软件是需要满足用户需求的,所以程序员做分析和设计的依据是用户需求,通常是软件开发前期形成的"需求规格说明书"。面向对象设计时,首先要阅读用户需求,找出需求中名词部分用来确定类和属性,找出动词部分确定方法。

首先要进行类抽象，就是发现类并定义类的属性和方法。具体的步骤如下。

(1) 发现名词。

通过阅读需求，发现需求中有类型、轿车、卡车、品牌、红旗、长城、吨位、车名、油量、车损度等名词。

(2) 确定类和属性。

通过分析，车名、油量、车损度、品牌这些名词依附于轿车这个名词，车名、油量、车损度、吨位依附于卡车这个名词，所以可以将轿车、卡车抽象成类，依附于这些类的名词抽象成属性。

需要补充一点，不是所有依附于类的名词都需要抽象成属性，因为在分析需求的过程中会会发现其中某些名词不需要关注，则在抽象出类的过程中放弃这些名词，不将其抽象成属性。例如红旗、长城，这是两个轿车的品牌，属于属性值，不需要抽象成类或属性。

(3) 确定方法。

通过分析需求的动词，发现显示车辆信息是轿车和卡车的行为，所以可以将这个行为抽象成类的方法。同样地，不是所有依附于类名词的动词都需要抽象成类的方法，只有需要参与业务处理的动词才能确定成方法。

根据对轿车和卡车的类抽象，可以得到如图 3.5 和图 3.6 所示的结果。

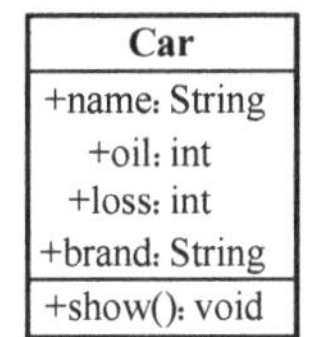

图 3.5　轿车类

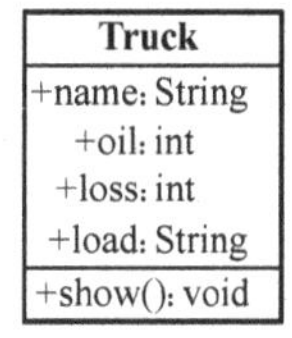

图 3.6　卡车类

3.3.2　类封装

类抽象的目的在于抽象出类，并确定属性和方法，而接下来的类封装，则要在封装的角度隐藏类的属性，提供公有的方法来访问这些属性。

最简单的操作方法就是，把所有的属性都设置为私有属性(表示私有属性和方法时，需在类图中的属性和方法前加上"－"号)，每个私有属性都提供 getter 和 setter 公有的方法(表示公有属性和方法时，需在类图中的属性和方法前加上"＋"号)，封装后的类图如图 3.7 和图 3.8 所示，在类图中设定了类的成员变量的初始值。

Car
-name: String=飞箭 -oil: int = 20 -loss: int = 0 -brand: String=红旗
+show(): void +setName(): void +getName(): String +setOil(): void +getOil(): int +setLoss(): void +getLoss(): int +setBrand(): void +getBrand(): String

图 3.7　轿车类

Truck
-name: String=大力士 -oil: int=20 -loss: int=0 -load: String=10吨
+show(): void +setName(): void +getName(): String +setOil(): void +getOil(): int +setLoss(): void +getLoss(): int +setLoss(): void +getLoad(): String

图 3.8　卡车类

这样的封装过于简单，没有考虑需求，接下来进一步阅读需求，可以发现以下几点。

(1) 租车时可以指定车的类型和品牌(或吨位)，之后不允许修改；

(2) 油量和车损度租车时取默认值，只有通过车的加油和行驶的行为改变其油量和车损度值，不允许直接修改。

根据需求，应对轿车类和卡车类做如下修改：

(1) 去掉所有的 setter 方法，保留所有的 getter 方法；

(2) 提供 addOil()、drive()这两个公有的方法，实现车的加油和行驶的行为；

(3) 至少需要提供一个构造方法，实现对类型和品牌(或吨位)的初始化。

调整后的类图如图 3.9 和图 3.10 所示。

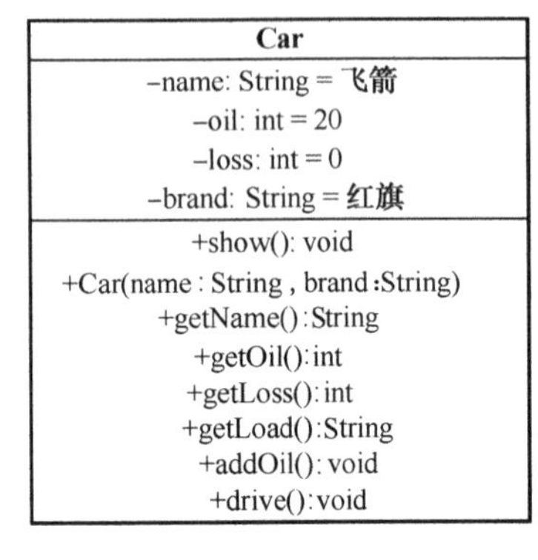

图 3.9 调整后的轿车类

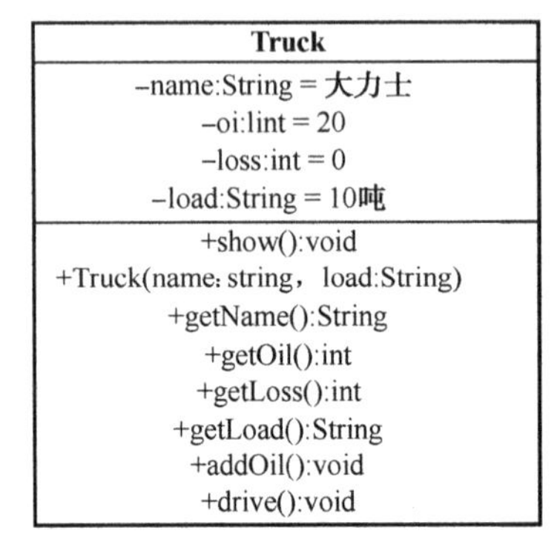

图 3.10 调整后的卡车类

封装后的 Car 类代码如下所示，具体内容看注释。

```
//轿车类
public class Car
{
    private String name = "飞箭";         //车名
    private int oil = 20;                //油量
    private int loss = 0;                //车损度
    private String brand = "红旗";        //品牌
    //构造方法，指定车名和品牌
    public Car(String name,String brand){
        this.name = name;
        this.brand = brand;
    }
    //显示车辆信息
    public void show()
    {
        System.out.println("显示车辆信息:\n 车辆名称为:" + this.name + "品牌是:" + this.brand + "
            油量是:" + this.oil + "车损度为:" + this.loss);
    }
    //获取车名
```

```
        public String getName()
        {
            return name;
        }
        //获取油量
        public int getOil()
        {
            return oil;
        }
        //获取车损度
        public int getLoss()
        {
            return loss;
        }
        //获取品牌
        public String getBrand()
        {
            return brand;
        }
        //加油
        public void addOil()
        {
            //加油功能未实现
        }
        //行驶
        public void drive()
        {
            //行驶功能未实现
        }
}
```

封装后的 Truck 类代码如下所示：

```
//卡车类
public class Truck
{
        private String name = "大力士";          //车名
        private int oil = 20;                    //油量
        private int loss = 0;                    //车损度
        private String load = "10 吨";           //吨位
        //构造方法，指定车名和品牌
        public Truck(String name,String load){
            this.name = name;
```

```
        this.load = load;
    }
    //显示车辆信息
    public void show()
    {
        System.out.println("显示车辆信息:\n车辆名称为:" + this.name + "吨位是:" + this.load + "
            油量是:" + this.oil + "车损度为:" + this.loss);
    }
    //获取车名
    public String getName()
    {
        return name;
    }
    //获取油量
    public int getOil()
    {
        return oil;
    }
    //获取车损度
    public int getLoss()
    {
        return loss;
    }
    //获取吨位
    public String getLoad()
    {
        return load;
    }
    //加油
    public void addOil()
    {
        //加油功能未实现
    }
    //行驶
    public void drive()
    {
        //行驶功能未实现
    }
}
```

将之前“租车系统”的需求总结如下。

(1) 在控制台输出"请选择要租车的类型:(1 代表轿车,2 代表卡车)",等待用户输入。

(2) 如果用户选择的是轿车,则在控制台输出"请选择轿车品牌:(1 代表红旗,2 代表长城)",等待用户输入。

(3) 如果用户选择的是卡车,则在控制台输出"请选择卡车吨位:(1 代表 5 吨,2 代表 10 吨)",等待用户输入。

(4) 在控制台输出"请给所租的车起名:",等待用户输入车名。

(5) 所租的车油量默认值为 20 升,车辆损耗度为 0(表示刚保养完的车,无损耗)。

(6) 具有显示所租车辆信息的功能,显示的信息包括车名、品牌/吨位、油量和车损度。

(7) 租车时指定车的类型和品牌(或吨位),之后不允许修改。

(8) 油量和车损度租车时取默认值,只有通过车的加油和行驶的行为改变其油量和车损度值,不允许直接修改。

按需求完成代码如下,程序运行结果如图 3.11 所示。

```
import java.util.Scanner;
class TestZuChe
{
    public static void main(String[] args)
    {
        String name = null;                          //车名
        int oil = 20;                                //油量
        int loss = 0;                                //车损度
        String brand = null;                         //品牌
        String load = null;                          //吨位
        Scanner input = new Scanner(System.in);
        System.out.println("*** 欢迎来到蓝桥租车系统 ***");
        System.out.print("请选择要租车的类型:(1 代表轿车,2 代表卡车)");
        int select = input.nextInt();
        switch(select)
        {
            case 1:                                  //选择租轿车
                System.out.print("请选择轿车品牌:(1 代表红旗,2 代表长城)");
                select = input.nextInt();
                if(select == 1)                      //选择红旗品牌
                {
                    brand = "红旗";
                }else                                //选择长城品牌
                {
                    brand = "长城";
                }
                System.out.print("请给所租的车起名:");
                name = input.next();                 //输入车名
                Car car = newCar(name,brand);  //使用构造方法初始化车名和品牌
```

```
                car.show();                         //输出车辆信息
                break;
            case 2:                                 //选择租卡车
                System.out.print("请选择卡车吨位:(1 代表 5 吨,2 代表 10 吨)");
                select = input.nextInt();
                if(select == 1)                     //选择 5 吨卡车
                {
                    load = "5 吨";
                }else                               //选择 10 吨卡车
                {
                    load = "10 吨";
                }
                System.out.print("请给所租的车起名:");
                name = input.next();                //输入车名
                Truck truck = new Truck(name,load); //使用构造方法初始化车名和吨位
                truck.show();                       //输出车辆信息
                break;
        }
    }
}
```

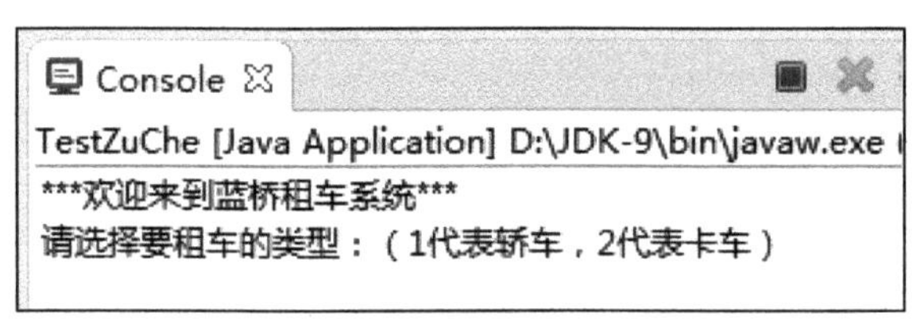
Console
TestZuChe [Java Application] D:\JDK-9\bin\javaw.exe
欢迎来到蓝桥租车系统
请选择要租车的类型:(1代表轿车,2代表卡车)

图 3.11 《租车系统》运行结果

3.3.3 方法的实现

在 Car 类和 Truck 类的代码中,addOil()方法和 drive()方法的功能还没有实现,接下来结合需求,分别完成 Car 类和 Truck 类中的这两个方法。

"租车系统"增加了如下需求:

(1) 不论是轿车还是卡车,油箱最多可以装 60 升汽油,每次给车加油,增加油量 20 升。如果加油 20 升会超过油箱容量,则加到 60 升即可,并在控制台输出"油箱已加满!";

(2) 汽车行驶 1 次,耗油 5 升,车损度增加 10,如果油量低于 10 升,则不允许行驶,直接在控制台输出"油量不足 10 升,需要加油!"。

具体实现代码如下所示:

```
//加油
public void addOil()
{
```

```
        if(oil>40)              //如果加油 20 升则超过油箱容量,则加到 60 升即可
        {
            oil = 60;
            System.out.println("邮箱已加满!");
        }else{                  //加油 20 升
            oil = oil + 20;
        }
        System.out.println("加油完成!");
    }
    //行驶
    public void drive()
    {
        if(oil<10)
        {
            System.out.println("油量不足 10 升,需要加油!");
        }else{
            System.out.println("正在行驶!");
            oil = oil - 5;
            loss = loss + 10;
        }
    }
```

执行下面的代码,注意观察油量和车损度的变化,程序运行结果如图 3.12 所示。

```
import java.util.Scanner;
class TestZuChe2
{
    public static void main(String[] args)
    {
        Car car = new Car("战神","长城");  //初始化轿车对象 car
        car.show();         //输出车辆信息
        car.drive();        //让 car 行驶 1 次,油量剩下 15 升,车损度为 10
        car.show();         //输出车辆信息
        car.drive();        //让 car 再行驶 1 次,油量剩下 10 升,车损度为 20
        car.drive();        //让 car 再行驶 1 次,油量剩下 5 升,车损度为 30
        car.drive();        //让 car 再行驶 1 次,因油量不足 10 升,不行驶,提示需要加油
        car.addOil();       //让 car 加油 1 次,油量增加 20 升,达到 25 升
        car.show();         //输出车辆信息
    }
}
```

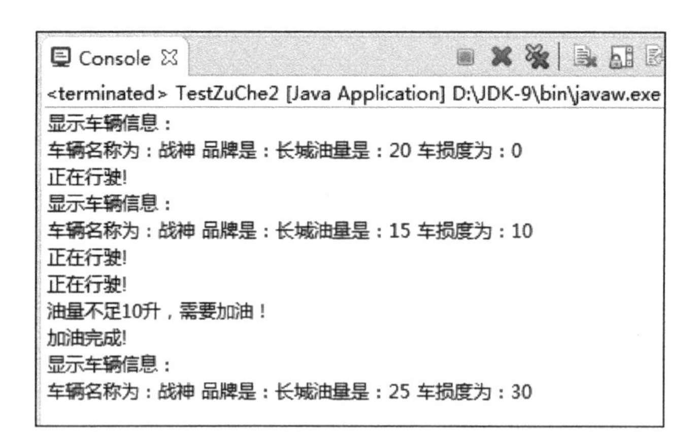

图 3.12 “租车系统”测试结果

3.4 构造函数

3.4.1 定义类的构造方法

构造方法是类中一种特殊的成员方法，在构建类的对象时，利用 new 关键字和一个与类同名的方法完成，它的特点如下。

(1) 构造方法和类名相同；

(2) 构造方法没有返回值；

(3) 主要作用是完成类对象的初始化操作；

(4) 在创建类的对象时，系统会自动调用构造方法，而不能由编程人员显式地直接调用；

(5) 每个类中可以有 0 个或多个构造方法，当一个类定义多个构造方法时，称为构造方法的重载。

每个类在没有定义构造方法的时候，都有一个默认的构造方法。这个构造方法没有形式参数，也没有任何操作，但在创建一个新的对象时，如果没有用户自定义的构造方法，则使用此默认构造方法对新对象进行初始化。

注意：当一个类有自定义的构造方法的时候，类的默认构造方法无效，程序中就不能再调用默认的构造方法来创建对象。

3.4.2 构造函数的使用

构造函数(方法)的主要作用是完成对象的初始化工作，它能够把定义对象时的参数传给对象。一个类可以定义多个构造方法，根据参数的个数、类型或排列顺序来区分不同的构造方法。

```
public class Student
{
        private String stuName;
        private int stuAge;
```

```
    private int stuSex;
    private int stuGrade;

    //读取姓名信息
    public String getStuName()
    {
        return this.stuName.toString();
    }

    //读取班级信息
    public int getStuGrade()
    {
            return this.stuGrade;
    }

    //构造方法,用户初始化对象的属性
    public Student(String name,int age,int sex,int grade){
            this.stuName = name;
            this.stuAge = age;
            this.stuSex = sex;
            this.stuGrade = grade;
    }
    //构造方法,用户初始化对象的属性(不带年级参数,设置年级默认值为 4)
    public Student(String name,int age,int sex){
            this.stuName = name;
            this.stuAge = age;
            this.stuSex = sex;
            this.stuGrade = 4;
    }
    //构造方法,用户初始化对象的属性
    //不带年龄、年级参数,设置年龄默认值为 22,年级默认值为 4
    public Student(String name,int sex){
            this.stuName = name;
            this.stuAge = 22;
            this.stuSex = sex;
            this.stuGrade = 4;
    }
    //定义听课的方法,在控制台直接输出
    public void learn()
    {
            System.out.println(stuName + "正在认真听课!");
    }
```

```
    //定义写作业的方法,输入时间,返回字符串
    public String doHomework(int hour)
    {
        return "现在是北京时间:" + hour + "点," + stuName + "正在写作业!";
    }
}
```

新建测试类 TestStudent1,其代码如下,运行结果如图 3.13 所示。

```
public class TestStudent1
{
    public static void main(String[] args)
    {
        //使用不同参数列表的构造方法创建 wangYun、liuJT、nanTH 三个学生类对象
        Student wangYun = new Student("王云",22,1,4);
        Student liuJT = new Student("刘静涛",21,2);
        Student nanTH = new Student("南天华",1);

        wangYun.learn();
        String rstString = wangYun.doHomework(22);
        System.out.println(rstString);

        liuJT.learn();                          //调用 liuJT 对象的 learn()方法
        //调用 liuJT 对象的 getStuName()和 getStuGrade()方法获得属性值
        System.out.println(liuJT.getStuName() + "正在读大学" + liuJT.getStuGrade() + "年级");

        System.out.println(nanTH.doHomework(23));  //调用 nanTH 对象的 doHomework(23)方法
    }
}
```

```
Problems  Javadoc  Declaration  Console
<terminated> TestStudent1 [Java Application] C:\Program Files\Java\jre-9
现在是北京时间:22点, 王云 正在写作业!
刘静涛正在认真听课!
刘静涛 正在读大学4年级
现在是北京时间:23点, 南天华 正在写作业!
```

图 3.13　使用类的多个构造方法

如果在定义类时没有定义构造方法,则编译系统会自动插入一个无参数的默认构造方法,这个构造方法不执行任何代码。如果在定义类时定义了有参的构造方法,没有显式地定义无参的构造方法,那么在使用构造方法创建类对象时,则不能使用默认的无参构造方法。

例如,在 TestStudent1 程序的 main 方法内添加一行语句:Student leiJing = new Student();,编译器会报错,提示没有找到无参的构造方法。

3.5 重 载

3.5.1 重载的定义

在同一个类中,可以有两个或两个以上的方法具有相同的方法名,但它们的参数列表不同。在这种情况下,该方法就被称为重载(overload)。其中参数列表不同包括以下 3 种情形:

- 参数的数量不同;
- 参数的类型不同;
- 参数的顺序不同。

必须要注意的是,仅返回值不同的方法不叫重载方法。

其实重载的方法之间并没有任何关系,只是"碰巧"名称相同罢了,既然方法名称相同,在使用相同的名称调用方法时,编译器怎么确定调用哪个方法呢?这就要靠传入参数的不同确定调用哪个方法。返回值是运行时才决定的,而重载方法的调用是编译时就决定的,所以当编译器碰到只有返回值不同的两个方法时,就"糊涂"了,认为它是同一个方法,不知道调用哪个,所以就会报错。

在之前介绍一个类可以定义多个构造方法的时候,已经对构造方法进行了重载,接下来通过案例学习普通方法的重载。

3.5.2 重载方法的使用

看下面的代码,其中的重点是普通 learn 方法的重载。

```
public class Student
{
        private String stuName;
        private int stuAge;
        private int stuSex;
        private int stuGrade;
        //构造方法,用户初始化对象的属性
        public Student(String name,int age,intsex,int grade){
                this.stuName = name;
                this.stuAge = age;
                this.stuSex = sex;
                this.stuGrade = grade;
        }
        //构造方法,用户初始化对象的属性(不带年级参数,设置年级默认值为 4)
        public Student(String name,int age,int sex){
                this.stuName = name;
                this.stuAge = age;
                this.stuSex = sex;
```

```
            this.stuGrade = 4;
        }
        //构造方法,用户初始化对象的属性
        //不带年龄、年级参数,设置年龄默认值为 22,年级默认值为 4
        public Student(String name,int sex){
            this.stuName = name;
            this.stuAge = 22;
            this.stuSex = sex;
            this.stuGrade = 4;
        }
        //无参构造方法
        public Student(){
        }
        //省略了 Student 类中的其他方法
        //传入参数 name、age、sex 和 grade 的值,输出结果
        public void learn(String name,int age,int sex,int grade)
        {
            String sexStr = (sex == 1)?"男生":"女生";
            System.out.println(age + "岁的大学" + grade + "年级" + sexStr + name + "正在认真听课!");
        }
        //传入参数 name、age 和 sex 的值,grade 值取 4,输出结果
        public void learn(String name,int age,int sex)
        {
            learn(name,age,sex,4);
        }
        //传入参数 name 和 sex 的值,age 的值取 22,grade 值取 4,输出结果
        public void learn(String name,int sex)
        {
            learn(name,22,sex,4);
        }
        //无参的听课方法,使用成员变量的值作为参数
        public void learn()
        {
            learn(this.stuName,this.stuAge,this.stuSex,this.stuGrade);
        }
    }
```

上面的代码重载了 learn 方法,测试类 main 方法中的代码如下:

```
Student stu = new Student("王云",22,1,4);
stu.learn("刘静涛",21,2,3);
stu.learn("南天华",20,1);
stu.learn("雷静",2);
stu.learn();
```

程序运行结果如图 3.14 所示。

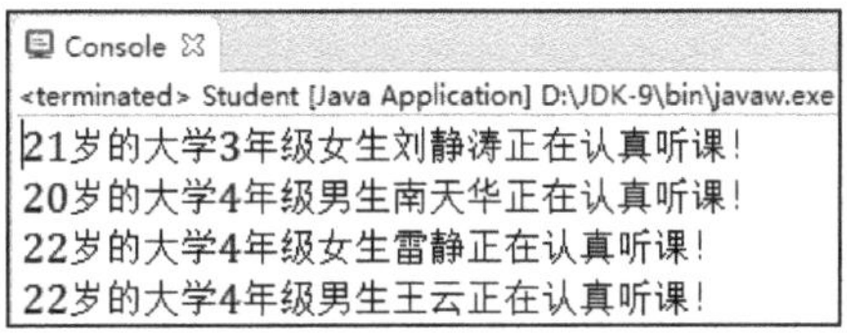

```
Console ⊠
<terminated> Student [Java Application] D:\JDK-9\bin\javaw.exe
21岁的大学3年级女生刘静涛正在认真听课!
20岁的大学4年级男生南天华正在认真听课!
22岁的大学4年级女生雷静正在认真听课!
22岁的大学4年级男生王云正在认真听课!
```

图 3.14 重载方法使用

有些人可能已经注意到了,在一些重载方法的方法体内,调用了其他重载方法。这种情况在类重载方法的使用上非常普遍,有利于代码的重用和维护。

3.6 Java 中常见修饰符

在 Java 中,可以使用一些修饰符来修饰类和类中成员。一般将修饰符分为访问控制符和非访问控制符。Java 中常见的访问控制修饰符有 public、private、protected,它们规定了程序的其他部分,即程序中其他类是不是可以访问到被访问控制符修饰的类、方法或变量。Java 中常见的非访问控制修饰符有 static、final、abstract,它们有的可以修饰类,有的可以修饰类中的属性和方法,其作用各有不同。

3.6.1 访问控制修饰符

面向对象的基本思想之一是:封装实现细节并公开接口。Java 语言采用访问控制修饰符来控制类及类的方法和变量的访问权限,从而只向使用者暴露接口,但隐藏实现细节。

Java 中共有四种访问控制级别。

1. public 访问控制符

public 的含义是公共的,可以修饰类和类的成员,包括变量和方法。public 修饰类,表示该类可以被包内的类和对象,以及包外的类和对象访问。public 修饰类的成员,表示只要该类可以被访问,那么其中的 public 成员均可被访问。

2. protected 访问控制符

protected 只能修饰类成员,即属性和方法,不能修饰类。protected 修饰类成员,表示该类成员只可以被类内部和定义它的类的子类(可以在同一个包内,也可不在同一个包内),以及与它在同一个包内的其他类访问。

3. 默认访问控制符

在有些面向对象语言中,默认访问控制符等同于 friendly 修饰符,但是 friendly 不是 Java 的关键字。在 Java 中,默认访问控制符可以修饰类和类的成员,包括变量和方法;默认访问控制符等效于省略修饰符;默认访问控制符具有包访问特征,即访问权限限于包的内部。

4. private 访问控制符

private 修饰符只能修饰类的成员,即变量和方法;private 的访问权限最高,只能在类的内部访问,即

```
class classname  {
...
    private 成员 1;
...
}
第一个类定义如下:
package bag1;
public class Myclass1{
    private int var1;          //私有变量
}
第二个类定义如下:
package bag2;
import bag1. * ;
class Myclass2{
    private int pv1;
    private float pv2;
    void setting(Myclass1 one) {
        one = new Myclass1();
        one. var1 = 100;       //非法语句,由于 var1 是私有变量,只能在 myclass1 中被访问
        this. pv1 = 10;        //正确语句,在类体内部可以访问私有成员 pv1
        this. pv2 = 20. 0f;    //正确语句,在类体内部可以访问私有成员 pv2
    }
}
```

综上可知,Java 中访问控制符的访问权限如表 3.1 所示。

表 3.1 访问控制符的访问权限

位置	private	默认	protected	public
同一个类	是	是	是	是
同一个包内的类	否	是	是	是
不同包内的子类	否	否	是	是
不同包并且不是子类	否	否	否	是

注意:

(1) 成员变量、成员方法和构造方法可以用四个访问级别中的任何一个去修饰。

(2) 类(顶层类)只能处于 public 或默认访问级别,因此顶层类不能用 private 和 protected 来修饰,如 private class Sample {…}编译出错,类不能被 private 修饰。

(3) 访问级别仅适用于类及类的成员,而不适用于局部变量。局部变量只能在方法内部被访问,不能用 public、protected、private 来修饰。

3.6.2 非访问控制修饰符

Java 的非访问控制符主要包括 static、abstract 和 final。其中,static 是静态修饰符,一

般修饰属性和方法;abstract 是抽象修饰符,一般修饰类和方法;final 是最终修饰符,一般修饰类、属性和方法。

1. 非访问控制修饰符 static

(1) static 修饰变量

static 修饰符修饰的变量叫静态变量,即类变量。用 static 修饰变量,一般有以下两个目的。

1) 所有实例化的对象共享此变量。被 static 修饰的属性不属于任何一个类的具体对象,是公共的存储单元。任何对象访问它时,取到的都是相同的数值。

2) 可以通过类,也可以通过对象去访问。当需要引用或修改一个 static 限定的类属性时,可以直接使用类名访问,也可以使用某一个对象名访问,效果相同。

(2) static 修饰方法

static 修饰符修饰的方法叫静态方法,它是属于整个类的方法,在内存中的代码段随着类的定义而分配和装载。静态方法具有如下规则:

1) 调用静态方法时应该使用类名作为前缀,不用某个具体的对象名;

2) 可以调用其他静态方法;

3) 该方法不能操纵属于某个对象的成员变量,即 static 方法只能处理 static 数据;

4) 不能使用 super 或 this 关键字。

2. 非访问控制修饰符 abstract

使用 abstract 需要注意以下几点:

1) abstract 修饰符表示所修饰的类没有完全实现,还不能实例化;

2) 如果在类的方法声明中使用 abstract 修饰符,表明该方法是一个抽象方法,它需要在子类中实现;

3) 如果一个类包含抽象函数,则这个类也是抽象类,必须使用 abstract 修饰符,并且不能实例化。

在下面的情况下,类必须是抽象类:

1) 类中包含一个明确声明的抽象方法;

2) 类的任何一个父类包含一个没有实现的抽象方法;

3) 类的直接父接口声明或者继承了一个抽象方法,并且该类没有声明或者实现该抽象方法。

3. 非访问控制修饰符 final

final 可以修饰类,还可以修饰类中成员,即变量和方法。当 final 修饰类的时候,表示该类不能被继承;当 final 修饰变量的时候,表示该变量的值不能被修改;当 final 修饰方法的时候,表示该方法所在类的子类(若有子类)不能覆盖该方法。

(1) final 修饰类

final 类不能被继承,因此 final 类的成员方法没有机会被覆盖,默认都是 final 的。设计类的时候,如果这个类不需要有子类,类的实现细节不允许改变,并且确认这个类不会再被扩展,那么就设计为 final 类。

(2) final 修饰方法

如果一个类不允许其子类覆盖某个方法,则可以把这个方法声明为 final 方法。使用 final 方法的原因如下:

1) 把方法锁定,防止任何继承类修改它的意义和实现。

2) 高效。编译器在遇到调用 final 方法时会转入内嵌机制,大大提高执行效率。

(3) final 修饰变量

用 final 修饰的成员变量表示常量,值一旦给定就无法改变。final 修饰的变量有三种:静态变量、实例变量和局部变量,分别表示三种类型的常量。另外,定义 final 变量的时候,可以先声明,而不给初值,这种变量也称为 final 空白,无论什么情况,编译器都确保 final 空白在使用之前必须被初始化。但是,final 空白在关键字 final 的使用上提供了更大的灵活性,为此,一个类中的 final 数据成员就可以实现依对象而有所不同,却又保持其恒定不变的特征。

3.7 创新素质拓展

【目的】

帮助学生使用类来封装对象的属性和功能;掌握类变量与实例变量,以及类方法与实例方法的区别;掌握使用 package 和 import 语句。同时,鼓励学生独立思考问题,并尝试解决问题,培养学生创新意识。

【要求】

编写一个 Java 应用程序,该程序中有 3 个类:Trangle、Leder 和 Circle,分别用来刻画"三角形""梯形"和"圆形"。具体要求如下:

(1) Trangle 类具有类型为 double 的三个边,以及周长、面积属性,Trangle 类具有返回周长、面积以及修改三个边的功能。另外,Trangle 类还具有一个 boolean 型的属性,该属性用来判断三个属能否构成一个三角形。

(2) Lader 类具有类型 double 的上底、下底、高、面积属性,具有返回面积的功能。

(3) Circle 类具有类型为 double 的半径、周长和面积属性,具有返回周长、面积的功能。

【程序运行效果示例】

程序运行效果如图 3.15 所示。

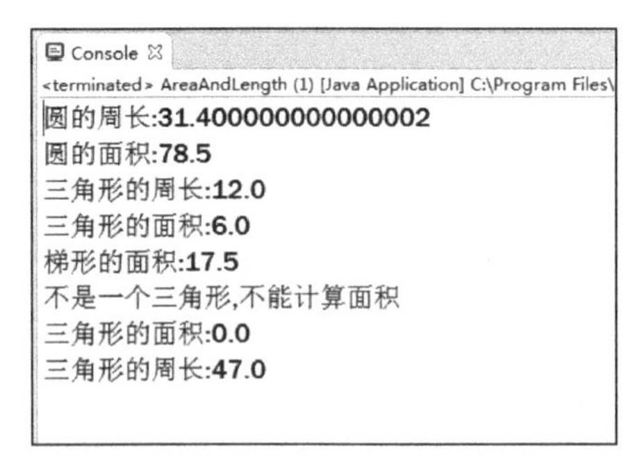

图 3.15 程序运行效果

【参考程序】

AreaAndLength. java

```
class Trangle
{
    double sideA,sideB,sideC,area,length;
    boolean boo;
    public Trangle(double a,double b,double c)
    {
      【代码 1】          //参数 a,b,c 分别赋值给 sideA,sideB,sideC
      if(【代码 2】)     //a,b,c 构成三角形的条件表达式
      {
         【代码 3】      //给 boo 赋值。
      }
      else
      {
         【代码 4】      //给 boo 赋值。
      }
    }
     double getLength()
     {
         【代码 5】      //方法体,要求计算出 length 的值并返回
     }
      public double getArea()
      {
         if(boo)
            {
              double p = (sideA + sideB + sideC)/2.0;
              area = Math.sqrt(p * (p - sideA) * (p - sideB) * (p - sideC)) ;
              return area;
            }
         else
            {
              System.out.println("不是一个三角形,不能计算面积");
              return 0;
            }
     }
     public void setABC(double a,double b,double c)
     {
       【代码 6】         //参数 a,b,c 分别赋值给 sideA,sideB,sideC
       if(【代码 7】)    //a,b,c 构成三角形的条件表达式
       {
         【代码 8】      //给 boo 赋值。
```

```
        }
        else
        {
            【代码 9】//给 boo 赋值。
        }
    }
}
class Lader
{
    double above,bottom,height,area;
    Lader(double a,double b,double h)
    {
        【代码 10】//方法体,将参数 a,b,c 分别赋值给 above,bottom,height
    }
    double getArea()
    {
        【代码 11】//方法体,要求计算出 area 返回
    }
}

class Circle
{
    double radius,area;
    Circle(double r)
    {
        【代码 12】//方法体
    }
    double getArea()
    {
        【代码 13】//方法体,要求计算出 area 返回
    }
    double getLength()
    {
        【代码 14】//getArea 方法体的代码,要求计算出 length 返回
    }
    void setRadius(double newRadius)
    {
        radius = newRadius;
    }
    double getRadius()
    {
        return radius;
```

```
    }
}
public class AreaAndLength
{
    public static void main(String args[])
    {
        double length,area;
        Circle circle = null;
        Trangle trangle;
        Lader lader;
        【代码 15】//创建对象 circle
        【代码 16】//创建对象 trangle。
        【代码 17】//创建对象 lader
        【代码 18】// circle 调用方法返回周长并赋值给 length
        System.out.println("圆的周长:" + length);
        【代码 19】// circle 调用方法返回面积并赋值给 area
        System.out.println("圆的面积:" + area);
        【代码 20】// trangle 调用方法返回周长并赋值给 length
        System.out.println("三角形的周长:" + length);
        【代码 21】// trangle 调用方法返回面积并赋值给 area
        System.out.println("三角形的面积:" + area);
        【代码 22】// lader 调用方法返回面积并赋值给 area
        System.out.println("梯形的面积:" + area);
        【代码 23】// trangle 调用方法设置三个边,要求将三个边修改为 12,34,1
        【代码 24】// trangle 调用方法返回面积并赋值给 area
        System.out.println("三角形的面积:" + area);
        【代码 25】// trangle 调用方法返回周长并赋值给 length
        System.out.println("三角形的周长:" + length);
    }
}
```

【思考题】

1. 程序中仅仅省略【代码 15】,编译能通过吗?
2. 程序中仅仅省略【代码 16】,编译能通过吗?
3. 程序中仅仅省略【代码 15】,运行时会出现怎样的异常提示?
4. 给 Trangle 类增加 3 个方法,分别用来返回 3 个边:sideA、sideB 和 sideC。
5. 让 AreaAndLength 类中的 circle 对象调用方法修改半径,然后输出修改后的半径以及修改半径后的圆的面积和周长。

3.8 本章练习

1. 程序员可以将多个 Java 类写在一个 Java 文件中,但其中只有一个类能用(　　　　)

修饰,并且这个 Java 文件的名称必须与这个类的类名相同。

2. 请描述面向过程和面向对象的区别,并用自己的语言总结面向对象的优势和劣势。

3. 面向对象有哪些特性?什么是封装?

4. 请描述构造方法有哪些特点。

5. 在使用 new 关键字创建并初始化对象的过程中,具体的初始化过程分为哪 4 步?

6. 编写一个可以显示员工 ID 和员工姓名的程序。命名用两个类,第一个类包括设置员工 ID 和员工姓名的方法;另一个类用来创建员工对象,并使用对象调用方法。源程序保存为 Employee. java。

7. 编写一个程序,定义一个表示学生的类 Student 和一个 TestStudent 类。Student 类包括学号、姓名、性别、年龄和三门课程成绩的信息数据,以及用来获得和设置学号、姓名、性别、年龄和三门成绩的方法。在 TestStudent 类中生成五个学生对象,计算三门课程的平均成绩,以及某门课程的最高分和最低分。

第4章　抽象类和接口

本章简介

第3章用面向对象的思想，完成了"租车系统"的一些功能，深入体会到抽象、封装、继承和多态这些特性在面向对象分析设计中的运用，这是Java基础课程中最核心的章节之一。接下来，要着重讲解Java中另外一个非常重要的概念——接口。在编程中常说"面向接口编程"，可见接口在程序设计中的重要性。本章还会介绍抽象类的概念，抽象类和接口的区别也是企业面试中常问到的问题。

4.1　抽象类的概念

在面向对象的世界里，所有的对象都是通过类来实例化的，但并不是所有的类都是直接用来实例化对象的。如果一个类中没有包含足够的信息来描绘一个具体的事务，这样的类可以形成抽象类。

抽象类往往用来表示在对事务进行分析、设计后得出的抽象概念，是对一系列看上去不同，但是本质上相同的具体概念的抽象。例如，如果进行一个图形编辑软件的开发，就会发现需要操作圆、三角形这样一些具体的图形概念。这些具体的概念虽然是不同的，但是它们又都属于形状这样一个不是真实存在的抽象概念，这个抽象的概念是不能实例化出一个具体的形状对象的。

4.1.1　抽象类的概念

在面向对象分析和设计的过程中，经过抽象、封装和继承的分析之后，会需要想创建这样一个抽象的父类，该父类定义了其所有子类共享的一般形式，具体细节由子类来完成。

这样的父类作为规约，其需要子类完成的方法在父类中往往是空方法，方法本身没有实际意义。而且这些父类本身就比较抽象，根据这些抽象的父类实例化出的对象通常也缺乏实际意义，更多的是利用父类的规约创建出子类，再使用子类实例化出有意义的对象。

Java中提供了一种专门供子类来继承的类，这个类就是抽象类，其语法形式如下：

```
[修饰符] abstract class 类名{
}
```

Java也提供了一种特殊的方法，这个方法不是一个完整的方法，只含有方法的声明，没有方法体，这样的方法叫作抽象方法，其语法形式如下：

```
[其他修饰符] abstract 返回值 方法名( );
```

4.1.2　抽象类的使用

接下来通过一个例子，了解抽象类的使用。

现有 Person 类、Chinese 类和 American 类三个类，其中 Person 类为抽象类，含有 eat()和 work()两个抽象方法，其类关系如图 4.1 所示。

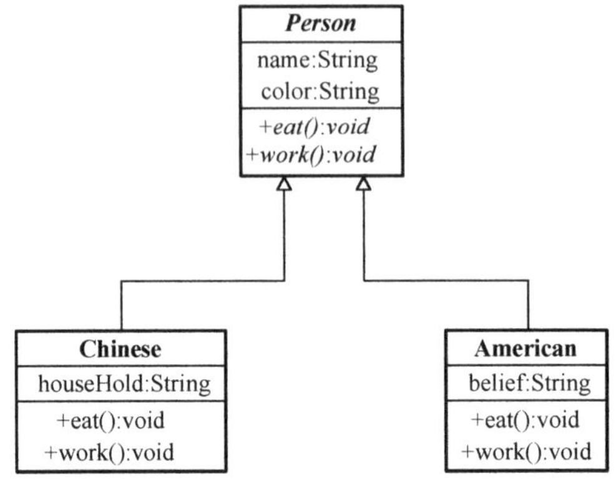

图 4.1　抽象类之间的类图关系

Person 类的代码如下：

```
abstract class Person
{
        String name = "人";
        String color = "肤色";
        //定义吃饭的抽象方法 eat()
        public abstract void eat();
        //定义工作的抽象方法 eat()
        public abstract void work();
}
```

Chinese 类代码如下：

```
//子类 Chinese 继承自抽象父类 Person
class Chinese extends Person
{
        String houseHold = "北京";//户口

        //实现父类 eat()的抽象方法
        public void eat()
        {
                System.out.println("中国人用筷子吃饭!");
```

```
        }
        //实现父类 work()的抽象方法
        public void work()
        {
                System.out.println("中国人勤劳工作!");
        }
}
```

American 类代码如下：

```
//子类 American 继承自抽象父类 Person
class American extends Person
{
        String belief = "基督教";                    //信仰

        //实现父类 eat()的抽象方法
        public void eat()
        {
                System.out.println("美国人用刀叉吃饭!");
        }
        //实现父类 work()的抽象方法
        public void work()
        {
                System.out.println("美国人快乐工作!");
        }
}
```

测试类代码如下：

```
class TestAbstract
{
        public static void main(String[] args)
        {
                Person liuHL = new Chinese();      //创建一个中国人对象
                System.out.println("***中国人的行为***");
                liuHL.eat();                       //调用中国人吃饭的方法
                liuHL.work();                      //调用中国人工作的方法
                Person jacky = new American();     //创建一个美国人对象
                System.out.println("***美国人的行为***");
                jacky.eat();                       //调用美国人吃饭的方法
                jacky.work();                      //调用美国人工作的方法
        }
}
```

程序运行结果如图 4.2 所示。

```
<terminated> TestAbstract [Java Application] D:\jdk-9\JDK1.9\bin\javaw.exe (
***中国人的行为***
中国人用筷子吃饭!
中国人勤劳工作!
***美国人的行为***
美国人用刀叉吃饭!
美国人快乐工作!
```

图 4.2　抽象类使用

4.1.3　抽象类的特征

在上面例子的基础上,可以进一步了解抽象类的特征。

(1) 抽象类不能被直接实例化。

例如,在测试类代码中写如下的语句:

```
Person liuHL = new Person();
```

编译时就会报错,提示抽象类无法被实例化,如图 4.3 所示。

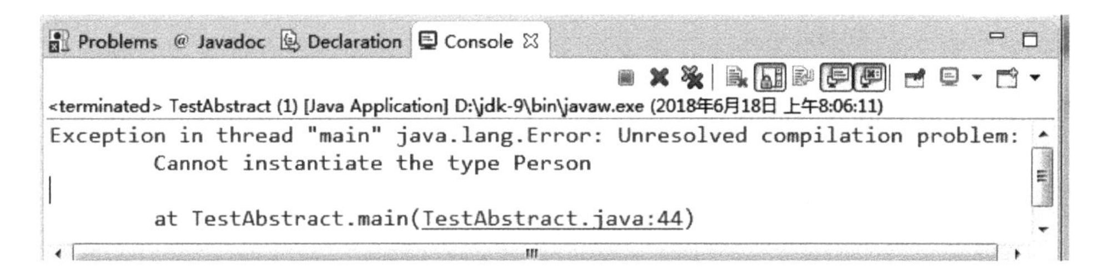
```
<terminated> TestAbstract (1) [Java Application] D:\jdk-9\bin\javaw.exe (2018年6月18日 上午8:06:11)
Exception in thread "main" java.lang.Error: Unresolved compilation problem:
	Cannot instantiate the type Person

	at TestAbstract.main(TestAbstract.java:44)
```

图 4.3　抽象类无法被实例化

(2) 抽象类的子类必须实现抽象方法,除非子类也是抽象类。

抽象类是父类对子类的规约,要求子类必须实现抽象父类的抽象方法。例如,如果将 Chinese 类的 work 方法变为注释,使抽象类中的抽象方法没有被子类实现,编译时就会报错,如图 4.4 所示。

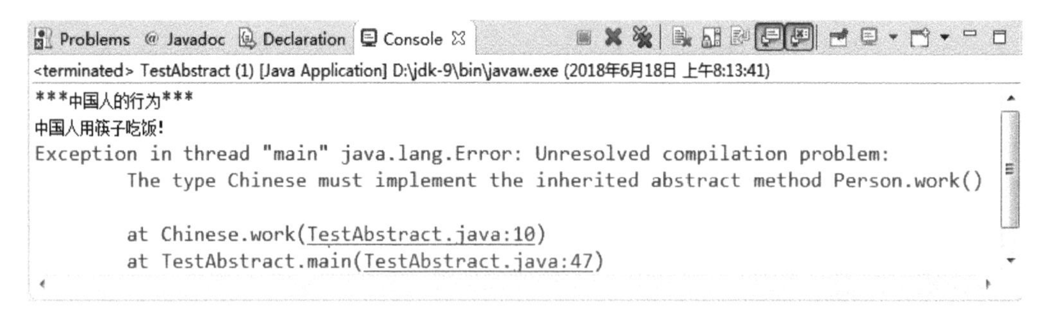
```
<terminated> TestAbstract (1) [Java Application] D:\jdk-9\bin\javaw.exe (2018年6月18日 上午8:13:41)
***中国人的行为***
中国人用筷子吃饭!
Exception in thread "main" java.lang.Error: Unresolved compilation problem:
	The type Chinese must implement the inherited abstract method Person.work()

	at Chinese.work(TestAbstract.java:10)
	at TestAbstract.main(TestAbstract.java:47)
```

图 4.4　抽象方法必须被实现

(3) 抽象类里可以有普通方法,也可以有抽象方法,但是有抽象方法的类必须是抽象类。

去掉 Person 类前的 abstract 关键字,使 Person 类不再是抽象类,却含有抽象方法,编译时报错,如图 4.5 所示。

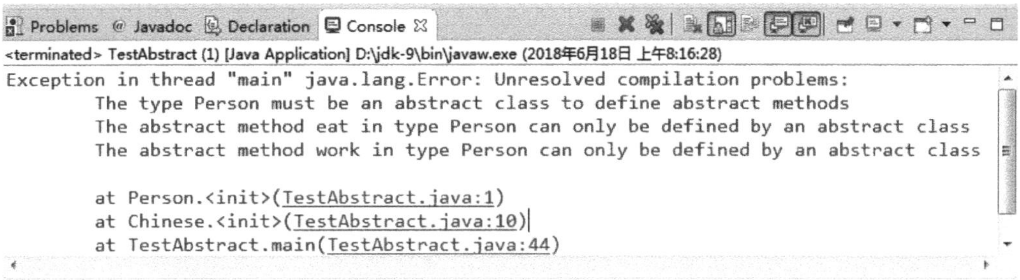

```
Problems  @ Javadoc  Declaration  Console
<terminated> TestAbstract (1) [Java Application] D:\jdk-9\bin\javaw.exe (2018年6月18日 上午8:16:28)
Exception in thread "main" java.lang.Error: Unresolved compilation problems:
	The type Person must be an abstract class to define abstract methods
	The abstract method eat in type Person can only be defined by an abstract class
	The abstract method work in type Person can only be defined by an abstract class

	at Person.<init>(TestAbstract.java:1)
	at Chinese.<init>(TestAbstract.java:10)
	at TestAbstract.main(TestAbstract.java:44)
```

图 4.5　有抽象方法的类必须是抽象类

需要注意的是,抽象类里面也可以没有抽象方法,只是把原来的类前面加上 abstract 关键字,使其变为抽象类。

4.2　抽象类的应用

再分析"租车系统",很自然地就会想到,之前 Vehicle 类中的 show()方法是一个空方法,没有实际意义,所以可以把它定义为抽象方法。

另外,在讲解继承的时候,Truck 类重写了 Vehicle 类的 drive()方法,而且通过需求可以判断出,如果还有其他类需要继承自 Vehicle 类,也可能需要重写 drive()方法,实现各自行驶的功能。所以,可以把 Vehicle 类的 drive()方法定义为抽象方法,把原来 Vehicle 类中 drive()方法的方法体实现代码移到 Car 类中,相当于 Car 类实现 Vehicle 类 drive()抽象方法。

修改后 Vehicle 类的代码如下。

```
package com.bd.zuche;
//车类,是父类,抽象类
public abstract class Vehicle
{
	String name = "汽车";		//车名
	int oil = 20;			//油量
	int loss = 0;			//车损度

	//抽象方法,显示车辆信息
	public abstract void show();
	//抽象方法,行驶
	public abstract void drive();
```

```
        //加油
        public void addOil()
        {
            if(oil>40)
            {
                oil = 60;
                System.out.println("邮箱已加满!");
            }else{
                oil = oil + 20;
            }
            System.out.println("加油完成!");
        }
        //省略了构造方法、getter 方法
    }
```

Car 类的代码如下：

```
    package com.bd.zuche;
    //轿车类，是子类，继承 Vehicle 类
    public class Car extends Vehicle
    {
        private String brand = "红旗";      //品牌
        //子类重写父类的 show()抽象方法
        public void show()
        {
            System.out.println("显示车辆信息:\n 车辆名称为:" + this.name + "品牌是:" + this.brand + "
                油量是:" + this.oil + "车损度为:" + this.loss);
            //System.out.println("显示车辆信息:\n 车辆名称为:" + getName() + "品牌是:" + this.brand + "
                //油量是:" + getOil() + "车损度为:" + getLoss());
        }
        //子类重写父类的 drive()抽象方法
        public void drive()
        {
            if(oil<10)
            {
                System.out.println("油量不足 10 升，需要加油!");
            }else{
                System.out.println("正在行驶!");
                oil = oil - 5;
                loss = loss + 10;
            }
        }
        //省略了构造方法、getter 方法
    }
```

Truck 类和 Driver 类的代码都没发生变化，运行测试类代码如下。

```
import com.bd.zuche.*;
class TestZuChe
{
    public static void main(String[] args)
    {
        Vehicle car = new Car("战神","长城");                //初始化轿车对象 car
        Vehicle truck = new Truck("大力士二代","10 吨");     //初始化卡车对象 truck
        Driver d1 = new Driver("柳海龙");                     //创建并初始化驾驶员对象
        d1.callShow(car);                                     //调用驾驶员对象的相应方法
        d1.callShow(truck);                                   //调用驾驶员对象的相应方法
    }
}
```

运行结果如图 4.6 所示。

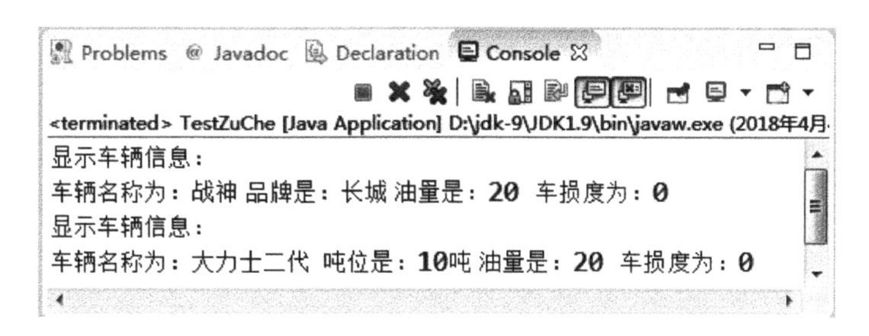

图 4.6　用抽象类完成“租车系统”

4.3　接口的概念

4.1 节详细介绍了抽象类，提到抽象类中可以有抽象方法，也可以有普通方法，但是有抽象方法的类必须是抽象类。如果抽象类中的方法都是抽象方法，那么由这些抽象方法组成的特殊的抽象类就是所说的接口。

4.3.1　接口的概念

接口是一系列方法的声明，是一些抽象方法的集合。一个接口只有方法的声明，没有方法的实现，因此这些方法可以在不同的地方被不同的类实现，而这些实现类可以具有不同的行为。

虽然我们常说，接口是一种特殊的抽象类，但是在面向对象编程的设计思想层面，两者还是有显著区别的。抽象类更侧重于对相似的类进行抽象，形成抽象的父类以供子类继承使用，而接口往往在程序设计的时候，定义模块与模块之间应满足的规约，使各模块之间能协调工作。接下来通过一个实际的例子来说明接口的作用。

如今，蓝牙技术已经在社会生活中广泛应用。移动电话、蓝牙耳机、蓝牙鼠标、平板电脑等 IT 设备都支持蓝牙实现设备间短距离通信。那为什么这些不同的设备能通过蓝牙技术进行数据交换呢？其本质在于蓝牙提供了一组规范和标准，规定了频段、速率、传输方式等要求，各设备制造商按照蓝牙规范约定制造出来的设备，就可以按照约定的模式实现短距离通信。蓝牙提供的这组规范和标准，就是所谓的接口。

蓝牙接口创建和使用步骤如下：

(1) 各相关组织、厂商约定蓝牙接口标准；

(2) 相关设备制造商按约定接口标准制作蓝牙设备；

(3) 符合蓝牙接口标准的设备可以实现短距离通信。

Java 接口定义的语法形式如下：

```
[修饰符]  interface 接口名 [extends][接口列表]{
      接口体
}
```

interface 前的修饰符是可选的，当没有修饰符的时候，表示此接口的访问只限于同包的类和接口。如果使用修饰符，则只能用 public 修饰符，表示此接口是公有的，在任何地方都可以引用它，这一点和类是相同的。

接口是和类同一层次的，所以接口名的命名规则参考类名命名规则即可。

extends 关键词和类语法中的 extends 类似，用来定义直接的父接口。和类不同，一个接口可以继承多个父接口，当 extends 后面有多个父接口时，它们之间用逗号隔开。

接口体就是用大括号括起来的那部分，接口体里定义接口的成员，包括常量和抽象方法。

类实现接口的语法形式如下：

```
[类修饰符]  class   类名   implements 接口列表{
      类体
}
```

类实现接口用 implements 关键字，Java 中的类只能是单继承的，但一个 Java 类可以实现多个接口，这也是 Java 解决多继承的方法。

下面通过代码来模拟蓝牙接口规范的创建和使用步骤。

(1) 定义蓝牙接口。

假设蓝牙接口通过 input()和 output()两个方法提供服务，这时就需要在蓝牙接口中定义这两个抽象方法，具体代码如下。

```
//定义蓝牙接口
public interface BlueTooth
{
      //提供输入服务
      public void input();
      //提供输出服务
      public void output();
}
```

(2) 定义蓝牙耳机类,实现蓝牙接口。

```
public class Earphone implements BlueTooth
{
        String name = "蓝牙耳机";
        //实现蓝牙耳机输入功能
        public void input()
        {
                System.out.println(name + "正在输入音频数据...");
        }
        //实现蓝牙耳机输出功能
        public void output()
        {
                System.out.println(name + "正在输出反馈信息...");
        }
}
```

(3) 定义 IPad 类,实现蓝牙接口。

```
public class IPad implements BlueTooth
{
        String name = "iPad";
        //实现 iPad 输入功能
        public void input()
        {
                System.out.println(name + "正在输入数据...");
        }
        //实现 iPad 输出功能
        public void output()
        {
                System.out.println(name + "正在输出数据...");
        }
}
```

编写测试类,对蓝牙耳机类和 IPad 类进行测试,代码如下,运行结果如图 4.7 所示。

```
public class TestInterface
{
        public static void main(String[] args)
        {
                BlueTooth ep = new Earphone();//创建并实例化一个实现了蓝牙接口的蓝牙耳机对象 ep
                ep.input();                   //调用 ep 的输入功能
                BlueTooth ip = new IPad();    //创建并实例化一个实现了蓝牙接口的 iPad 对象 ip
                ip.input();                   //调用 ip 的输入功能
                ip.output();                  //调用 ip 的输出功能
        }
}
```

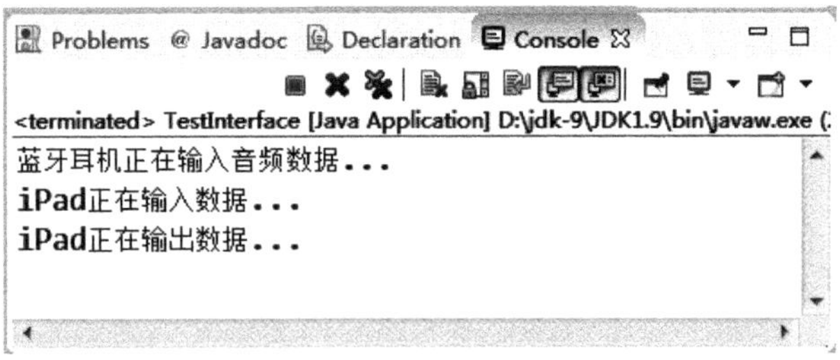

Problems @ Javadoc Declaration Console
<terminated> TestInterface [Java Application] D:\jdk-9\JDK1.9\bin\javaw.exe (
蓝牙耳机正在输入音频数据...
iPad正在输入数据...
iPad正在输出数据...

图 4.7　蓝牙接口使用

4.3.2　接口的使用

电子邮件现在是人们广泛使用的一种信息沟通形式，要创建一封电子邮件，至少需要发信者邮箱、收信者邮箱、邮件主题和邮件内容 4 个部分。可以采用接口定义电子邮件的这些约定，让电子邮件类必须实现这个接口，从而达到让电子邮件必须满足这些约定的要求。

(1) 定义电子邮件接口

```
public interface EmailInterface
{
        //设置发信者邮箱
        public void setSendAdd(String add);
        //设置收信者邮箱
        public void setReceiveAdd(String add);
        //设置邮件主题
        public void setEmailTitle(String title);
        //设置邮件内容
        public void writeEmail(String email);
}
```

(2) 定义邮箱类，实现 EmailInterface 接口

注意，在实现接口中抽象方法的同时，邮箱类本身还有一个 showEmail()方法。

```
import java.util.Scanner;
//定义 Email，实现 Email 接口
public class Email implements EmailInterface
{
        String sendAdd = "";                    //发信者邮箱
        String receiveAdd = "";                 //收信者邮箱
        String emailTitle = "";                 //邮件主题
        String email = "";                      //邮件内容
        //实现设置发信者邮箱
        public void setSendAdd(String add)
        {
                this.sendAdd = add;
        }
```

```
        //实现设置收信者邮箱
        public void setReceiveAdd(String add)
        {
                this.receiveAdd = add;
        }
        //实现设置邮件主题
        public void setEmailTitle(String title)
        {
                this.emailTitle = title;
        }
        //实现设置邮件内容
        public voidwriteEmail(String email)
        {
                this.email = email;
        }
        //显示邮件全部信息
        public void showEmail()
        {
                System.out.println("***显示电子邮件内容***");
                System.out.println("发信者邮箱:" + sendAdd);
                System.out.println("收信者邮箱:" + receiveAdd);
                System.out.println("邮件主题:" + emailTitle);
                System.out.println("邮件内容:" + email);
        }
}
```

(3) 定义一个邮件作者类

邮件作者类中含静态方法 writeEmail(EmailInterface email),用于写邮件,具体代码如下:

```
class EmailWriter
{
        //定义写邮件的静态方法,形参是 EmailInterface 接口
        public static void writeEmail(EmailInterface email)
        {
                Scanner input = new Scanner(System.in);
                System.out.print("请输入发信者邮箱:");
                email.setSendAdd(input.next());
                System.out.print("请输入收信者邮箱:");
                email.setReceiveAdd(input.next());
                System.out.print("请输入邮件主题:");
                email.setEmailTitle(input.next());
                System.out.print("请输入邮件内容:");
                email.writeEmail(input.next());
                //email.showEmail();//编译无法通过,因为形参 email 是 EmailInterface 接口,没有此方法
        }
}
```

(4) 编写测试类

测试类代码首先创建并实例化出一个实现了电子邮件接口的对象 email，然后调用 EmailWriter 类的静态方法 writeEmail 写邮件，最后将 email 对象强制类型转换成 Email 对象(不提倡此做法)，调用 Email 类的 showEmail()方法。具体代码如下，程序运行结果如图 4.8所示。

```
public class TestInterface2
{
        public static void main(String[] args)
        {
                //创建并实例化一个实现了电子邮件接口的对象 email
                EmailInterface email = new Email();
                //调用 EmailWriter 类的静态方法 writeEmail 写邮件
                EmailWriter.writeEmail(email);
                //强制类型转换,调用 Email 类的 showEmail()方法(不是接口方法)
                ((Email)email).showEmail();
        }
}
```

图 4.8　电子邮箱接口的使用

4.3.3　接口的特征

(1) 接口中不允许有实体方法。

例如，在 EmailInterface 接口中增加下面的实体方法。

```
//显示邮件全部信息
public void showEmail()
{
}
```

编译时就会报错，提示接口中不能有实体方法，如图 4.9 所示。

Problems　Javadoc　Declaration　Console

1 error, 48 warnings, 0 others

Description	Resource	Path	Location	Type
Errors (1 item)				
Abstract methods do not specify a body	TestInterfac...	/MyProject/src/FI...	line 16	Java Problem

图 4.9　接口中不能有实体方法

(2) 接口中可以有成员变量，默认修饰符是 public static final，接口中的抽象方法必须用 public 修饰。

在 EmailInterface 接口中，增加邮件发送端口号的成员变量 sendPort，代码如下。

```
int sendPort = 25;        //必须赋静态最终值
```

在 Email 类的 showEmail()方法中增加语句 System. out. println("发送端口号:"＋sendPort);，含义为访问 EmailInterface 接口中的 sendPort 并显示出来，具体代码如下。

```
//显示邮件全部信息
public void showEmail()
{
        System.out.println("* * * 显示电子邮件内容 * * *");
        System.out.println("发送端口号:" + sendPort);
        System.out.println("发信者邮箱:" + sendAdd);
        System.out.println("收信者邮箱:" + receiveAdd);
        System.out.println("邮件主题:" + emailTitle);
        System.out.println("邮件内容:" + email);
}
```

EmailWriter 类和 TestInterface2 类的代码不需要调整，运行 TestInterface2 类，程序运行结果如图 4.10 所示。

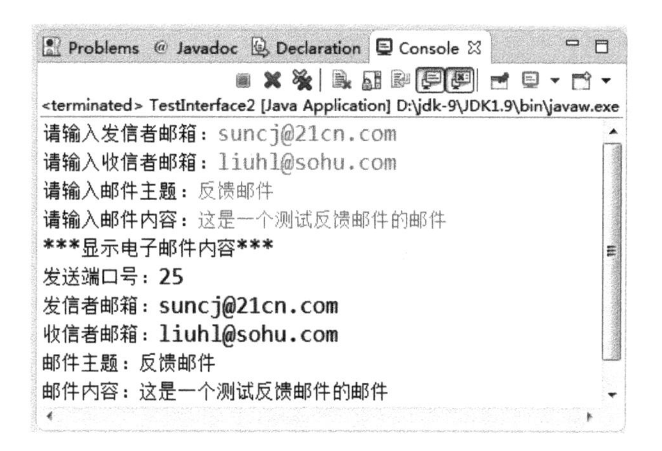

图 4.10　接口中成员变量的使用

(3) 一个类可以实现多个接口。

假设一个邮件，不仅需要符合 EmailInterface 接口对电子邮件规范的要求，而且需要符合对发送端和接收端端口号接口规范的要求，才允许成为一个合格的电子邮件。

发送端和接收端端口号接口的代码如下：

```
//定义发送端和接收端端口号接口
public interface PortInterface
{
        //设置发送端端口号
        public void setSendPort(int port);
        //设置接收端端口号
        public void setReceivePort(int port);
}
```

则 Email 类不仅要实现 EmailInterface 接口，还要实现 PortInterface 接口，同时类方法中必须实现 PortInterface 接口的抽象方法。Email 类的代码如下：

```
import java.util.Scanner;
//定义 Email,实现 EmailInterface 和 PortInterface 接口
public class Email implements EmailInterface,PortInterface
{
        int sendPort = 25;//发送端端口号
        int receivePort = 110; //接收端端口号
        //实现设置发送端端口号
        public void setSendPort(int port)
        {
                this.sendPort = port;
        }
        //实现设置接收端端口号
        public void setReceivePort(int port)
        {
                this.receivePort = port;
        }
        //显示邮件全部信息
        public void showEmail()
        {
                System.out.println("***显示电子邮件内容***");
                System.out.println("发送端口号:" + sendPort);
                System.out.println("接收端口号:" + receivePort);
                System.out.println("发信者邮箱:" + sendAdd);
                System.out.println("收信者邮箱:" + receiveAdd);
                System.out.println("邮件主题:" + emailTitle);
                System.out.println("邮件内容:" + email);
        }
        //省略了其他属性和方法的代码
}
```

修改 EmailWriter 类和 TestInterface2(形成 TestInterface3)类时,尤其需要注意的是 EmailWriter 类的静态方法 writeEmail(Email email)中的形参不再是 EmailInterface 接口,而是 Email 类,否则无法在 writeEmail 方法中调用 PortInterface 接口的方法,不过这样做属于非面向接口编程,不提倡。类似地,TestInterface3 代码中声明 email 对象时,也从 EmailInterface 接口调整成 Email 类。具体代码如下:

```
import java.util.Scanner;
//定义邮件作者类
class EmailWriter
{
    //定义写邮件的静态方法,形参是 Email 类(非面向接口编程)
    //形参不能是 EmailInterface 接口,否则无法调用 PortInterface 接口的方法
    public static void writeEmail(Email email)
    {
        Scanner input = new Scanner(System.in);
        System.out.print("请输入发送端口号:");
        email.setSendPort(input.nextInt());
        System.out.print("请输入接收端口号:");
        email.setReceivePort(input.nextInt());
        System.out.print("请输入发信者邮箱:");
        email.setSendAdd(input.next());
        System.out.print("请输入收信者邮箱:");
        email.setReceiveAdd(input.next());
        System.out.print("请输入邮件主题:");
        email.setEmailTitle(input.next());
        System.out.print("请输入邮件内容:");
        email.writeEmail(input.next());
    }
}
public class TestInterface3
{
    public static void main(String[] args)
    {
        //创建并实例化一个 Email 类的对象 email
        Email email = new Email();
        //调用 EmailWriter 的静态方法 writeEmail 写邮件
        EmailWriter.writeEmail(email);
        //调用 Email 类的 showEmail()方法(不是接口方法)
        email.showEmail();
    }
}
```

程序运行结果如图 4.11 所示。

图 4.11 实现多个接口的类

(4) 接口可以继承其他接口，实现接口合并的功能。

在刚才的代码中，让一个类实现了多个接口，但是再调用这个类的时候，形参就必须是这个类，而不能是该类实现的某个接口，因为这样做就不是面向接口编程，程序的多态性得不到充分的体现。接下来在刚才例子的基础上，用接口继承的方式解决这个问题。

EmailInterface 类的代码如下：

```
//定义电子邮件接口，继承自 PortInterface 接口
public interface EmailInterface extends PortInterface
{
        //设置发信者邮箱
        public void setSendAdd(String add);
        //设置收信者邮箱
        public void setReceiveAdd(String add);
        //设置邮件主题
        public void setEmailTitle(String title);
        //设置邮件内容
        public void writeEmail(String email);
}
```

PortInterface 接口、Email 类的代码不用调整，EmailWriter 类和测试类 TestInterface3 中的声明为 Email 的类，改回为 EmailInterface 接口的声明，这样的程序又恢复了面向接口编程的特性，可以实现多态性。

4.4 接口的应用

在接口的应用中，有一个非常典型的案例，就是实现打印机系统的功能。在打印机系统中，有打印机对象，有墨盒对象(可以是黑白墨盒，也可以是彩色墨盒)，也有纸张对象(可以是 A4 纸，也可以是 B5 纸)。怎么能让打印机、墨盒和纸张这些生产厂商生产的各自不同的设备，组装在一起成为打印机，正常打印呢？解决的办法就是接口。

打印机系统开发的主要步骤如下：

(1) 打印机和墨盒之间需要接口，定义为墨盒接口 PrintBox，打印机和纸张之间需要接口，定义为纸张接口 PrintPaper；

(2) 定义打印机类，引用墨盒接口 PrintBox 和纸张接口 PrintPaper，实现打印功能；

(3) 定义黑白墨盒和彩色墨盒实现墨盒接口 PrintBox，定义 A4 纸和 B5 纸实现纸张接口 PrintPaper；

(4) 编写打印系统，调用打印机实施打印功能。

PrintBox 和 PrintPaper 接口的代码如下：

```
//墨盒接口
public interface PrintBox {
	//得到墨盒颜色，返回值为墨盒颜色
	public String getColor();
}
//纸张接口
public interface PrintPaper {
	//得到纸张尺寸，返回值为纸张尺寸
	public String getSize();
}
```

打印机类 Printer 的代码如下：

```
//打印机类
public class Printer{
	//使用墨盒在纸张上打印
	public void print(PrintBox box,PrintPaper paper){
		System.out.println("正在使用"+box.getColor()+"墨盒在"+paper.getSize()+"纸张上打印!");
	}
}
```

黑白墨盒类 GrayPrintBox 和彩色墨盒类 ColorPrintBox 的代码如下：

```
//黑白墨盒，实现了墨盒接口
public class GrayPrintBox implements PrintBox {
	//实现 getColor()方法，得到"黑白"
	public String getColor() {
		return "黑白";
	}
}
//彩色墨盒，实现了墨盒接口
public class ColorPrintBox implements PrintBox {
	//实现 getColor()方法，得到"彩色"
	public String getColor() {
		return "彩色";
	}
}
```

A4 纸类 A4Paper 和 B5 纸类 B5Paper 的代码如下：

```
//A4 纸张，实现了纸张接口
public class A4Paper implements PrintPaper {
        //实现 getSize()方法，得到“A4”
        public String getSize() {
                return "A4";
        }
}
//B5 纸张，实现了纸张接口
public class B5Paper implements PrintPaper {
        //实现 getSize()方法，得到“B5”
        public String getSize() {
                return "B5";
        }
}
```

编写打印系统，代码如下，程序运行结果如图 4.12 所示。

```
public class TestPrinter {
        public static void main(String[] args) {
                PrintBox box = null;                       //墨盒
                PrintPaper paper = null;                   //纸张
                Printer printer = new Printer();           //打印机
                //使用彩色墨盒在 B5 纸上打印
                box = new ColorPrintBox();
                paper = new B5Paper();
                printer.print(box, paper);
                //使用黑白墨盒在 A4 纸上打印
                box = new GrayPrintBox();
                paper = new A4Paper();
                printer.print(box, paper);
        }
}
```

图 4.12　打印系统接口的实现

4.5 创新素质拓展

4.5.1 评价成绩

【目的】

在掌握 Java 接口知识的基础上，完成"评价成绩"的程序实现，对类实现接口进一步巩固掌握，鼓励学生大胆质疑，尝试解答思考题，培养学生逻辑思维及创新能力。

【要求】

体操比赛计算选手成绩的办法是去掉一个最高分和最低分后再计算平均分，而学校考查一个班级的某科目的考试情况时，是计算全班同学的平均成绩。Gymnastics 类和 School 类都实现了 ComputerAverage 接口，但实现的方式不同。

【程序运行效果示例】

程序运行效果如图 4.13 所示。

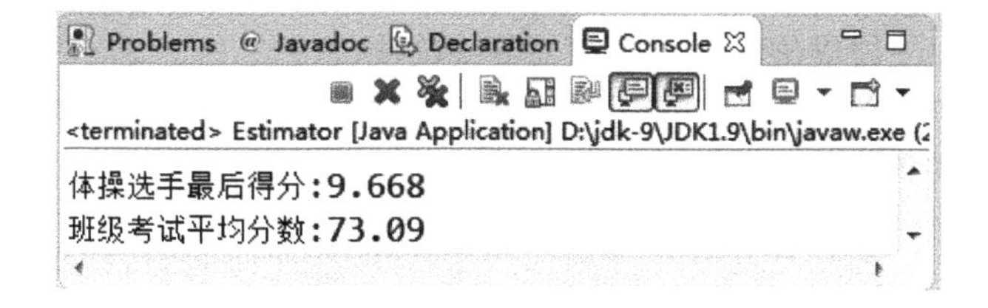

图 4.13 评价成绩

【参考程序】

Estimator. java

```
interface CompurerAverage {
    public double average(double x[]);
}
class Gymnastics implements CompurerAverage {
    public double average(double x[]) {
        int count = x.length;
        double aver = 0,temp = 0;
        for(int i = 0;i<count;i ++ ) {
            for(int j = i;j<count;j ++ ) {
                if(x[j]<x[i]) {
                    temp = x[j];
                    x[j] = x[i];
                    x[i] = temp;
                }
            }
        }
```

```
        for(int i = 1;i<count - 1;i++) {
            aver = aver + x[i];
        }
        if(count>2)
            aver = aver/(count - 2);
        else
            aver = 0;
        return aver;
    }
}
class School implements CompurerAverage {
    【代码 1】//重写 public double average(double x[])方法,返回数组 x[]的元素的算术平均
}
public class Estimator{
    public static void main(String args[]) {
        double a[] = {9.89,9.88,9.99,9.12,9.69,9.76,8.97};
        double b[] = {89,56,78,90,100,77,56,45,36,79,98};
        CompurerAverage computer;
        computer = new Gymnastics();
        double result = 【代码 2】//computer 调用 average(double x[])方法,将数组 a 传递给参数 x
        System.out.printf("%n");
        System.out.printf("体操选手最后得分:%5.3f\n",result);
        computer = new School();
        result = 【代码 3】//computer 调用 average(double x[])方法,将数组 b 传递给参数 x
        System.out.printf("班级考试平均分数:%-5.2f",result);
    }
}
```

【知识点链接】

接口体中只有常量的声明(没有变量)和抽象方法声明。而且接口体中所有的常量的访问权限一定都是 public(允许省略 public、final 修饰符),所有的抽象方法的访问权限一定都是 public(允许省略 public、abstract 修饰符)。

接口由类去实现以便绑定接口中的方法。一个类可以实现多个接口,类通过使用关键字 implements 声明自己实现一个或多个接口。如果一个非抽象类实现了某个接口,那么这个类必须重写该接口的所有方法。

相关知识内容请扫描右侧二维码。

【思考题】

School 类如果不重写 public double average(double x[])方法,程序编译时提示怎样的错误?

4.5.2　货车的装载量

【目的】

在掌握Java接口知识的基础上，完成“货车的装载量”程序设计，巩固掌握接口的回调技术，鼓励学生大胆质疑，尝试解答思考题，培养学生逻辑思维及创新能力。

【要求】

货车要装载一批货物，货物由三种商品组成：电视、计算机和洗衣机。上车需要计算出整批货物的重量。

要求有一个ComputeWeight接口，接口中有一个方法：

```
public double computeWeight()
```

有三个实现该接口的类：Television、Computer和WashMachine。这三个类通过实现接口computeTotalSales给出自重。

有一个Truck类，该类用ComputeWeight接口类型的数组作为成员(Truck类面向接口)，那么该数组的单元就可以存放Television对象的引用、Computer对象的引用或WashMachine对象的引用。程序能输出Truck对象所装载的货物的总重量。

【程序运行效果示例】

程序运行效果如图4.14所示。

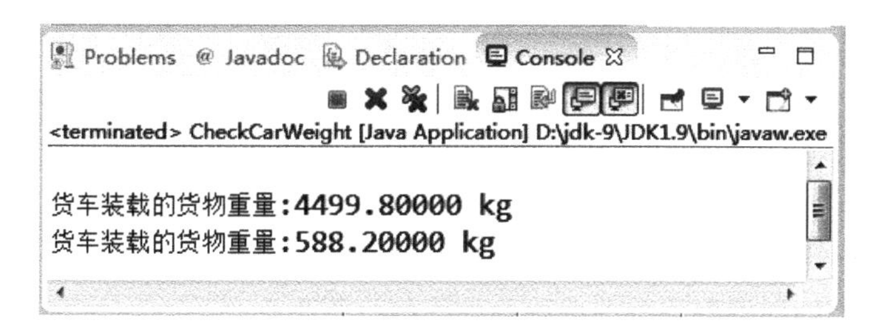

图4.14　货车的装载量

【参考程序】

```
CheckCarWeight.java

interface ComputerWeight {
      public double computeWeight();
}
class Television implements ComputerWeight {
      【代码1】//重写computeWeight()方法
}
class Computer implements ComputerWeight {
      【代码2】//重写computeWeight()方法
}
class WashMachine implements ComputerWeight {
      【代码3】//重写computeWeight()方法
```

```
}
class Truck {
    ComputerWeight [] goods;
    double totalWeights = 0;
    Truck(ComputerWeight[] goods) {
        this.goods = goods;
    }
    public void setGoods(ComputerWeight[] goods) {
        this.goods = goods;
    }
    public double getTotalWeights() {
        totalWeights = 0;
        【代码 4】//计算 totalWeights
        return totalWeights;
    }
}
public class CheckCarWeight {
    public static void main(String args[]) {
        ComputerWeight[] goods = new ComputerWeight[650]; //650 件货物
        for(int i = 0;i<goods.length;i++) { //简单分成三类
            if(i%3 == 0)
                goods[i] = new Television();
            else if(i%3 == 1)
                goods[i] = new Computer();
            else if(i%3 == 2)
                goods[i] = new WashMachine();
        }
        Truck truck = new Truck(goods);
        System.out.printf("\n货车装载的货物重量:%-8.5f kg\n",truck.getTotalWeights());
        goods = new ComputerWeight[68]; //68 件货物
        for(int i = 0;i<goods.length;i++) { //简单分成两类
            if(i%2 == 0)
                goods[i] = new Television();
            else
                goods[i] = new WashMachine();
        }
        truck.setGoods(goods);
        System.out.printf("货车装载的货物重量:%-8.5f kg\n",truck.getTotalWeights());
    }
}
```

【知识点链接】

接口回调是多态的另一种体现,接口回调是指:可以把使用某一接口的类创建的对象的引用赋给该接口声明的接口变量中,那么该接口变量就可以调用被类实现的接口中的方法,当接口变量调用被类实现的接口中的方法时,就是通过相应的对象调用接口的方法,这一过程称为对象功能的接口回调。不同的类在使用同一接口时,可能具有不同的功能体现,即接口的方法体不必相同,因此,接口回调可能产生不同的行为。相关知识内容请扫描右侧二维码。

【思考题】

在上面程序的基础上再编写一个实现 ComputerWeight 接口的类,比如 Refrigerrator。这样一来,货车装载的货物中就可以有 Refrigerrator 类型的对象。

当系统增加一个实现 ComputerWeight 接口的类后,Truck 类需要进行修改吗?

4.6　本章练习

1. 下列关于抽象类和接口描述正确的是(　　)。(选择一项)
   A. 抽象类里必须含有抽象方法
   B. 接口中不可以有普通方法
   C. 抽象类可以继承多个类,实现多继承
   D. 接口中可以定义局部变量
2. 接口的成员变量默认的修饰符是(　　　　)、(　　　　)、(　　　　)。
3. 请描述抽象类和接口的区别(含使用范围)。

4. 使用一个类直接实现多个接口,或通过接口间继承形成一个扩展接口再让类继承,这两种方式都可以让类实现多个接口,它们在使用上的差别是什么?

第5章　字符串类

本章简介

字符串是多个字符的序列，是编程中常用的数据类型。在纯面向对象的Java语言中，将字符串数据类型封装为字符串类，无论是字符串常量还是字符串变量，都是用类的对象来实现的。Java语言提供了两种具有不同操作方式的字符串类：String类和StringBuffer类。用String类创建的对象在操作中不能变动和修改字符串的内容，因此被称为字符串常量。而用StringBuffer类创建的对象在操作中可以更改字符串的内容，因此被称为字符串变量。

5.1　String类

String类表示字符串，Java程序中的所有字符串都作为此类的对象。String类不是基本数据类型，它是一个类。因为对象的初始化默认值是null，所以String类对象的初始化默认认值也是null。String是一种特殊的对象，具有其他对象没有的一些特性。

String字符串是常量，字符串的值在创建之后不能更改。

String类是最终类，不能被继承。

5.1.1　String类的概念

如何使用String类操作字符串呢？首先要定义并初始化字符串。String类包括以下常用的构造方法。

- String(String s)：初始化一个新创建的String对象，使其表示一个与参数相同的字符序列。
- String(char[] value)：创建一个新的String对象，使其表示字符数组参数中当前包含的字符序列。
- String(char[] value, int offset, int count)：创建一个新的String对象，它包含取自字符数组参数的一个子数组的字符序列。offset参数是子数组第一个字符的索引(从0开始建立索引)，count参数指定子数组的长度。

例如：

```
String stuName1 = new String("王云");
char[] charArray = {'刘','静','涛'};
String stuName2 = new String(charArray);
String stuName3 = new String(charArray,1,2);//从'静'字开始，截取2个字符，结果是“静涛”
```

5.1.2　String 类的常用方法

1. 确定字符串对象长度

```
public int length();
```

该方法确定字符串对象的长度。字符串中所包含的字符个数称为字符串的长度。在面向对象编程语言中，使用“字符串名.length()”的调用方法，String c1 中的 c1 称为 String 类的对象，length()称为 String 类的方法。在接下来的介绍中，String 类的方法都是通过“对象名.方法名 String 类的对象”这种方式调用的。

例如，前面已经声明并创建的 c1＝"Java"，那么 c1.length()的值就等于 4。

2. 取得字符

```
public char charAt(int index);
```

该方法用于获得字符串中指定位置 index(从 0 开始计算)处的字符，返回的是字符类型的数据。例如：

```
String c2 = new String("Hello Java");
char c = c2. charAt(6);      //取得 c2 字符串中第 6 个位置的字符 J
System.out.println(c);      //输出结果 J
```

3. 取得子串

(1) 方法 1

```
public String substring(int beginIndex);
```

该方法返回当前串中从下标 beginIndex 开始到串尾的子串。例如：

```
String s = "abcde".subString(3); //s 值为"de"
```

(2) 方法 2

```
public String substring(int beginIndex, int endIndex);
```

该方法返回当前串中从下标 beginIndex 开始到下标 endIndex－1 的子串。例如：

```
String s = "abcdetyu".subString(2,5); //s 值为"cde"
```

4. 字符串检索

```
public intindexOf(int ch);
public intindexOf(int ch, int fromIndex);
public intindexOf(String str);
public intindexOf(String str, int fromIndex);
```

字符串检索是指确定一个字符串是否(或从指定的位置开始起)包含某一个字符或者子字符串，如果有，返回它的位置；如果没有，返回－1。例如：

```
s = "hello Java";
n1 = s.indexof('v');//确定字符 v 在字符串中首次出现的位置,n1 = 8
n1 = s.indexof('l',3);//确定字符 v 在字符串中首次出现的位置,n1 = 3
n1 = s.indexof("Java");//确定 Java 在字符串中首次出现的位置,n1 = 6
n1 = s.indexof("Java",8);//确定 Java 在字符串中首次出现的位置,n1 = -1
```

5. 字符串比较

```
public boolean equals(Object anObject);
```

该方法比较字符串是否与 anObject 代表的字符串相同(区分大小写)。

```
public boolean equalsIgnoreCase(String anotherString);
```

该方法比较字符串是否与 anotherString 相同(不区分大小写)。

```
public int compareTo(String stringName2);
```

该方法按字典顺序比较指定的字符串 stringName1 与另一个字符串 stringName2,该比较基于字符串各个字符的 Unicode 值,前面的码值小,后面的码值大。若字典顺序 stringName2 在 stringName1 之前,则比较结果为一个正整数;若字典顺序 stringName2 在 stringName1 之后,则比较结果为一个负整数;若两个字符串内容完全相同,则结果为 0。

```
public int compareToIgnoreCase(String stringName2);
```

该方法功能同 compareTo(),但该方法忽略大小写的比较。

例如:

```
str1 = "Welcome";
str2 = "welcome";
boolean b1 = str1.equals(str2);/* str1 的值是"Welcome",str2 的值是"welcome" */
//该方法区分大小写,故 b1 = false
boolean b2 = str1.equalsIgnoreCase(str2); /* 该方法同上,不区分大小写,故 b2 = true */
n1 = str1.compareTo(str2);
n2 = str1.compareToIgnoreCase(str2);
```

6. 字符串连接

```
public String concat(String str);
```

该方法将字符串 str 连接在当前串的尾部,返回新的字符串。例如:

```
String s1 = "Java";
String s2 = "Welcome";
String s3 = s2.concat(s1);//s3 的值为"Welcome Java"
```

运算符"+"也可以实现两个字符串的连接。

```
class TestConcat1
{
        public static void main(String[] args)
        {
```

```
            String stuName1 = new String("王云");
            stuName1.concat("同学");
            System.out.println(stuName1);
        }
}
```

其输出结果是“王云”,而不是“王云同学”。为什么呢?

在本章开始就介绍过 String 字符串是常量,字符串的值在创建之后不能更改。concat (String str)方法的输出是,创建了一个新 String 字符串,用来存 stuName1 字符串加上“同学”的结果,而不是在原来 stuName1 字符串的后面增加内容,对于 stuName1 而言,它是常量,内容并没有变化。所以,如果想输出“王云同学”,可以将 stuName1. concat("同学")表达式的结果赋给一个新的字符串,然后再输出该字符串即可。

再看下面的例子:

```
classTestConcat2
{
    public static void main(String[] args)
    {
            String stuName1 = new String("王云");
            System.out.println(stuName1);
            stuName1 = "刘静涛";
            System.out.println(stuName1);
    }
}
```

代码的输出结果如下:

```
王云
刘静涛
```

不是说 String 字符串是不可变的常量吗?怎么两次输出 stuName1,却发生变化了呢?究其原因,主要是这里说的不可变是指在堆内存中创建出来的 String 字符串不可变。事实上,stuName1="刘静涛";语句已经新创建了一个 String 字符串,并让 stuName1 指向了这个新的 String 字符串,原来存放“王云”的这个 String 字符串没有发生变化,如图 5.1所示。

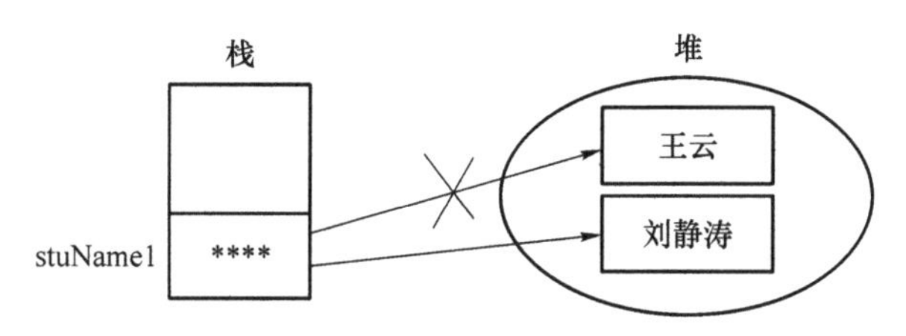

图 5.1　引用类型变量重赋值

7. 字符串大小写转换

```
public String toUpperCase();
public String toLowerCase();
```

toUpperCase()和 toLowerCase()方法分别将字符串转换为大写和小写字符。例如：

```
String s1 = "Hello! This is Java World!"
s2 = s1. toUpperCase();
s3 = s1. toLowerCase();
System.out.println("s2 = " + s2);
System.out.println("s3 = " + s3);
```

将会输出如下内容：

```
s2 = HELLO! THIS IS JAVA WORLD!
s3 = hello! this is java world!
```

8. 字符串替换

```
public String replace(char oldCh,char newCh);
```

replace()将字符串的字符 oldCh 替换为 newCh。例如：

```
s1 = "Welcome";
s1 = s1.replace('e ',' r');
System.out.println(s1);     //将输出 Wrlcomr
```

这里再重申一下，String 类方法中的索引都是从 0 开始编号的。执行下面的程序，请注意程序注释，程序运行结果如图 5.2 所示。

```
public class TestReplace {
        public static void main(String[] args) {
                String s1 = "blue bridge";
                String s2 = "Blue Bridge";
                System.out.println(s1.charAt(1));      //查找第 2 个字符，结果为 1
                System.out.println(s1.length());       //求 s1 的长度，结果为 11
                System.out.println(s1.indexOf("bridge"));//查找 bridge 字符串在 s1 中的位置，结果为 5
                System.out.println(s1.indexOf("Bridge"));//查找 Bridge 字符串在 s1 中的位置，没找到返回 -1
                System.out.println(s1.equals(s2));     //区分大小写比较，返回 false
                System.out.println(s1.equalsIgnoreCase(s2));  //不区分大小写比较，返回 true

                String s = "我是学生，我在学 java!";
                String str = s.replace('我','你');        //把"我"替换成"你"
                System.out.println(str);
        }
}
```

```
<terminated> TestReplace [Java Application] D:\JDK-9\
1
11
5
-1
false
true
你是学生，你在学java!
```

图 5.2 String 类常用方法综合实例(一)

9. 删除字符串的前导空格和尾部空格

```
public String trim()
```

trim()获得删除了字符串 stringName 前导空格和尾部空格后的字符串,若 stringName 字符串没有前导和尾部空格,则返回原字符串。例如:

```
s1 = "Welcome to Java World! ";
System.out.println("s1 含有" + s1.length() + "字符.");// 输出"s1 含有 26 个字符"
s1 = s1.trim();
System.out.println("s1 含有" + s1.length() + "字符.");// 输出"s1 含有 22 个字符"
```

10. 字符数组转换为字符串

```
public static String copyValueOf(char []ch1)
public static String copyValueOf(char []ch1,int cBegin,int cCount)
```

以上两种方法用于将字符数组转换为字符串,或将字符数组的指定位置 cBegin 处起的 cCount 个字符转换为字符串。例如:

```
charch[] = {'J','a','v','a','世','界'};
s1 = s1.copyValueOf(ch);            //s1 = "Java 世界"
s1 = s1.copyValueOf(ch,2,2);        // s1 = "va"
s1 = s1.copyValueOf(ch,4,2);        // s1 = "世界"
```

11. 字符串转换为字符数组

```
public void getChars(int sBegin,int sEnd,char []ch1,int dBegin);
public char[]toCharArray();
```

getChars()方法将字符串中从 sBegin 开始到 sEnd 结束的字符存放到字符数组 ch1 中,dBegin 是字符数组中存放起始位置。toCharArray()方法将字符串转换为一个新分配的字符数组,其内容被初始化为包含此字符串表示的字符序列,长度为此字符串的长度。例如:

```
s1 = "Hello Java";
n1 = s1.length();
char ch1[] = new char[n1];
```

```
s1.getChars(0,9,ch1[],0);          // getChars()方法举例
System.out.println(ch1);
System.out.println("用数组输出字符串:");
for(int i = 0;i<ch1.length;i ++ )
System.out.println(ch1[i]);       //将输出"Hello Java"
System.out.println(ln);
char ch2[];
s2 = "This is Java World!";
ch2 = s2.toCharArray();            // toCharArray()方法举例
System.out.println(ch2);           //将输出"This is Java World!"
```

12. 将其他类型转换为字符串

```
public Static String ValueOf(boolean b);
public Static String ValueOf(char c);
public Static String ValueOf(int i);
public Static String ValueOf(long l);
public Static String ValueOf(float f);
public Static String ValueOf(doule d);
```

String 类的 ValueOf()方法可以将参数类型的数据转换成字符串,这些参数的类型可以是逻辑型、字符型、整型、长整型、浮点型等。例如:

```
boolean f = true;
char c1 = 'a';
int n1 = 6;
long lv = 3256789809L;
float f1 = 6.25f;
double d1 = 3.1415926;
String s1 = s1.ValueOf(f);
System.out.println("s1 = " + s1);         //输出 s1 = true
String s2 = s2.ValueOf(c1);
System.out.println("s2 = " + s2);         //输出 s2 = a
String s3 = s3.ValueOf(n1);
System.out.println("s3 = " + s3);         //输出 s3 = 6
String s4 = s4.ValueOf(lv);
System.out.println("s4 = " + s4);         //输出 s4 = 3256789809
String s5 = s5.ValueOf(f1);
System.out.println("s5 = " + s5);         //输出 s5 = 6.25
String s6 = s6.ValueOf(d1);
System.out.println("s6 = " + s6);         //输出 s6 = 3.1415926
```

13. 分割字符串

```
public String[] split(String regex)
```

通过指定的分隔符分隔字符串，返回分隔后的字符串数组。

通过下面这个案例，说明上述方法的使用。执行下面的程序，运行结果如图 5.3 所示。

```
import java.util.Scanner;
public class TestSplit{
        public static void main(String[] args){
                String result = String.valueOf(100);
                Scanner input = new Scanner(System.in);
                System.out.print("请输入您去年一年的薪水总和:");
                int lastSalary = input.nextInt();
                //通过 String 类的静态方法将 lastSalary 从 int 型转化成 String 字符串
                String strSalary = String.valueOf(lastSalary);
                System.out.println("您去年一年的薪水总和是:" + strSalary.length() + "位数!");
                String date = "Mary,F,1976";
                String[] splitStr = date.split(",");//用","将字符串分隔成一个新的字符串数组
                System.out.println("Mary,F,1976 使用,分隔后的结果:");
                for(int i = 0;i<splitStr.length; i++)
                {
                        System.out.println(splitStr[i]);
                }
        }
}
```

```
<terminated> TestSplit1 [Java Application] D:\JDK-9\b
请输入您去年一年的薪水总和: 100000
您去年一年的薪水总和是: 6位数!
Mary,F,1976使用,分隔后的结果:
Mary
F
1976
```

图 5.3 String 类常用方法综合实例(二)

在上面的例子中，用“,”将字符串“Mary,F,1976”分隔成一个新的字符串数组，这个字符串数组的长度为 3，每个元素存的内容分别是“Mary”“F”和“1976”。假设原来的字符串是“,Mary,F,1976”(第一个字符就是‘,’)、“ ,Mary,F,1976”(第一个字符是空格，第二个字符是‘,’)，其结果又是如何呢？请大家自行练习获得结果。

5.2 StringBuffer 类

5.2.1 StringBuffer 类的概念

StringBuffer 类也可以存放字符串。与 String 类不同的是，StringBuffer 字符串代表的是可变的字符序列，可以对字符串对象的内容进行修改。

以下是 StringBuffer 类最常用的构造方法。

- StringBuffer()：构造一个其中不带字符的字符串缓冲区，其初始容量为 16 个字符。
- StringBuffer(String str)：构造一个字符串缓冲区，并将其内容初始化为指定的字符串内容。

StringBuffer 字符串使用场合为经常需要对字符串内容进行修改操作的场合。

5.2.2 StringBuffer 类的常用方法

以下是通过 StringBuffer 类的构造方法创建 StringBuffer 字符串的代码。

```
StringBuffer strB1 = new StringBuffer();
```

通过 strB1.length()返回长度是 0，但在底层创建了一个长度为 16 的字符数组。

```
StringBuffer strB2 = new StringBuffer("柳海龙");
```

通过 strB2.length()返回长度是 3，在底层创建了一个长度为 3+16 的字符数组。

StringBuffer 上的主要操作是 append 和 insert 方法，将字符追加或插入到字符串缓冲区中。append 方法始终将字符添加到缓冲区的末端，而 insert 方法则在指定的位置添加字符。

以下是 StringBuffer 类的常用方法：

- public StringBuffer append(String str)

将指定的字符串追加到此字符序列中。

- public StringBuffer append(StringBuffer str)

将指定的 StringBuffer 字符串追加到此序列中。

- public StringBuffer append(char[] str)

将字符数组参数的字符串表示形式追加到此序列中。

- public StringBuffer append(char[] str,int offset,int len)

将字符数组参数的子数组的字符串表示形式追加到此序列中，从索引 offset 开始，此字符序列的长度将增加 len。

- public StringBuffer append(double d)

将 double 类型参数的字符串表示形式追加到此序列中。

- public StringBuffer append(Object obj)

将 Object 参数的字符串表示形式追加到此序列中。

- public StringBuffer insert(int offset,String str)

将字符串插入到此字符序列中，offset 表示插入位置。

下面通过一个案例说明上述 StringBuffer 类方法的使用，执行下面的程序，运行结果如图 5.4 所示。

```
public class TestStringBuffer {
        public static void main(String[] args) {
                System.out.println("创建 StringBuffer 对象");
                //使用 StringBuffer()构造器创建对象
                StringBuffer strB1 = new StringBuffer();
                System.out.println("new StringBuffer()创建对象的长度为:" + strB1.length());
                //使用 StringBuffer(String str)构造器创建对象
                StringBuffer strB2 = new StringBuffer("柳海龙");
                System.out.println("new StringBuffer(\"柳海龙\")创建对象的长度为:" + strB2.length());
                System.out.println("strB2 里的内容为:" + strB2);
                //使用 append、insert 方法追加、插入字符串
                System.out.println("使用 append 方法追加字符串");
                strB2.append(",您好!");      //在最后增加",您好"!
                System.out.println(strB2);
                strB2.insert(3,"工程师");  //从第 4 个位置开始,插入"工程师"
                System.out.println(strB2);
        }
}
```

```
<terminated> TestStringBuffer [Java Application] C:\
创建StringBuffer对象
new StringBuffer()创建对象的长度为：0
new StringBuffer("柳海龙")创建对象的长度为：3
strB2里的内容为：柳海龙
使用append方法追加字符串
柳海龙，您好！
柳海龙工程师，您好！
```

图 5.4　StringBuffer 常用方法

StringBuffer 是一个内容可变的字符序列，或者说它是一个内容可变的字符串类型。当使用 StringBuffer strB1＝new StringBuffer("柳海龙");语句创建 StringBuffer 对象时，内存结构示意图如图 5.5 所示。

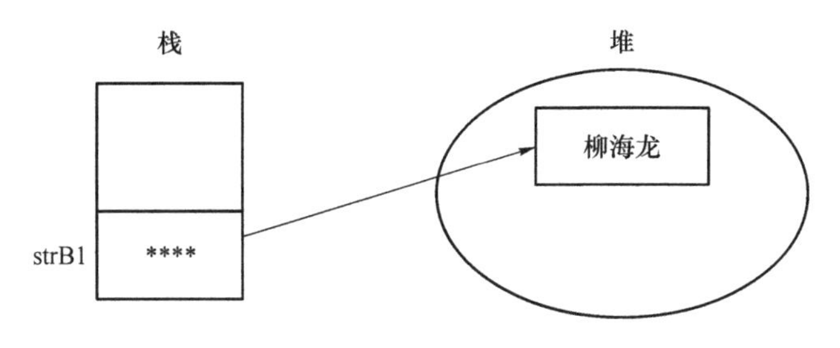

图 5.5　StringBuffer 内存结构示意图(一)

当使用 strB1.append("工程师")方法时，将之前创建的 StringBuffer 对象的内容"柳海龙"修改成"柳海龙工程师"，内存结构示意图如图 5.6 所示。

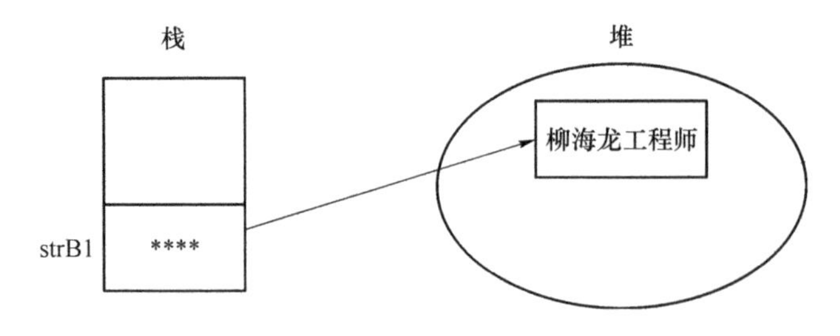

图 5.6　StringBuffer 内存结构示意图(二)

5.3　创新素质拓展

【目的】

引导学生结合实际问题需要，选择 String 类中合适的一种或多种方法并灵活应用，帮助学生掌握 String 类。同时，鼓励学生独立思考问题，并尝试解决问题，培养学生创新意识。

【要求】

1. 计算字符串中子字符串出现的次数：让用户分别输入字符串和子字符串，输出子字符串出现的次数，程序运行结果如图 5.7 所示。参考程序见【参考程序】中类 StrCount。

```
<terminated> StrCount [Java Application] C:\Program Files\
请输入一个字符串：
西安是国家中心城市，陕西省会是西安
请输入要查找的字符串：
西安
西安 在 西安是国家中心城市，陕西省会是西安出现的次数为2
```

图 5.7　统计子字符串出现的次数

2. 完成 Java 工程师注册的功能，具体需求如下，程序运行结果如图 5.8 所示。参考程序见【参考程序】中类 EngRegister。

```
<terminated> EngRegister [Java Application] C:\Program Files\J
请输入Java工程师用户名： liu
请输入密码： 123456
请再次输入密码： 123456
用户名长度不能小于6，密码长度不能小于8！
请输入Java工程师用户名： liuhailong
请输入密码： 12345678
请再次输入密码： 123456
两次输入的密码不相同！
请输入Java工程师用户名： liuhailong
请输入密码： 12345678
请再次输入密码： 12345678
注册成功！请牢记用户名和密码。
```

图 5.8　Java 工程师注册功能的实现

（1）用户名长度不能小于 6；

（2）密码长度不能小于 8；

（3）两次输入的密码必须一致。

3．完成提交论文的功能，具体需求如下，程序运行结果如图 5.9、图 5.10 和图 5.11 所示。参考程序见【参考程序】中类 FileUpload。

（1）需要检查论文文件名，文件名必须以.docx 结尾；

（2）需要检查接收论文反馈的邮箱，邮箱必须含“@”和“.”，且“.”在“@”之后。

```
<terminated> FileUpload [Java Application] C:\Program Files\.
请按照下面要求提交论文
请输入论文文件名（必须以.docx结尾）：毕业设计.doc
请输入接收论文反馈的邮箱:liuhailong@xijing.edu.cn
文件名无效！
论文提交失败！
```

图 5.9　检查文件名和邮箱(一)

```
<terminated> FileUpload [Java Application] C:\Program Files\
请按照下面要求提交论文
请输入论文文件名（必须以.docx结尾）：毕业设计.docx
请输入接收论文反馈的邮箱:liuhailong#xijing.edu.cn
邮箱无效！
论文提交失败！
```

图 5.10　检查文件名和邮箱(二)

```
<terminated> FileUpload [Java Application] C:\Program Files\
请按照下面要求提交论文
请输入论文文件名（必须以.docx结尾）：毕业设计.docx
请输入接收论文反馈的邮箱:liuhailong@xijing.edu.cn
论文提交成功！
```

图 5.11　检查文件名和邮箱(三)

【参考程序】

1．类 StrCount

```
import java.util.Scanner;
public class StrCount{
        public static void main(String[] args) {
                int count = 0;          //用于计数的变量
                int start = 0;          //标识从哪个位置开始查找
                Scanner input = new Scanner(System.in);
                System.out.print("请输入一个字符串:");
                String str = input.next();
```

```
        System.out.print("请输入要查找的字符串:");
        String str1 = input.next();
        while(str.indexOf(str1, start) >= 0 && start<str.length()) {
            count++;
            【代码 1】//找到子字符串后,查找位置移动到找到的这个字符串之后开始
        }
        System.out.println(str1 + "在 " + str + "出现的次数为" + count);
    }
}
```

2. 类 EngRegister

```
import java.util.Scanner;
public class EngRegister{
    //使用 verify 方法对用户名、密码进行验证,返回是否成功
    public static boolean verify(String name,String pwd1,String pwd2){
        boolean flag = false;      //标识是否成功
        if(name.length()<6 || pwd1.length()<8){
            System.out.println("用户名长度不能小于 6,密码长度不能小于 8!");
        }else if(【代码 2】){
            System.out.println("两次输入的密码不相同!");
        }else{
            System.out.println("注册成功! 请牢记用户名和密码。");
            flag = true;
        }
        return flag;
    }
    public static void main(String[] args) {
        Scanner input = new Scanner(System.in);
        String engName,p1,p2;
        boolean resp = false;   //标识是否成功
        do{
            System.out.print("请输入 Java 工程师用户名:");
            engName = input.next();
            System.out.print("请输入密码:");
            p1 = input.next();
            System.out.print("请再次输入密码:");
            p2 = input.next();
            【代码 3】          //调用 verify 方法对用户名、密码进行验证,返回是否成功
        }while(! resp);
    }
}
```

3. 类 FileUpload

```
import java.util.Scanner;
public class FileUpload{
        public static void main(String[] args) {
                boolean fileCorrect = false;        //标识论文文件名是否正确
                boolean emailCorrect = false;       //标识邮箱是否正确
                System.out.println("请按照下面要求提交论文");
                Scanner input = new Scanner(System.in);
                System.out.print("请输入论文文件名(必须以.docx结尾):");
                String fileName = input.next();
                System.out.print("请输入接收论文反馈的邮箱:");
                String email = input.next();
                //检查论文文件名
                if(【代码4】){
                        fileCorrect = true;         //标识论文文件名正确
                }else{
                        System.out.println("文件名无效!");
                }
                //检查邮箱格式
                if(【代码5】){
                        emailCorrect = true;        //标识邮箱正确
                }else{
                        System.out.println("邮箱无效!");
                }
                //输出结果
                if(fileCorrect&&emailCorrect){
                        System.out.println("论文提交成功!");
                }else{
                        System.out.println("论文提交失败!");
                }
        }
}
```

【思考题】

1. 类 StrCount 中,代码 str.indexOf(str1, start) >=0 && start<str.length()表示什么意思?

2. 类 EngRegister 中,boolean 型变量 flag 起到什么作用?

5.4 本章练习

1. 下列 String 字符串类的(　　)方法实现了“将一个字符串按照指定的分隔符分隔,

返回分隔后的字符串数组”的功能。(选择一项)

A. substring() B. split()

C. valueOf() D. replace()

2. 使用 String 类的 split 方法,用“,”对字符串“,Mary,F,1976”(第一个字符是‘,’)和“ ,Mary,F,1976”(第一个字符是空格,第二个字符是‘,’)进行分隔,得到的字符串数组的结果分别是什么?

3. String 是基本数据类型吗? String 类可以继承吗?

4. 请描述“==”和“equals”的区别。

5. 请描述 String 和 StringBuffer 的区别。

第6章 集合框架

本章简介

集合 Collections 是 Java 语言提供的一个存储和管理一组对象的一个框架，包括了众多实用且高效的类和接口，方便应用程序开发人员使用，可以很大程度提高开发速度和应用程序执行效率。几乎所有的集合都提供了常用的数据结构操作，包括查找、排序、插入、更新、删除等。Java 的集合框架提供了如 Set(集合)、List(列表)、Queue(队列)、Deque(双端队列)等接口和 ArrayList(数组)、Vector(向量)、LinkedList(链表)、PriorityQueue(优先队列)、哈希表(HashSet)、LinkedHashSet(链接哈希表)、树集合(TreeSet)等类。这些类基本涵盖了常用的数据结构，熟悉掌握和使用它们将会很大程度上提高日常开发效率。本章将介绍 Java 集合框架的核心接口和常用类的使用方法。

6.1 集合框架

集合，也称为容器，它可以将一系列元素组合成一个单元，用于存储、提取、管理数据。JDK 提供的集合 API 都包含在 java.util 包内。

Java 集合的框架主要分两大部分，一部分实现了 Collection 接口，该接口定义了存取一组对象的方法，其子接口 Set 和 List 分别定义了存取方式；另外一部分是 Map 接口，该接口定义了存储一组“键(key)值(value)”映射对的方法。

6.1.1 集合引入

在介绍面向对象编程课程时，我们一直使用的“租车系统”如果想存放多个轿车的信息，该如何实现呢？以大家现有的知识储备，使用数组解决这个问题是最合理的方式。但是使用数组存放“租车系统”中多个轿车的信息，也会有很多问题。

首先，Java 语言中的数组长度是固定的，一旦创建指定长度的数组，就给内存分配相应的存储空间。这样会给程序员造成很大的困惑，如果数组长度设置小了，不能满足程序需求，如果数组长度设置大了，又会造成大量的空间浪费。

其次，如果使用长度为 20 的轿车对象数组用来存放轿车的信息，但是实际上只存了 8 辆轿车的信息，这时要获取这个数组中实际存了多少辆轿车信息的数字，就不是数组这个数据结构自己能解决的问题了。数组只提供了 length 属性来获取数组的长度，而不能获取数组中实际存放有用信息的个数。

最后,数组在内存空间中是连续存放的,这样如果在数组中删除一个元素,为了保持数组内数据元素的有序性,之后的数组元素全部要前移一位,这样非常消耗系统资源。

通过上面的分析大家可以看出,使用数组虽然可以实现之前的目的,但会有诸多的麻烦。为了解决这个问题,Java 语言提供了集合这种类型。集合是一种逻辑结构,提供了更多的方法,让使用者更加方便。针对不同的需求,Java 提供了不同的集合,解决各类问题。

6.1.2 Collection 接口框架

Collection 是最基本的集合接口,一个 Collection 代表一组 Object,每个 Object 即为 Collection 中的元素。一些 Collection 接口的实现类允许有重复的元素,而另一些则不允许;一些 Collection 是有序的,而另一些则是无序的。

JDK 不提供 Collection 接口的任何直接实现类,而是提供了更具体的子接口(如 Set 接口和 List 接口)实现。这些 Set 和 List 子接口继承 Collection 接口的方法,从而保证 Collection 接口具有更广泛的普遍性。Collection 接口框架如图 6.1 所示。其中 interface 表示接口,实线加空心三角形表示接口间的继承关系,虚线加空心三角形表示类与接口的实现关系,实心菱形表示聚合关系。

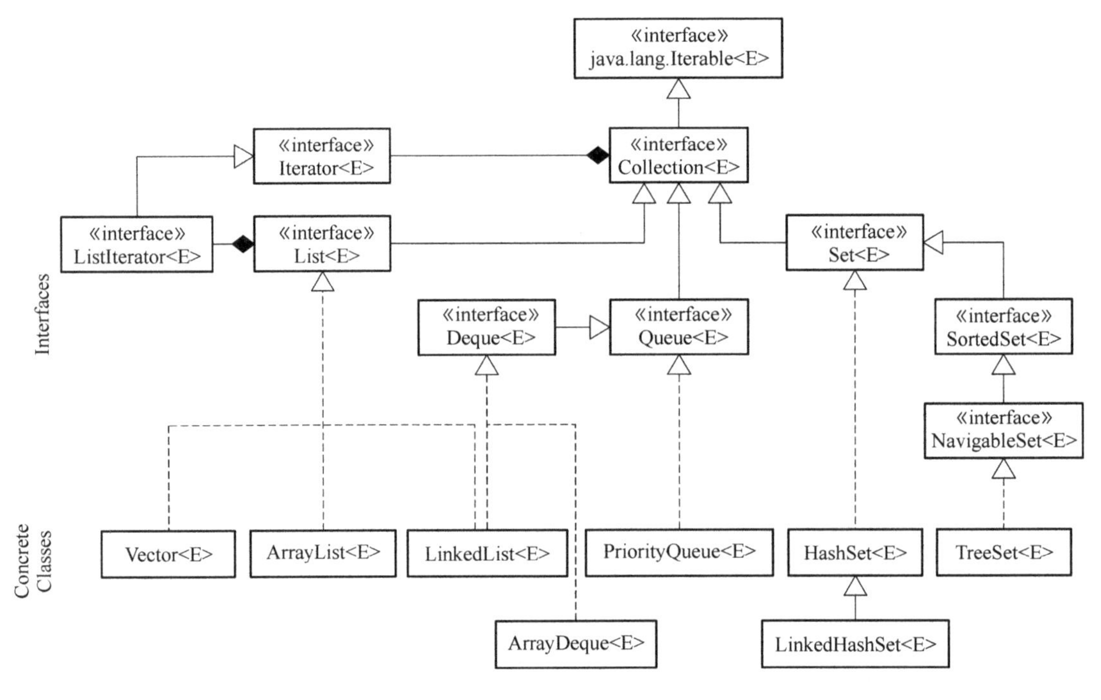

图 6.1 Collection 接口框架

从图中可以看出,Collection 接口继承自 Iterable 接口,因为 Iterable 接口允许对象成为 foreach 语句的目标,所以所有集合类都可以使用 Java 增强 for 循环来遍历。Collection 接口主要有三个子接口,分别是 List 接口、Set 接口和 Queue 接口,下面简要介绍这三个接口。

- List 接口

实现 List 接口的集合是一个有序的 Collection 序列。操作此接口的用户可以对这个序列中每个元素的位置进行精确控制，用户可以根据元素的索引访问元素。List 接口中的元素是可以重复的。

- Set 接口

实现 Set 接口的集合是一个无序的 Collection 序列，该序列中的元素不可重复。因为 Set 接口是无序的，所以不可以通过索引访问 Set 接口中的数据元素。

- Queue 接口

Queue 接口用于在处理元素前保存元素的 Collection 序列。除了具有 Collection 接口基本的操作外，Queue 接口还提供了其他的插入、提取和检查等操作。

6.1.3　Map 接口框架

Map 接口定义了存储和操作一组“键(key)值(value)”映射对的方法。

Map 接口和 Collection 接口的本质区别在于，Collection 接口里存的是一个个对象，而 Map 接口里存放的是一系列的键值对。Map 接口集合中的 key 不要求有序，对于一个集合里的映射对而言，不能包含重复的键，每个键最多只能映射到一个值。Map 接口框架如图 6.2所示。

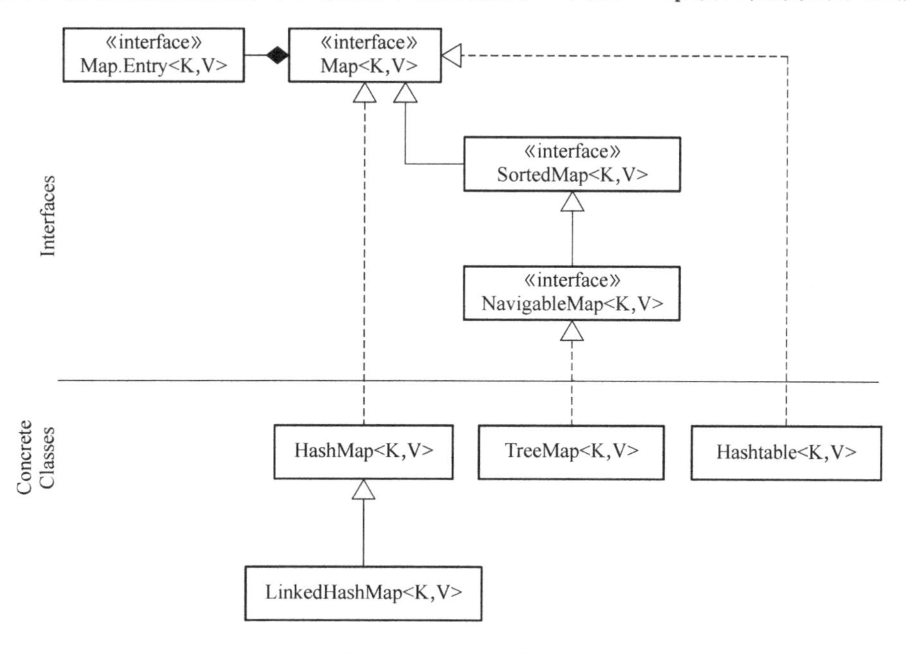

图 6.2　Map 接口框架

从图中可以看出，HashMap 和 Hashtable 是实现 Map 接口的集合类，这两个类十分类似，后面的章节中我们会详细介绍 HashMap。

6.2　Set 接口

Set 接口是 Collection 接口的子接口，除了拥有 Collection 接口的方法外，Set 接口没有提供额外的方法。

6.2.1 Set 接口方法

下面列出了 Set 接口继承自 Collection 接口的主要方法：

- boolean add(Object obj)

向集合中添加一个数据元素，该数据元素不能和集合中现有数据元素重复。

Set 集合采用对象的 equals()方法比较两个对象是否相等，判断某个对象是否已经存在于集合中。当向集合中添加一个对象时，HashSet 会调用对象的 hashCode()方法来获得哈希码，然后根据这个哈希码进一步计算出对象在集合中的存放位置。

- void clear()

移除此集合中的所有数据元素，即将集合清空。

- boolean contains(Object obj)

判断此集合中是否包含该数据元素，如果包含，则返回 true。

- boolean isEmpty()

判断集合是否为空，为空则返回 true。

- Iterator iterator()

返回一个 Iterator 对象，可用它来遍历集合中的数据元素。

- boolean remove(Object obj)

如果此集合中包含有该数据元素，则将其删除，并返回 true。

- int size()

返回集合中数据元素的个数，注意与数组、字符串获取长度的方法的区别。

- Object[] toArray()

返回一个数组，该数组包含集合中的所有数据元素。

6.2.2 HashSet 使用

Set 接口主要有两个实现类 HashSet 和 TreeSet，HashSet 类有一个子类 LinkedHashSet，它不仅实现了哈希算法，而且采用了链表结构。接下来我们通过一个案例来说明 HashSet 类的使用。

```
import java.util.*;
public class TestSet
{
    public static void main(String[] args)
    {
        //创建一个 HashSet 对象，存放学生姓名信息
        Set nameSet = new HashSet();
        nameSet.add("王云");
        nameSet.add("刘静涛");
        nameSet.add("南天华");
        nameSet.add("雷静");
```

```
            nameSet.add("王云");        //增加已有的数据元素
            System.out.println("再次添加王云是否成功:" + nameSet.add("王云"));
            System.out.println("显示集合内容:" + nameSet);
            System.out.println("集合里是否包含南天华:" + nameSet.contains("南天华"));
            System.out.println("从集合中删除\"南天华\"...");
            nameSet.remove("南天华");
            System.out.println("集合是否包含南天华:" + nameSet.contains("南天华"));
            System.out.println("集合中的元素个数为:" + nameSet.size());
        }
}
```

编译、运行程序，程序运行结果如图 6.3 所示。从运行结果中可以看出，当向集合中增加一个已有（通过 equals()方法判断）的数据元素时，没有添加成功。需要注意的是，可以通过 add()方法的返回值判断是否添加成功，如果不获取这个返回值的话，Java 系统并不提示没有添加成功。

图 6.3 HashSet 的使用

6.2.3 TreeSet 使用

TreeSet 类在实现了 Set 接口的同时，也实现了 SortedSet 接口，是一个具有排序功能的 Set 接口类。本小节将介绍 TreeSet 类的使用，同时也会涉及 Java 如何实现对象间的排序功能，希望大家能深刻体会。

TreeSet 集合中的元素按照升序排列，默认是按照自然升序排列，也就是说 TreeSet 集合中的对象需要实现 Comparable 接口。

接下来看一段非常简单的程序，编译运行，其结果如图 6.4 所示。

```
import java.util.*;
public class TestTreeSet
{
        public static void main(String[] args)
        {
            Set ts = new TreeSet();
```

```
            ts.add("王云");
            ts.add("刘静涛");
            ts.add("南天华");
            System.out.println(ts);
        }
    }
```

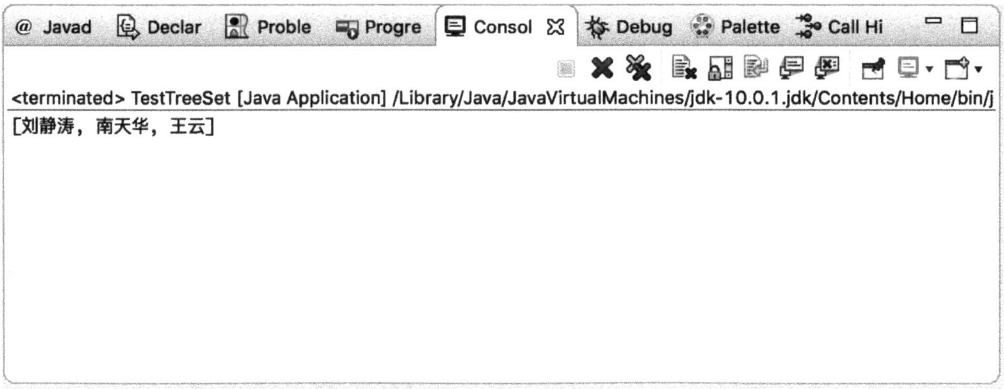

```
@ Javad  Declar  Proble  Progre  Consol  Debug  Palette  Call Hi
<terminated> TestTreeSet [Java Application] /Library/Java/JavaVirtualMachines/jdk-10.0.1.jdk/Contents/Home/bin/j
[刘静涛, 南天华, 王云]
```

图 6.4 TreeSet 的使用

从运行结果可以看出,TreeSet 集合 ts 里面的元素不是毫无规律的排序,而是按照自然升序进行了排序。这是因为 TreeSet 集合中的元素是 String 类,而 String 类实现了 Comparable 接口,默认按字母顺序排序。

6.2.4 Comparable 接口

如果程序员想定义自己的排序方式,方法也很简单,就是要让加入 TreeSet 集合中的对象所属的类实现 Comparable 接口,通过实现 compareTo(Object o)方法,达到排序的目的。

假设有这样的需求,学生对象有两个属性,分别是学号和姓名,希望将这些学生对象加入 TreeSet 集合后,按照学号大小从小到大进行排序,学号相同的再按照姓名自然排序。下面来看学生类的代码(实现 Comparable 接口):

```
class Student implements Comparable {
    int stuNum = -1;         //学生学号
    String stuName = "";     //学生姓名
    Student(String name, int num) {
        this.stuNum = num;
        this.stuName = name;
    }
    //返回该对象的字符串表示,利于输出
    public String toString() {
        return "学号为:" + stuNum + "的学生,姓名为:" + stuName;
```

```
        }
        //实现 Comparable 的 compareTo 方法
        public int compareTo(Object o) {
            Student input = (Student) o;
            //此学生对象的学号和指定学生对象的学号比较
            //此学生对象学号若大则 res 为 1,若小则 res 为 - 1,相同的话 res = 0
            int res = stuNum>input.stuNum ? 1 :(stuNum == input.stuNum ? 0 : - 1);
            //若学号相同,则按照 String 类自然排序比较学生姓名
            if(res == 0) {
                res = stuName.compareTo(input.stuName);
            }
            return res;
        }
    }
```

其中,int compareTo(Object o)方法是用此对象和指定对象进行比较,如果该对象小于、等于或大于指定对象,则分别返回负整数、零或正整数。编写测试程序,程序运行结果如图 6.5 所示。

```
public class TestTreeSet2{
    public static void main(String[] args) {
        //用有序的 TreeSet 存储学生对象
        Set stuTS = new TreeSet();
        stuTS.add(new Student("王云",1));
        stuTS.add(new Student("南天华",3));
        stuTS.add(new Student("刘静涛",2));
        stuTS.add(new Student("张平",3));
        //使用迭代器循环输出
        Iterator it = stuTS.iterator();
        while(it.hasNext()) {
            System.out.println(it.next());
        }
    }
}
```

```
@ Javad  Declar  Proble  Progre  Consol  Debug  Palette  Call Hi
<terminated> TestTreeSet2 [Java Application] /Library/Java/JavaVirtualMachines/jdk-10.0.1.jdk/Contents/Home/bin
学号为: 1的学生, 姓名为: 王云
学号为: 2的学生, 姓名为: 刘静涛
学号为: 3的学生, 姓名为: 南天华
学号为: 3的学生, 姓名为: 张平
```

图 6.5　Comparable 接口的使用

6.3 Iterator 迭代器

在 TestTreeSet2 代码中，我们使用了 Iterator 迭代器进行循环输出。什么是 Iterator 迭代器？有什么用以及如何使用，这些将是本节要解决的问题。

6.3.1 Iterator 接口方法

前面学习的 Collection 接口、Set 接口和 List 接口，它们的实现类都没有提供遍历集合元素的方法，Iterator 迭代器为集合而生，是 Java 语言解决集合遍历的一个工具。它提供一种方法访问集合中各个元素，而不暴露该集合的内部实现细节。

Collection 接口的 iterator()方法返回一个 Iterator 对象，通过 Iterator 接口的两个方法即可实现对集合元素的遍历。下面列举了 Iterator 接口的三个方法：

- boolean hasNext()

判断是否存在下一个可访问的数据元素。

- Object next()

返回要访问的下一个数据元素。

- void remove()

从迭代器指向的 collection 集合中移除迭代器返回的最后一个数据元素。

6.3.2 Iterator 使用

展示了使用 Iterator 和 ListIterator 访问 ArrayList 的方法。首先创建字符串数组 al，并添加元素，使用迭代器遍历输出数组元素，然后遍历并修改每个元素，再逐个输出元素，最后使用反向迭代器遍历输出每个元素，程序运行结果如图 6.6 所示。

```
import java.util.*;
public class IteratorDemo {
      public static void main(String args[]) {
            // 创建空数组并添加元素
            ArrayList<String> al = new ArrayList<String>();
            al.add("C");
            al.add("A");
            al.add("E");
            al.add("B");
            al.add("D");
            al.add("F");

            // 使用迭代器遍历所有元素
            System.out.print("数组 al 的所有元素：");
            Iterator<String> itr = al.iterator();
            while(itr.hasNext()) {
                  System.out.print(itr.next() + "");
```

```
            }
            System.out.println();

            // 遍历元素并修改
            ListIterator<String> litr = al.listIterator();
            while(litr.hasNext()) {
                  litr.set(litr.next() + " + ");
            }
            System.out.print("修改后 al 的所有元素：");
            itr = al.iterator();

            while(itr.hasNext()) {
                  System.out.print(itr.next() + "");
            }
            System.out.println();

            // 从后往前遍历数组中元素
            System.out.print("反向输出 al 中的元素：");
            while(litr.hasPrevious()) {
                  System.out.print(litr.previous() + "");
            }
            System.out.println();
      }
}
```

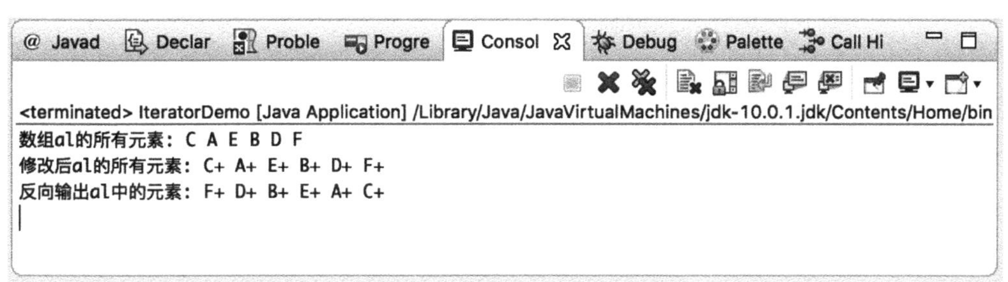

图 6.6　Iterator 迭代器的使用

6.3.3　增强 for 循环

从 JDK1.5 开始，Java 提供了另一种形式的 for 循环，这就是增强 for 循环，或称为 foreach 循环。借助增强 for 循环，可以用更简单的方式来遍历数组和 Collection 集合中的对象。

下面我们用增强 for 循环与传统 for 循环做个比较。举一个非常简单的案例，一个数组（或集合 Set）中存了四个学生的姓名字符串，分别用传统 for 循环、迭代器和增强 for 循环遍历输出姓名，具体代码如下，图 6.7 展示了代码的输出内容。

```
import java.util.*;
import java.util.*;
public class TestForEach
{
        public static void main(String[] args)
        {
                String[] stuArr = {"王云","刘静涛","南天华","雷静"};
                //传统 for 循环遍历
                for(int i = 0;i<stuArr.length;i++){
                        System.out.print(stuArr[i] + "");
                }
                System.out.println();
                //增强 for 循环遍历
                for(String stu:stuArr){
                        System.out.print(stu + "");
                }
                System.out.println();
                Set nameSet = new HashSet();
                nameSet.add("王云");
                nameSet.add("刘静涛");
                nameSet.add("南天华");
                nameSet.add("雷静");
                //迭代器遍历
                Iterator it = nameSet.iterator();
                while(it.hasNext()){
                        System.out.print(it.next() + "");
                }
                System.out.println();
                //增强 for 循环遍历
                for(Object stu2:nameSet){
                        System.out.print((String)stu2 + "");
                }
                System.out.println();
        }
}
```

```
<terminated> TestForEach [Java Application] /Library/Java/JavaVirtualMachines/jdk-10.0.1.jdk/Contents/Home/bin/
王云 刘静涛 南天华 雷静
王云 刘静涛 南天华 雷静
雷静 王云 刘静涛 南天华
雷静 王云 刘静涛 南天华
```

图 6.7 代码的输出内容

通过代码可以看出,Java 增强 for 循环使得代码短小且精炼,并且对数组和集合具有通用性。

但增强 for 循环在使用时,也有下面一些局限性,使用时需要注意。

(1) 在用传统 for 循环处理数组时,可以通过数组下标进行一些程序控制,例如可以通过数组下标每次循环之后加 2 的方式,间隔输出数组中的元素。而增强 for 循环不能获得下标位置,类似的功能需要用其他方式实现。

(2) 如果使用增强 for 循环操作集合,无法实现对集合元素的删除,还是需要调用 Iterator 迭代器的 remove()方法才能完成。

6.4　List 接口

List 接口是 Collection 接口的子接口,在实现了 List 接口的集合中,元素是有序的,而且可以重复。List 接口和 Set 接口一样,可以容纳所有类型的对象。List 集合中的数据元素都对应一个整数型的序号索引,记录其在集合中的位置,可以根据此序号存取元素。

JDK 中实现了 List 接口的常用类有 ArrayList 和 LinkedList。

6.4.1　List 接口方法

List 接口继承自 Collection 接口,除了拥有 Collection 接口所拥有的方法外,它还拥有下列方法:

- void add(int index,Object o)

在集合的指定位置插入指定的数据元素。

- Object get(int index)

返回集合中指定位置的数据元素。

- int indexOf(Object o)

返回此集合中第一次出现的指定数据元素的索引,如果此集合不包含该数据元素,则返回−1。

- int lastIndexOf(Object o)

返回此集合中最后出现的指定数据元素的索引,如果此集合不包含该数据元素,则返回−1。

- Object remove(int index)

移除集合中指定位置的数据元素。

- Object set(int index,Object o)

用指定数据元素替换集合中指定位置的数据元素。

6.4.2　ArrayList 使用

ArrayList 实现了 List 接口,在存储方式上 ArrayList 采用数组进行顺序存储。ArrayList 对数组进行了封装,实现了可变长度的数组。与 ArrayList 不同的是 LinkedList,它在存储方式上采用链表进行链式存储。

通过数据结构的学习,我们能得出这样的结论,因为 ArrayList 是用数组实现的,在插入或删除数据元素时,需要批量移动数据元素,故性能较差;但在查询数据元素时,因为数组是连续存储的,且可以通过下标进行访问,所以在遍历元素或随机访问元素时效率高。LinkedList 正好与之相反,这一点在企业面试时经常被问到,需要大家深刻领会。

下面代码展示了使用 ArrayList 的基本方法，首先分别使用添加和删除元素的方法添加字符串到 ArrayList 中，然后分别使用增强 for 循环语句和迭代器遍历数组元素。

```
/// ArrayListSample.java
import java.util.*;

public class ArrayListSample {
        public static void main(String args[]) {
                ArrayList<String> al = new ArrayList<String>();
                al.add("Ravi");
                al.add("Vijay");
                al.add("Ajay");
                System.out.println("al:");
                for(String obj : al) {
                        System.out.println(obj);
                }

                ArrayList<String> al2 = new ArrayList<String>();
                al2.add("Ravi");
                al2.add("Hanumat");
                // 删除 al 中在 al2 中未出现的元素
                al.retainAll(al2);
                System.out.println("al2:");
                for(String obj : al2) {
                        System.out.println(obj);
                }

                ArrayList<String> list = new ArrayList<String>();
                list.add("Ravi");
                list.add("Vijay");
                list.add("Ravi");
                list.add("Ajay");
                // 使用 foreach 语句遍历 list
                System.out.println("list:");
                for(String obj : list) {
                        System.out.println(obj);
                }
                // 使用迭代器遍历 list
                Iterator<String> itr = list.iterator();
                System.out.println("list:");
                while(itr.hasNext()) {
                        System.out.println(itr.next());
                }
        }
}
```

编译、运行程序，结果如图 6.8 所示。通过代码和运行结果可以看出，此例中采用增强 for 循环的方式遍历了 ArrayList 集合中的所有元素，集合中元素的顺序是按照 add()方法调用的顺序依次存储的，再通过调用 ArrayList 接口的 get(int index)方法获取指定位置的元素，并输出该对象的信息。

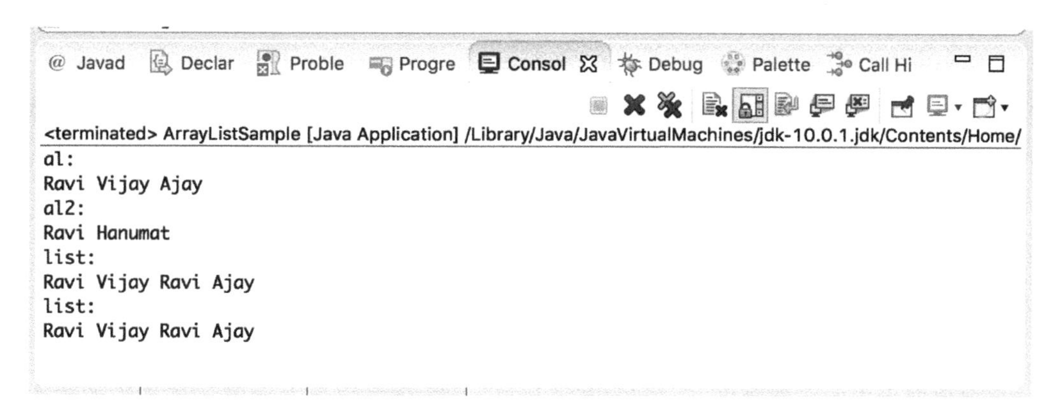

图 6.8　ArrayList 使用

6.4.3　LinkedList 使用

LinkedList 和 ArrayList 在逻辑结构上没有本质区别，只是存储结构上的差异导致程序员在决定使用哪个 List 实现类时需要做出选择。LinkedList 接口除了拥有 ArrayList 接口提供的方法外，还增加了如下的一些方法：

- void addFirst(Object o)

将指定数据元素插入此集合的开头。

- void addLast(Object o)

将指定数据元素插入此集合的结尾。

- Object getFirst()

返回此集合的第一个数据元素。

- Object getLast()

返回此集合的最后一个数据元素。

- Object removeFirst()

移除并返回此集合的第一个数据元素。

- Object removeLast()

移除并返回此集合的最后一个数据元素。

6.5　工具 util 类

本节将会介绍两个工具类的使用，它们都定义在包 util 下面。这两个工具类的特点是类中的方法都是静态的，不需要创建对象，直接使用类名调用即可。

Collections 工具类，是集合对象的工具类，提供了操作集合的工具方法，例如排序、复制和反转排序等。

Arrays 工具类，是数组的工具类，提供了对数组的工具方法，例如排序、二分查找等。

6.5.1 Collections 工具类常用方法

• void sort(List list)

根据数据元素的自然顺序对指定集合按升序进行排序。

• void sort(List list, Comparator c)

根据指定比较器产生的顺序对指定集合进行排序。通过自定义 Comparator 比较器,可以实现按程序员定义的规则进行排序。Collections 工具类里很多方法都可以指定比较器进行比较和排序,这里不都列举出来。关于 Comparator 比较器,将会在后面的内容中介绍。

• void shuffle(List list)

对指定集合进行随机排序。

• void reverse(List list)

反转指定集合中数据元素的顺序。

• Object max(Collection coll)

根据数据元素的自然顺序,返回给定 Collection 集合中的最大元素。该方法的输入类型为 Collection 接口,而非 List 接口,因为求集合中的最大元素不需要集合是有序的。Collections 工具类里静态方法中输入参数的类型,需要大家注意区分。

• Object min(Collection coll)

根据数据元素的自然顺序,返回给定 Collection 的最小元素。

• int binarySearch(List list,Object o)

使用二分查找法查找指定集合,以获得指定数据元素的索引。如果此集合中不包含该数据元素,则返回-1。在进行此调用之前,必须根据集合数据元素的自然顺序对集合进行升序排序(通过 sort(List list)方法)。如果没有对集合进行排序,则结果是不确定的。如果集合中包含多个元素等于指定的数据元素,则无法保证找到的是哪一个。

• int indexOfSubList(List source,List target)

返回指定源集合中第一次出现指定目标集合的起始位置,如果没有出现这样的集合,则返回-1。

• int lastIndexOfSubList(List source,List target)

返回指定源集合中最后一次出现指定目标集合的起始位置,如果没有出现这样的集合,则返回-1。

• void copy(List dest,List src)

将所有数据元素从一个集合复制到另一个集合。

• void fill(List list,Object o)

使用指定数据元素替换指定集合中的所有数据元素。

• boolean replaceAll(List list,Object old,Object new)

使用一个指定的新数据元素替换集合中出现的所有指定的原数据元素。

• void swap(List list,int i,int j)

在指定集合的指定位置处交换数据元素。

6.5.2 Collections 工具类使用

接下来我们通过一个例子,演示 Collections 工具类中静态方法的使用。

```
import java.util.*;
public class TestCollections
{
        public static void main(String[] args)
        {
                List list = new ArrayList();
                list.add("w");
                list.add("o");
                list.add("r");
                list.add("l");
                list.add("d");
                System.out.println("排序前：                    " + list);
                System.out.println("该集合中的最大值:" + Collections.max(list));
                System.out.println("该集合中的最小值:" + Collections.min(list));
                Collections.sort(list);
                System.out.println("sort 排序后：               " + list);
                //使用二分查找,查找前须保证被查找集合是自然有序排列的
                System.out.println("r 在集合中的索引为：" + Collections.binarySearch(list,"r"));
                Collections.shuffle(list);
                System.out.println("再 shuffle 排序后：         " + list);
                Collections.reverse(list);
                System.out.println("再 reverse 排序后：         " + list);
                Collections.swap(list,1,4);
                System.out.println("索引为 1、4 的元素交换后:" + list);
                Collections.replaceAll(list,"w","d");
                System.out.println("把 w 都换成 d 后的结果：     " + list);
                Collections.fill(list,"s");
                System.out.println("全部填充为 s 后的结果：     " + list);
        }
}
```

编译、运行程序，结果如图 6.9 所示。

```
@ Javad  Declar  Proble  Progre  Consol ☒  Debug  Palette  Call Hi
<terminated> TestCollections [Java Application] /Library/Java/JavaVirtualMachines/jdk-10.0.1.jdk/Contents/Home/b
排序前:                  [w, o, r, l, d]
该集合中的最大值: w
该集合中的最小值: d
sort排序后:              [d, l, o, r, w]
r在集合中的索引为: 3
再shuffle排序后:         [w, d, o, l, r]
再reverse排序后:         [r, l, o, d, w]
索引为1、4的元素交换后: [r, w, o, d, l]
把w都换成d后的结果:     [r, d, o, d, l]
全部填充为s后的结果:    [s, s, s, s, s]
```

图 6.9　Collections 工具类使用

6.5.3 Comparable 与 Comparator

之前我们使用 Comparable 接口实现了在 TreeSet 集合中的自定义排序。这种方法是通过集合内的元素类，用 compareTo(Object o)方法进行元素和元素之间的比较、排序。因为是在类内部实现比较，所以可以将 Comparable 称为内部比较器。

由实现了 Comparable 接口的类组成的集合，可使用 Collections 工具类的 sort(List list)方法进行排序，排序规则是由 compareTo(Object o)方法确定的。TreeSet 集合是一个有序的 Set 集合，默认即按照 Comparable 接口的排序规则进行排序。而其他 List 集合，默认是按照用户添加元素的顺序进行排序的，要想让集合元素按照 Comparable 接口的排序规则进行排序，需要使用 Collections 工具类的 sort(List list)方法。String、Integer 等一些类已经实现了 Comparable 接口，所以将这些类加入 List 集合中，就可以直接进行排序了。

接下来通过一个案例来说明 Collections 工具类的 sort(List list)方法对集合内元素实现 Comparable 接口的依赖，具体代码如下：

```
import java.util.*;
public class TestComparable
{
        public static void main(String[] args)
        {
                //用 LinkedList 存储学生对象
                LinkedList stuLL = new LinkedList();
                stuLL.add(new Student("王云",1));
                stuLL.add(new Student("南天华",3));
                stuLL.add(new Student("刘静涛",2));
                stuLL.add(new Student("张平",3));
                //使用 sort 方法进行排序
                Collections.sort(stuLL);
                Iterator it = stuLL.iterator();
                while(it.hasNext()) {
                        System.out.println(it.next());
                }
        }
}
class Student{
        int stuNum = -1;
        String stuName = "";
        Student(String name, int num) {
                this.stuNum = num;
                this.stuName = name;
        }
        public String toString() {
                return "学号为:" + stuNum + "的学生,姓名为:" + stuName;
        }
}
```

编译、运行，程序运行时抛出异常，提示 Student 类没有实现 Comparable 接口，无法进行排序。修改上面的 Student 类，实现 Comparable 接口的 compareTo(Object o)方法，代码如下：

```
//按学号进行降序排序，学号相同按姓名排序
class Student implements Comparable{
        //省略其他代码
        //实现 Comparable 接口的 compareTo(Object o)方法
        public int compareTo(Object o) {
                Student input = (Student) o;
                int res = stuNum<input.stuNum ? 1 :(stuNum == input.stuNum ? 0 : -1);
                if(res == 0) {
                        res = stuName.compareTo(input.stuName);
                }
                return res;
        }
}
```

再次编译、运行程序，运行结果如图 6.10 所示。

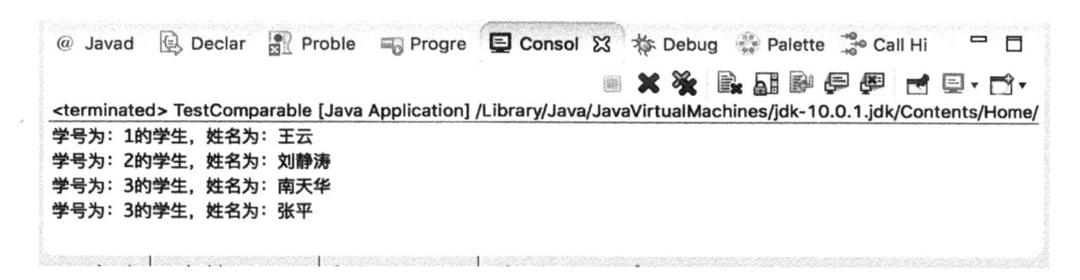

图 6.10　Comparable 比较器的使用

既然我们将 Comparable 称为内部比较器，那么自然就会想到应该有外部比较器。接下来要隆重推出的就是 Comparator 外部比较器，也就是在学习 Collections 工具类的 sort(List list, Comparator c)方法时提到的比较器。

Comparator 可以理解为一个专用的比较器，当集合中的对象不支持自比较或者自比较的功能不能满足程序员的需求时，可以写一个比较器来完成两个对象之间的比较，从而实现按比较器规则进行排序的功能。

下面代码通过在外部定义一个姓名比较器和一个学号比较器，然后在使用 Collections 工具类的 sort(List list,Comparator c)方法时选择使用其中一种外部比较器，对集合里的学生信息按姓名、学号分别排序输出，具体如下。

```
import java.util.*;
//定义一个姓名比较器
class NameComparator implements Comparator {
```

```
        //实现 Comparator 接口的 compare 方法
        public int compare(Object op1, Object op2) {
                Student eOp1 = (Student)op1;
                Student eOp2 = (Student)op2;
                //通过调用 String 类 compareTo 方法进行比较
                return eOp1.stuName.compareTo(eOp2.stuName);
        }
}
//定义一个学号比较器
class NumComparator implements Comparator {
        //实现 Comparator 接口的 compare 方法
        public int compare(Object op1, Object op2) {
                Student eOp1 = (Student)op1;
                Student eOp2 = (Student)op2;
                return eOp1.stuNum - eOp2.stuNum;
        }
}
public class TestComparator
{
        public static void main(String[] args)
        {
                //用 LinkedList 存储学生对象
                LinkedList stuLL = new LinkedList();
                stuLL.add(new Student("王云",1));
                stuLL.add(new Student("南天华",3));
                stuLL.add(new Student("刘静涛",2));
                //使用 sort 方法,按姓名比较器进行排序
                Collections.sort(stuLL,new NameComparator());
                System.out.println("＊＊＊按学生姓名顺序输出学生信息＊＊＊");
                Iterator it = stuLL.iterator();
                while(it.hasNext()) {
                        System.out.println(it.next());
                }
                //使用 sort 方法,按学号比较器进行排序
                Collections.sort(stuLL,new NumComparator());
                System.out.println("＊＊＊按学生学号顺序输出学生信息＊＊＊");
                it = stuLL.iterator();
                while(it.hasNext()) {
```

```
                System.out.println(it.next());
            }
        }
}
//定义学生对象,未实现 Comparable 接口
class Student{
        int stuNum = - 1;
        String stuName = "";
        Student(String name, int num) {
                this.stuNum = num;
                this.stuName = name;
        }
        public String toString() {
                return "学号为:" + stuNum + "的学生,姓名为:" + stuName;
        }
}
```

程序运行结果如图 6.11 所示。

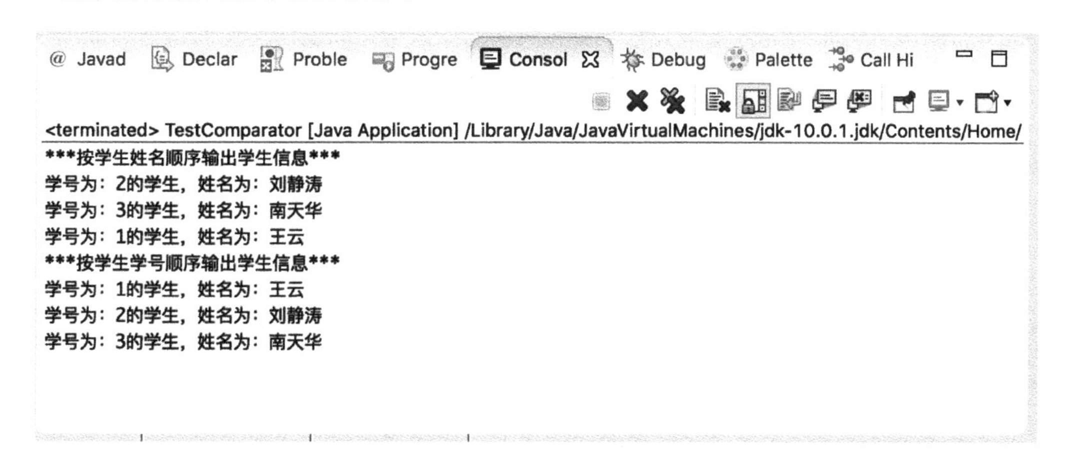

图 6.11　Comparator 比较器的使用

6.5.4　Arrays 工具类使用

Arrays 类是操作数组的工具类，和 Collections 工具类相似，它提供的所有方法都是静态的。Arrays 类主要有以下功能：

- 对数组进行排序
- 给数组赋值
- 比较数组中元素的值是否相当
- 进行二分查找

接下来使用整数数组演示 Arrays 工具类的使用，具体代码如下：

```
import java.util.Arrays;
public class TestArrays{
        public static void output(int[] a){
                for(int num:a){
                        System.out.print(num + "");
                }
                System.out.println();
        }
        public static void main(String[] args) {
                int[] array = new int[5];
                //填充数组
                Arrays.fill(array, 8);
                System.out.println("填充数组 Arrays.fill(array,8):");
                TestArrays.output(array);
                //将数组索引为 1 到 4 的元素赋值为 6
                Arrays.fill(array, 1, 4, 6);
                System.out.println("将数组索引为 1 到 4 的元素赋值为 6 Arrays.fill(array, 1, 4, 6):");
                TestArrays.output(array);
                int[] array1 = {12,9,21,43,15,6,19,77,18};
                //对数组索引为 3 到 7 的元素进行排序
                System.out.println("排序前,数组的序列为:");
                TestArrays.output(array1);
                Arrays.sort(array1,3,7);
                System.out.println("对数组索引为 3 到 7 的元素进行排序:Arrays.sort(array1,3,7):");
                TestArrays.output(array1);
                //对数组进行自然排序
                Arrays.sort(array1);
                System.out.println("对数组进行自然排序 Arrays.sort(array1):");
                TestArrays.output(array1);
                //比较数组元素是否相等
                int[] array2 = array1.clone();
                System.out.println("数组克隆后是否相等:Arrays.equals(array1, array2):" +
                        Arrays.equals(array1, array2));
                //使用二分查找法查找元素下标(数组必须是排序好的)
                System.out.println("77 在数组中的索引:Arrays.binarySearch(array1, 77):"
                        + Arrays.binarySearch(array1, 77));
        }
}
```

编译、运行程序,其结果如图 6.12 所示。

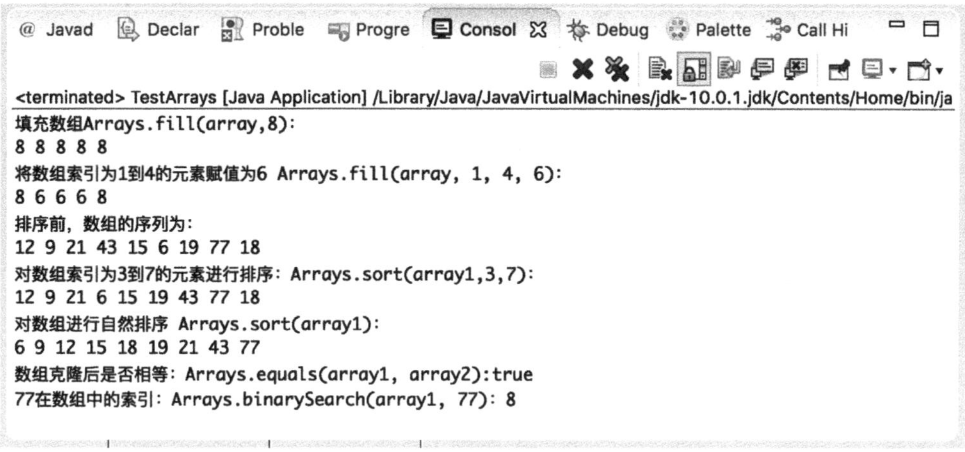

```
@ Javad  Declar  Proble  Progre  Consol ☒  Debug  Palette  Call Hi
<terminated> TestArrays [Java Application] /Library/Java/JavaVirtualMachines/jdk-10.0.1.jdk/Contents/Home/bin/ja
填充数组Arrays.fill(array,8):
8 8 8 8 8
将数组索引为1到4的元素赋值为6 Arrays.fill(array, 1, 4, 6):
8 6 6 6 8
排序前，数组的序列为:
12 9 21 43 15 6 19 77 18
对数组索引为3到7的元素进行排序: Arrays.sort(array1,3,7):
12 9 21 6 15 19 43 77 18
对数组进行自然排序 Arrays.sort(array1):
6 9 12 15 18 19 21 43 77
数组克隆后是否相等: Arrays.equals(array1, array2):true
77在数组中的索引: Arrays.binarySearch(array1, 77): 8
```

图 6.12 Arrays 工具类的使用

6.6 Map 接口

Map 接口定义了存储键值映射对的方法。

6.6.1 HashMap 使用

HashMap 是 Map 接口的一个常用实现类，下面通过一个案例简要介绍 HashMap 的使用。

我们知道，国际域名是使用最早也是使用最广泛的域名，例如表示工商企业的. com，表示网络提供商的. net，表示非营利组织的. org 等。现在需要建立域名和含义之间的键值映射，例如 com 映射工商企业、org 映射非营利组织，可以根据 com 查到工商企业，可以通过删除 org 删除对应的非营利组织，这样的想法就可以通过 HashMap 来实现，具体代码如下。

```
import java.util. * ;
public class TestHashMap
{
        public static void main(String[] args)
        {
                //使用 HashMap 存储域名和含义键值对的集合
                Map domains = new HashMap();
                domains.put("com","工商企业");
                domains.put("net","网络服务商");
                domains.put("org","非营利组织");
                domains.put("edu","教研机构");
                domains.put("gov","政府部门");
                //通过键获取值
                String op = (String)domains.get("edu");
                System.out.println("edu 国际域名对应的含义为:" + op);
```

```
            //判断是否包含某个键
            System.out.println("domains 键值对集合中是否包含 gov:" + domains.containsKey("gov"));
            //删除键值对
            domains.remove("gov");
            System.out.println("删除后集合中是否包含 gov:" + domains.containsKey("gov"));
            //输出全部键值对
            System.out.println(domains);
        }
    }
```

编译、运行，程序运行结果如图 6.13 所示。

图 6.13　HashMap 的使用

6.6.2　Map 接口方法

下面总结 Map 接口的常用方法：

• Object put(Object key,Object value)

将指定键值对添加到 Map 集合中，如果此 Map 集合以前包含一个该键的键值对，则用指定值替换旧值。

• Object get(Object key)

返回指定键所对应的值，如果此 Map 集合中不包含该键，则返回 null。

• Object remove(Object key)

如果存在指定键的键值对，则将该键值对从此 Map 集合中移除。

• Set keySet()

返回此 Map 集合中包含的键的 Set 集合。在上面的程序最后添加语句 System.out.println(domains.keySet());，则会输出[com, edu, org, net]。

• Collection values()

返回此 Map 集合中包含的值的 Collection 集合。在上面的程序最后添加语句 System.out.println(domains.values());，则会输出[工商企业，教研机构，非营利组织，网络服务商]。

• boolean containsKey(Object key)

如果此 Map 集合包含指定键的键值对，则返回 true。

• boolean containsValue(Object value)

如果此 Map 集合将一个或多个键对应到指定值，则返回 true。

• int size()

返回此 Map 集合的键值对的个数。

6.7 自动拆箱和装箱

在本章中，我们已经介绍了 Java 的一个特性——增强 for 循环。接下来，将继续介绍另外两个 Java 面向对象的特性——自动拆箱和装箱、泛型。其中泛型是下一节介绍的内容，本节将介绍自动拆箱和装箱。

6.7.1 自动拆箱和装箱

自动拆箱和装箱，其目的是为了方便基本数据类型和其对应的包装类型之间的转换。我们可以直接把一个基本数据类型的值赋给其包装类型(装箱)，反之亦然(拆箱)，中间的过程由编译器自动完成。

编译器对这个过程也只是做了简单的处理，通过包装类的 valueOf()方法对基本数据类型进行包装，通过包装类的类似 intValue()方法得到其基本数据类型。例如下面的代码：

```
Integer stuAgeI = 23;
int stuAge = stuAgeI;
```

编译器将其自动变换为：

```
Integer stuAgeI = Integer.valueOf(23);
int stuAge = stuAgeI.intValue();
```

6.7.2 拆箱和装箱使用

自动拆箱和装箱看起来非常简单，也很容易理解，但是我们在使用过程中，尤其是在自动装箱后，在两个对象之间使用“==”运算符进行比较时，其结果尤其需要注意。

接下来看下面的代码：

```
public class TestBox
{
        public static void main(String[] args)
        {
                Integer stuAgeI1 = 23;
                System.out.println("过年了，年龄增长了一岁，现在年龄是：" + (stuAgeI1 + 1));
                Integer stuAgeI2 = 23;
                System.out.println("stuAgeI1 == stuAgeI2(值均为 23)的结果是：" + (stuAgeI1 == stuAgeI2));
                stuAgeI1 = 323;
                stuAgeI2 = 323;
                System.out.println("stuAgeI1 == stuAgeI2(值均为 323)的结果是：" + (stuAgeI1 == stuAgeI2));
```

```
            System.out.println("stuAgeI1.equals(stuAgeI2)(值均为 323)的结果是:"
                    + (stuAgeI1.equals(stuAgeI2)));
        }
}
```

程序运行结果如图 6.14 所示。

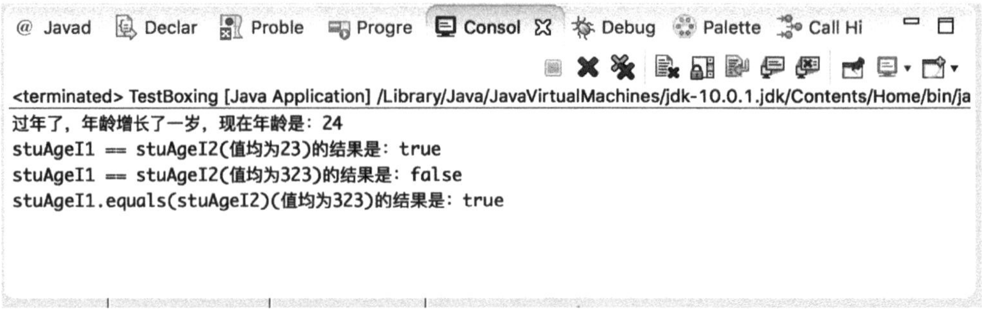

```
@ Javad  Declar  Proble  Progre  Consol ☒  Debug  Palette  Call Hi
<terminated> TestBoxing [Java Application] /Library/Java/JavaVirtualMachines/jdk-10.0.1.jdk/Contents/Home/bin/ja
过年了，年龄增长了一岁，现在年龄是：24
stuAgeI1 == stuAgeI2(值均为23)的结果是：true
stuAgeI1 == stuAgeI2(值均为323)的结果是：false
stuAgeI1.equals(stuAgeI2)(值均为323)的结果是：true
```

图 6.14　自动装箱拆箱

看到上面的运行结果，大家可能会很困惑，为什么当 stuAgeI1 和 stuAgeI2 这两个对象里存的值均为 23 时，使用"=="进行比较，其结果为 true，而当这两个对象的值为 323 时，其结果却为 false 了？

这是因为这些包装类的 valueOf()方法，对部分经常使用的数据，采用缓存技术，也就是在未使用的时候，这些对象就创建并缓存着，需要使用的时候不需要新创建该对象，直接从缓存中获取即可，从而提高性能。例如 Byte、Integer 和 Long 这些包装类都缓存了数值在－128～＋127 之间的对象，自动装箱的时候，如果对象值在此范围之内，则直接返回缓存的对象，只有缓存中没有的时候才去创建一个对象。

当第一次比较 stuAgeI1 和 stuAgeI2 这两个对象时，因为其值在－128～＋127 之间，所以这两个对象都是直接返回的缓存对象，使用"=="比较时结果为 true。而第二次比较 stuAgeI1 和 stuAgeI2 这两个对象时，其值超出了－128～＋127 的范围，需要通过 new 方法创建两个新的包装类对象，所以再使用"=="比较时结果为 false。

6.8　泛　　型

在之前使用集合的时候，装入集合的各种类型的对象都被当作 Object 对待，失去了自己的类型，而从集合中取出对象时需要进行类型转换，效率低下且容易出错。如何解决这个问题？可以使用泛型解决这个问题。下面代码通过泛型(即定义集合时同时定义集合中元素的类型)的方式，解决程序可读性以及强制类型转换相关问题。注意 Vehicle 和 Car、Truck 之间的继承关系。

```
import java.util.*;
abstract class Vehicle {
        String name, series;
        public Vehicle(String name,String series) {
```

```
        this.name = name;
        this.series = series;
    }
    public void show();
}
class Car extends Vehicle{
    public Car(String name, String series) {
        super(name, series);
    }
    public void show() {
        System.out.println("Car " + this.name + "" + this.series);
    }
}
class Truck extends Vehicle {
    public Car(String name, String series) {
        super(name, series);
    }
    public void show() {
        System.out.println("Truck  " + this.name + "" + this.series);
    }
}
class TestZuChe2
{
    public static void main(String[] args)
    {
        //使用泛型保证集合里的数据元素都是 Vehicle 类及其子类
        List<Vehicle> vehAL = new ArrayList<Vehicle>();
        Vehicle c1 = new Car("战神","长城");
        Vehicle c2 = new Car("跑得快","红旗");
        Vehicle t1 = new Truck("大力士","5 吨");
        Vehicle t2 = new Truck("大力士二代","10 吨");
        vehAL.add(c1);
        vehAL.add(c2);
        vehAL.add(t1);
        vehAL.add(1,t2);                //在集合索引为 1 处添加 t2
        //vehAL.add("大力士三代");  //编译错误,添加的不是 Vehicle1 类型
        System.out.println("＊＊＊显示“租车系统”中全部车辆信息＊＊＊");
        //使用增强 for 循环遍历时,获取的已经是 Vehicle 对象
        for(Vehicle obj:vehAL){
            obj.show();
        }
    }
}
```

List＜Vehicle＞ vehAL＝new ArrayList＜Vehicle＞()；这句代码的作用是使用泛型创建 ArrayList 集合 vehAL，且集合中元素必须是 Vehicle 类及其子类。如果向这个集合中添加其他的类型，编译器会报错。当从集合中获取对象时，也是直接获取了 Vehicle 类的对象，不需要再进行强制类型转换。

编译执行代码后，输出结果如图 6.15 所示。

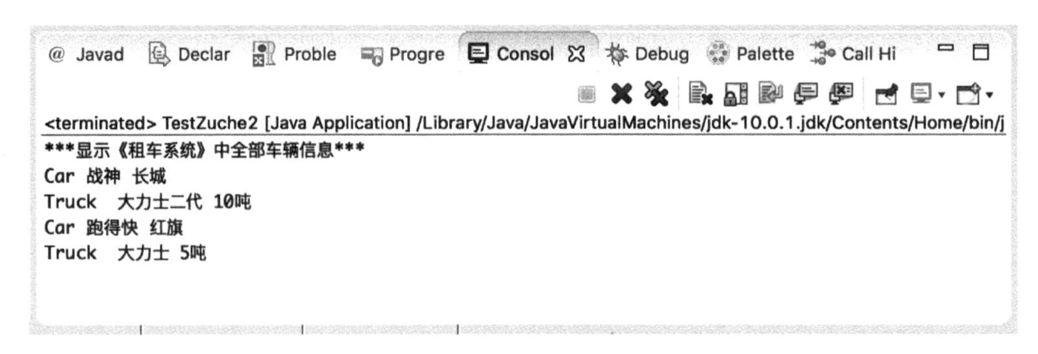

图 6.15 泛型与集合的使用

6.9 创新素质培养

【目的】

在掌握 Java 集合类用法的基础上，优化“蓝桥计划 Java 工程师管理系统”结构，进一步完成程序功能，鼓励学生大胆质疑，尝试解答思考题，培养学生创新意识。

【运行效果示例】

运行效果示例如图 6.16 所示。

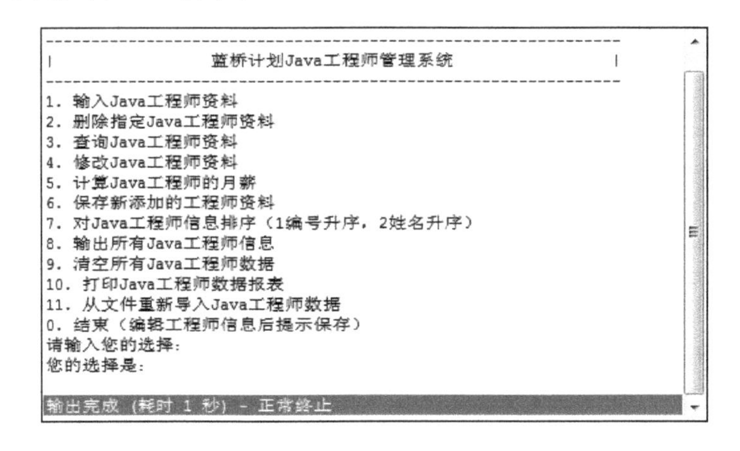

图 6.16 程序运行效果

【要求】

(1) 采用面向对象的思想封装 Java 工程师的属性和行为；

(2) 使用集合存储多个 Java 工程师对象；

(3) “1. 输入 Java 工程师资料”为新输入一个 Java 工程师；

(4) “2. 删除、3. 查询、4. 修改 Java 工程师资料”和“5. 计算 Java 工程师的月薪”则需要先通过输入 Java 工程师编号，确定要操作的具体 Java 工程师；

(5) 完成“7. 对 Java 工程师信息排序(1 编号升序，2 姓名升序)”和“8. 输出所有 Java 工程师信息”的功能，其中模块 8 可以理解为查询出全部 Java 工程师信息；

(6) 模块 6、9、10、11 的功能暂不需要实现。

【知识点链接】

Java 编程中经常使用 ArrayList 来替代 C 语言中的数组，它可以自动管理内存。工具类 Collections 和 Arrays 为常见集合提供了排序和查找等常用函数。关于 Java 中 ArrayList 类的用法，请扫描右侧二维码。

【思考题】

(1) 随着系统用户的增多(假定工程师数量超过 10^8 个)，根据 ID 查询工程师个人信息很慢，选择一种合适的集合数据结构来单独存储工程师记录，说明原因。

(2) 如果需要经常对工程师信息进行排序，选择合适的集合数据结构来实现快速响应，解释原因。

6.10 本章练习

1. 运行下面的代码，其结果为(　　)。(选择一项)

```
Integer i1 = 99;
Integer i2 = 99;
System.out.println("i1 == i2 的结果是:" + (i1 == i2));
```

A. i1==i2 的结果是:true

B. i1==i2 的结果是:false

C. 编译错误

D. 运行错误

2. 请介绍 Set 接口和 List 接口的区别。

3. 请描述 Collection 和 Collections 的区别。

4. 请描述 Comparable 与 Comparator 的区别。

5. 请简要介绍使用泛型的好处。

6．请列举集合框架的几个优点。

7．为什么 Collection 接口没有继承 Cloneable 和 Serializable 接口？

8．什么是迭代器 Iterator？

9．为什么 Map 接口没有继承 Collection 接口？

10．遍历一个 List 有哪两种方式？

11．hashCode()和 equals()方法对集合框架有哪些作用？

12．HashMap 和 Hashtable 的区别是什么？

13．ArrayList 和 Vector 有什么差别？

14．ArrayList 和 LinkedList 的差别是什么？

15．Comparable 接口和 Comparator 接口的差别是什么？

16．为什么 Map 接口没有继承 Collection 接口？

第7章 图形用户界面设计

本章简介

尽管Java的优势是网络应用方面，但Java也提供了强大的用于开发桌面程序的API，这些API在javax.swing包中，Java Swing不仅为桌面程序设计提供了强大的支持，而且Java Swing中的许多设计思想(特别是事件处理)对于掌握面向对象编程是非常有意义的。实际上Java Swing是Java的一个庞大分支，内容相当丰富，本章选择了有代表性的Swing组件进行介绍。

7.1 图形用户界面概述

所谓图形用户界面(graphics user interface，GUI)，是指使用图形的方式，由菜单、按钮、标识、图文框等标准界面元素组成的用户操作屏幕。最常见、使用最多的是Windows系统下的用户操作界面。

本章主要讲解在Java应用程序的开发中，开发环境提供了哪些用于构成用户界面的组件元素，这些组件元素的功能及作用是什么、组件元素之间有无关系，以及如何利用这些组件元素构建用户操作界面。

Java语言提供了两个图形用户界面设计的包：java.awt包和javax.swing包，利用这两个包中的类可以完成各种复杂的图形界面设计。

在Java图形用户界面程序的编写过程中，不管是采用AWT(abstract window toolkit)开发包，还是采用Swing开发包，都是利用构件的思想来进行的。在进行界面设计时，只需要掌握好三点原则就能编写出较好的图形用户界面：一是界面中构件的放置；二是让构件响应用户的操作；三是掌握每种构件的显示效果。

7.2 AWT图形用户界面

抽象窗口工具包(AWT)是用来处理图形用户界面最基本的方式，可以用来创建Java的Applet和窗口。它支持图形用户界面编程，主要功能包括用户界面构件、事件处理模型、图形和图像处理工具(如颜色、形状、字体类)、布局管理器(可以进行灵活的窗口布局而与特定窗口尺寸和屏幕分辨率无关)、数据传送类(可以通过本地平台的剪贴板来进行剪切和粘贴)等。

AWT 中使用了大量的 Windows 系统函数，而不是使用 Java 开发的函数，所以是重量级组件。

7.2.1 java.awt 包

java.awt 包中提供了 GUI 设计所使用的类和接口，主要类之间的层次关系如图 7.1 所示。

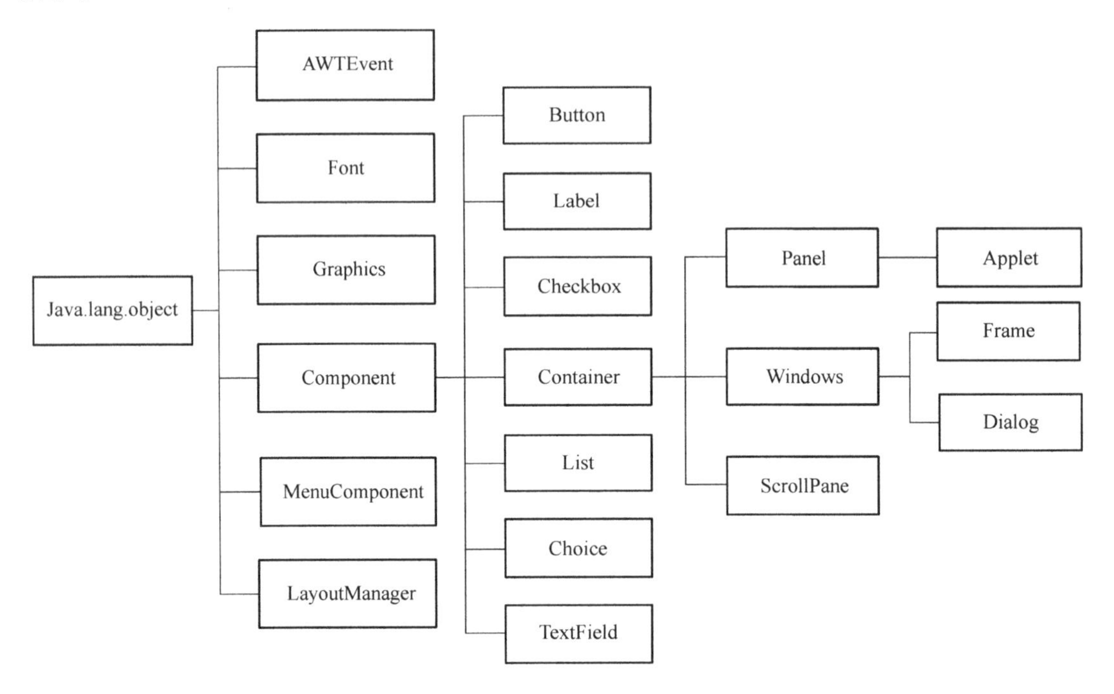

图 7.1 Java.awt 包中主要类之间的层次关系

java.awt 包主要包括三个概念，每个概念对应着一个类。

(1) 构件(Component)：构件是该包的核心，是一个抽象类，其他构件都是从它衍生出来的。

(2) 容器(Container)：从 Component 类继承而来，用来管理构件。

(3) 布局管理器(Layout Manager)：确定容器内构件的布局。

7.2.2 构件类和容器类

1. 构件类

Java 的图形用户界面最基本组成部分是构件，构件是不可再分割的组件，组件是可以用图形的方式显示在屏幕上并能与用户进行交互的对象。窗口中所显示的各种对象都统称为构件，如一个标签、一个文本框、一个按钮等。构件还能独立地显示出来，但必须将其放在一定的容器中。AWT 中常用的构件如表 7.1 所示。

类 java.awt.component 是许多构件类的父类，一般编程过程中采用的都是其子类。但是 Component 类也封装了构件通用的方法和属性，如构件大小、显示位置、前景色、边界和可视性等。Component 类的部分重要成员方法如下：

- getComponentAt(int x,int y);　　//获得坐标(x,y)上的构件对象
- getFont();　　//获得构件的字体
- getForeground();　　//获得构件的前景色
- getName();　　//获得构件的名称
- getSize();　　//获得构件的大小
- paint(Graphics g);　　//绘制构件
- repaint();　　//重新绘制构件
- setVisible(boolean b);　　//设置构件是否可见
- setSize(Dimension d);　　//设置构件的大小
- setName(String name);　　//设置构件的名字

表 7.1　AWT 中常用的构件

基本构件	中文名称	功能
Button	按钮	完成一个命令
CheckBox	复选框	可以同时进行多项选择
CheckBoxGroup	单选框	只能在一组中选择一项
Choice	下拉列表	只能选一项
List	列表	支持单选和多选
Menu	菜单	创建菜单系统
TextField	文本框	输入单行文本
Label	标签	显示字符串
Canvas	画布	进行绘画
TextArea	多行文本框	输入多行文字
Dialog	对话框	以弹出方式显示用户信息
Frame	框架	有标签栏和可选菜单的顶层窗口
Panel	面板	不能单独显示，必须添加到其他容器中
Scrollbar	滚动条	可上下拖动
Scrollpane	滚动面板	支持滚动的 Panel

2. 容器类

容器组件是用来包含其他组件的，所以称为容器。Container 是一个类，是 Component 的子类。容器本身也是一个构件，具有构件的所有性质，另外还具有放置其他构件和容器的功能。用户可以把各种组件放入容器中，也可以把容器放入其他容器中。在 Java 程序中，整个窗口是一个容器，状态栏也是一个容器，菜单条和下拉列表等是组件。AWT 容器组件的关系如图 7.2 所示。

AWT 提供了三种可以使用的顶层容器：Window(Dialog、Frame)、Panel、Applet。

Window 就是最常见的顶级窗口，即一般应用程序最下层的那个框架窗口，只不过这里的 Window 所代表的顶级窗口非常简单，没有标题，空白且不可拖放和伸缩。而 Window 的子类 Frame 表示窗口类，具有标题，允许拖放改变位置且可以调整窗口大小，因此通常

Frame 使用较多而 Window 很少用到。Window 类的另一个常用子类就是 Dialog 对话框类，Dialog 类可以创建模态和非模态对话框用于和用户进行交互。

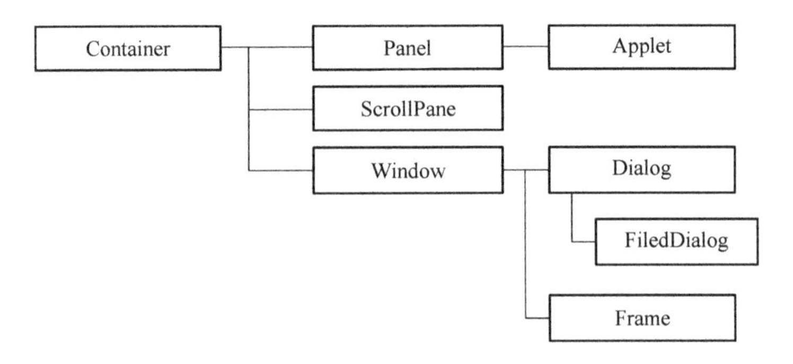

图 7.2　AWT 容器组件的关系

Panel 类是 Container 类的第二常用子类，表示面板类，该类的特性是不能独立存在，也不能作为顶层窗口，必须被包含在其他容器中(所有容器都可以，其子类 Applet 也可以)，其实际表现就是一个矩形区域，其作用仅仅是为其他组件提供空间，最终目的是对画面中的组件进行有效的组织。

Applet 用于使用 Swing 组件的 Java Applet 的类。

3. 常用的 AWT 容器

(1) Frame(框架)

Frame 是放置其他 Swing 组件的顶级容器，相当于 Windows 操作系统的主窗体。该组件用于在 Swing 程序中创建窗体。Frame 包含了 Window 的边界、标题栏、一个可选的菜单栏和调整大小的图标等属性。用户可以利用 Frame 类创建带有菜单栏的全功能窗口。

Frame 类常用的构造方法如表 7.2 所示。

表 7.2　Frame 类常用的构造方法

构造方法名称	说　明
Frame()	构造一个初始时不可见的新窗体
Frame(String title)	创建一个新的、初始不可见的、具有指定标题的窗体

Frame 类常用的方法如表 7.3 所示。

表 7.3　Frame 类常用的方法

方法名称	说　明
setSize(int width, int height)	设置窗口的大小
setVisible(Boolean b)	设置窗体是否可见
setBackground(Color c)	设置窗体的背景色
pack()	设置窗体以紧凑方式出现
setTitle(String title)	设置窗体的标题

【例 7.1】 Frame 示例程序。

```
import java.awt.*;
        public class MyFrame {
              public static void main(String[] args) {
                    Frame f1 = new Frame("我的第一个窗体");
                    f1.setSize(300,200);
                    f1.setBackground(Color.blue);
                    f1.setVisible(true);
        }
}
```

对以上程序进行编译，运行结果如图 7.3 所示。

图 7.3　程序运行结果

(2) Panel(面板)

Panel 是一种透明的容器，既没有标题，也没有边框，就像一块透明的玻璃。Panel 是一个中间容器组件，可以向其中添加其他的 GUI 构件。但是 Panel 不是顶层容器，因此，如果要在屏幕上显示 Panel，必须先将它作为一个组件添加到一个顶层容器中，然后再把它当作一个容器，把其他组件放到它里面。其他的组件可以通过 Panel 类的 add()方法加入一个 Panel 对象中，Panel 对象也可以通过 add()方法添加到顶层容器中。

【例 7.2】 Panel 示例程序。

```
import java.awt.*;
public class MyPanel {
        public static void main(String[] args) {
              Frame f = new Frame("我的窗体");
              Panel p = new Panel();
              p.setBackground(Color.cyan);
              p.add(new Button("你好"));
              f.add(p);
              f.setSize(300,200);
              f.setVisible(true);
        }
}
```

对以上程序进行编译，运行结果如图 7.4 所示。

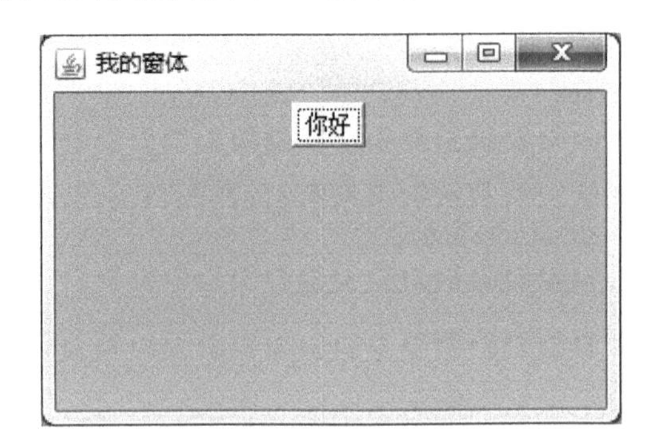

图 7.4 程序运行结果

7.3 布局管理器

布局(layout)就是指构件在容器中的分布情况。布局管理器类是 Java 中用来管理构件的排列、位置和大小等分布属性的类。在 Java 语言中，为了实现跨平台的特性并且获得动态的布局效果，由一个“布局管理器”负责管理容器内的所有构件，如排列次序、构件大小、位置。由对应的容器布局管理器来管理窗口移动或调整大小后，构件如何变化等。不同的布局管理器使用不同的算法和策略，容器可以通过选择不同的布局管理器来决定布局。在 Java 中，提供了四种常见的布局管理器组件：BorderLayout、CardLayout、FlowLayout 和 GridLayout，通过使用这些布局管理器来实现对用户界面上的界面元素进行布局控制，简化用户编程。

7.3.1 FlowLayout 布局管理器

FlowLayout 是 Panel、Applet 的默认布局管理器，其组件的放置规律是从上到下、从左到右依次放置，并使构件处于行的中间。如果容器足够宽，第一个组件先添加到容器中第一行的最左边，后续的组件依次添加到上一个组件的右边，如果当前行已放不下该组件，则放置到下一行。

FlowLayout 类的声明方式如下：

```
    setLayout(new FlowLayout(int align));
或
    setLayout(new FlowLayout(int align,int h,int v));
或
    setLayout(new FlowLayout());
```

其中，align 为组件对齐方式，可以取三个常量，分别为 LEFT、RIGHT、CENTER。h、v 分别为组件间的水平间隔数和垂直间隔数。默认情况下，对齐方式为居中，组件间的横纵间隔都为 5 个像素。

【例 7.3】 FlowLayout 示例程序。

```
import java.awt.*;
public class FlowLayoutDemo {
    public static void main(String[] args) {
```

```
            Frame f = new Frame();
            f.setLayout(new FlowLayout());
            Button b1 = new Button("1");
            Button b2 = new Button("2");
            Button b3 = new Button("3");
            Button b4 = new Button("4");
            Button b5 = new Button("5");
            Button b6 = new Button("6");
            Button b7 = new Button("7");
            Button b8 = new Button("8");
            Button b9 = new Button("9");
            f.add(b1);
            f.add(b2);
            f.add(b3);
            f.add(b4);
            f.add(b5);
            f.add(b6);
            f.add(b7);
            f.add(b8);
            f.add(b9);
            f.setSize(100,200);
            f.setVisible(true);

    }
}
```

以上程序进行编译,运行结果如图 7.5 所示。

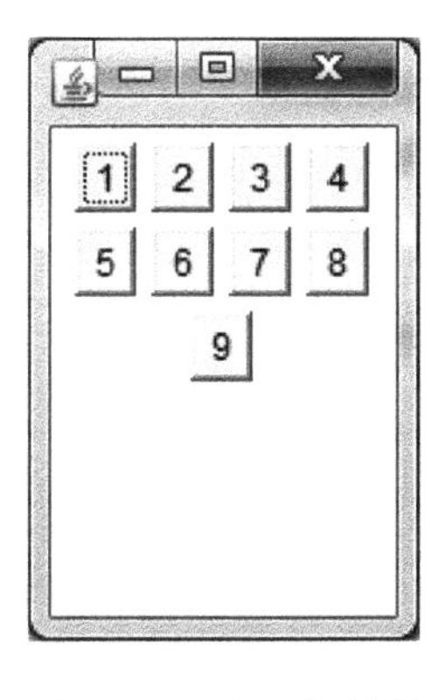

图 7.5 程序运行结果

7.3.2 BorderLayout 布局管理器

BorderLayout 是 Window、Frame 和 Dialog 的默认布局管理器。BorderLayout 布局管理器把容器分成五个区域:North、South、East、West 和 Center,每个区域只能放置一个组件。如果不指定摆放位置,则默认摆放在中间位置。

BorderLayout 布局只能容纳五个组件。处于中间位置的组件的大小会随着容器大小的改变而改变,而其他组件将不会发生变化。

BorderLayout 类的声明方式如下:

```
setLayout(new BorderLayout());
```

或

```
SetLayout(new BorderLayout(int h,int v));
```

其中,第一种布局管理器组件间的默认间隔为 0,h、v 默认为水平和垂直间隔数。

【例 7.4】 BorderLayout 示例程序。

```
import java.awt.*;
public class BorderLayoutDemo {
        private Frame f;
        private Button b1,b2,b3,b4,b5;
        BorderLayoutDemo(){
        f = new Frame();
        b1 = new Button("南");
        b2 = new Button("北");
        b3 = new Button("中");
        b4 = new Button("东");
        b5 = new Button("西");
        f.setLayout(new BorderLayout(5,15));
        f.add("South",b1);
        f.add("North",b2);
        f.add("Center",b3);
        f.add("East",b4);
        f.add("West",b5);
        f.setSize(200,200);
        f.setVisible(true);
    }
    Public static void main(String[] args) {
        new BorderLayoutDemo();
    }
}
```

对以上程序进行编译,运行结果如图 7.6 所示。

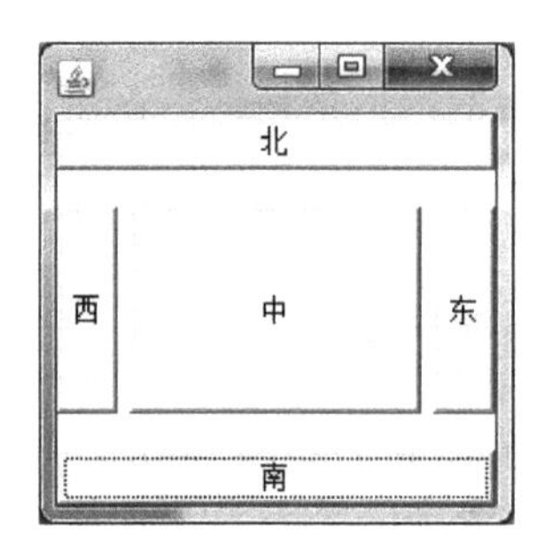

图 7.6　程序运行结果

7.3.3 GridLayout 布局管理器

GridLayout 布局管理器使容器中各个组件呈网格状布局,平均占据容器的空间。GridLayout 将容器分隔成若干行列规则的网格,网格中各单元格大小完全一致,添加组件时按照"从左到右,先行后列"的方式排列,即组件先添加到网格的第一行的最左边的单元格,然后依次向右排列,如果排满一行就自动切换到下一行继续排列。

使用 GridLayout 布局管理器的一般步骤如下:

(1) 创建 GridLayout 对象作为布局管理器。指定划分网格的行数和列数,并使用容器的 setLayout()方法为容器设置这个布局管理器:setLayout(new GridLayout(行数,列数))。

(2) 调用容器的方法 add()将组件加入容器。组件加入容器的顺序将按照第一行第一个、第一行第二个、……第一行最后一个、第二行第一个、……直到最后一行最后一个。每个网格中都必须加入组件,如果希望某个网格为空白,可以为它加入一个空的标签,例如 add(new Label())。

GridLayout 类的常用声明方式如下:

```
setLayout(new GridLayout());
```
或
```
setLayout(new GridLayout(int r,int c));
```
或
```
setLayout(new GridLayout(int r,int c,int h,int v));
```

其中,r 为列,c 为行,h 为水平间距,v 为垂直间距。

【例 7.5】 GridLayout 示例程序。

```
import java.awt.*;
public class GridLayoutDemo {
        private Frame f;
        private String[]names = {"1","2","3","4","5","6","7","8","9"};
        private Button[]buttons = new Button[9];
        GridLayoutDemo(){
            f = new Frame();
            f.setLayout(new GridLayout(3,3));
            for(int i = 0;i<buttons.length;i++){
                buttons[i] = new Button(names[i]);
                f.add(buttons[i]);
            }
            f.setSize(300,200);
            f.setVisible(true);
        }
        public static void main(String[] args) {
            new GridLayoutDemo();
        }
}
```

对以上程序进行编译,运行结果如图 7.7 所示。

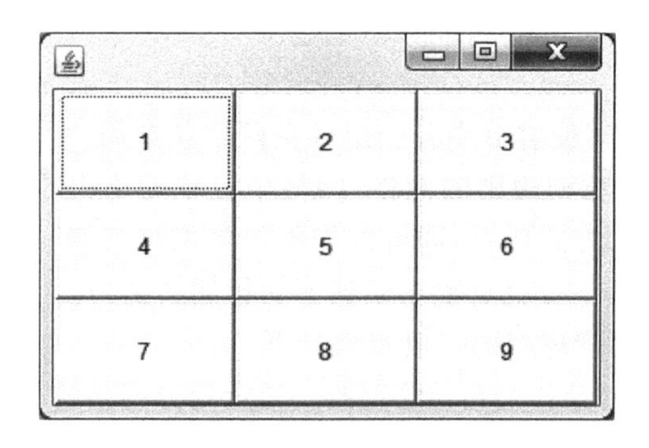

图 7.7　程序运行结果

7.4　事件处理

前面介绍了如何放置各种组件，仅有友好的界面而不能实现与用户的交互是不能满足用户需要的，就像我们单击窗口右上角的“×”按钮但不触发任何事件，窗口依然无法关闭。因为在 AWT 编程中，所有事件的处理必须由特定对象（事件监听器）来处理，而 Frame 和组件本身并没有事件处理能力。用户交互行为所产生的一种效果就叫事件。

图形用户界面程序设计归根到底要完成两个层面的任务：

(1) 首先要完成程序外观界面的设计，其中包括创建窗体，在窗体中添加菜单、工具栏及多种图形用户界面组件，设置各类组件的大小、位置、颜色等属性。这个层次的工作可以认为是对程序静态特征的设置。

(2) 其次要为各种组件对象提供响应与处理不同事件的功能支持，从而使程序具备与用户或外界事物交互的能力，使程序“活”起来。这个层次的工作可以认为是对程序动态特征的处理。

7.4.1　Java 事件处理机制

Java 对事件的处理采用“事件授权模型”，也称为委托事件处理模型，即对象（指组件）本身没有用成员方法来处理事件，而是将事件委托给事件监听者处理，这就使得组件更加简练。当用户与图形用户界面程序交互时，会触发相应的事件。产生事件的组件称为事件源。触发事件后系统会自动创建事件类的对象，组件本身不会处理事件，而是将事件对象提交给 Java 运行系统，系统将事件对象委托给专门的实体——监听器。事件源与监听器建立联系的方式是将监听器注册给事件源。事件授权处理模型如图 7.8 所示。

在现实生活中，授权处理的实例也很多。例如，一个公司可能会发生很多法律纠纷，这些纠纷可能是民事纠纷，也可能是刑事纠纷。那么，这个公司可以授权李律师负责帮公司打民事纠纷的官司，同时也可以授权张律师帮公司打刑事纠纷的官司。从公司的角度来看这个请律师的过程，就是授权的过程。而对于李律师和张律师，一旦被授权，就得时刻对这个公司负责，时刻“监听”公司的事件信息。一旦公司发生民事纠纷，李律师就要马上去处理；而一旦发生刑事纠纷，张律师就要马上去处理。此时，公司就是事件源，李律师和张律师就是事件处理者，民事纠纷和刑事纠纷就是不同类型的事件。

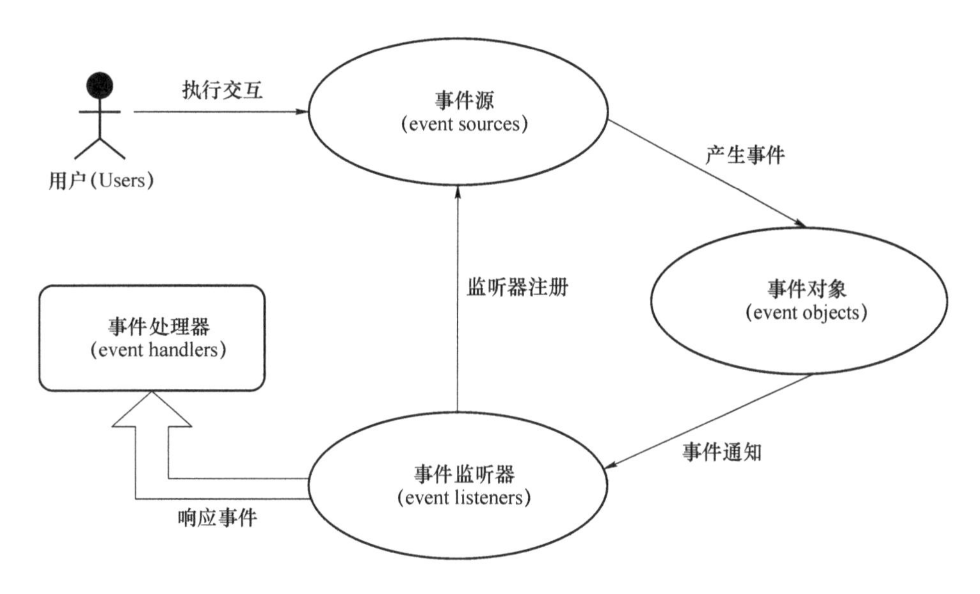

图 7.8 事件授权处理模型

7.4.2 Java 事件处理模型

为了使图形界面能够接收用户的操作,必须给各个组件加上事件处理机制。

在事件处理的过程中,主要涉及三类对象:事件、事件源和事件处理者。

1. 事件(event)

在 Java 语言中,用户在界面上的操作以类的形式出现。例如,按钮操作对应的事件类是 ActionEvent。程序有时需要对发生的事件做出反应,来实现特定的任务。例如,用户单击“确定”或“取消”按钮,程序将做出不同的反应。

事件本身就是一个抽象的概念,表示某一对象的状态变化,也就是用户对组件的一个操作。在面向对象的程序设计中,事件消息是对象间通信的基本方式。在图形用户界面程序中,组件对象通过与用户的交互产生各种类型的事件消息。在图形界面上进行操作时,当单击某个可响应的对象时,如按钮、菜单,都会有某个事件的发生。但 Java 事件处理机制却只挑选出需要处理的事件。事件在 Java 中和其他对象基本是一样的,但有一点不同:事件由系统自动生成,会自动传递到适当的事件处理程序中。

2. 事件源(event source)

通常,事件发生的场所就是各个组件,如按钮 Button。事件是由事件源产生,事件源可以是图形用户界面的组件。事件源是一个生成事件的对象,如常见的按钮、文本框、菜单等。一个事件源可能生成不同类型的事件,如文本框事件源可以产生内容改变事件和按回车键事件。事件源提供了一组方法,用于为事件注册一个或多个监听器。每种事件类型都有其自己的注册监听器。

3. 事件处理者(event handler)

事件处理者即事件监听器,负责监听事件源所发生的事件,并对各种事件做出响应处理。事件发生后,组件本身并不处理,需要交给监听器(另外一个类)来处理。监听器对象属于一个类的实例,这个类实现了一个特殊的接口,名为“监听者接口”。监听器是一个对象,为了处理事件源发生的事件,这个对象会自动调用一个方法来处理事件。对每个明确发生的事件，都相应定义了一个明确的 Java 方法，这些方法都集中定义在事件监听者（Event Listener）接口中，这个接口继承自 java. util. EventListener。实现事件监听者接口中一些或全部方法的类就是事件处理者。

7.4.3　为组件注册事件

使用授权处理模型进行事件处理的一般方法归纳如下：

（1）要想接收并处理某种类型的事件 XXXEvent，就必须定义相应的事件监听器类。该类需要实现与事件相对应的接口 XXXListener。

（2）事件源实例化以后，必须进行授权，注册该类事件的监听器。使用 addXXXListener（XXXListener）方法来注册监听器。

例如，如果用户单击了按钮对象 button，则该按钮就是事件源。Java 运行时系统会生成 ActionEvent 类的对象 actionA，该对象描述了该单击事件发生时的一些信息。然后，事件处理者对象接收由 Java 运行时系统传递过来的事件对象 actionA，并进行相应的处理。如果按钮在被单击时需要做出反应，就需要注册一个事件处理者，将处理任务委托给一个实现监听器接口的类。这样，才能保证按钮被单击时，有相应的事件处理者响应。

【例 7.6】　事件处理示例程序。

```
import java.awt.*;
import java.awt.event.*;
public class ButtonA extends Frame {
      Button b1;
      public ButtonA() {
            b1 = new Button("改变窗口大小");
            setTitle("事件测试");
            setLayout(new FlowLayout());
            b1.addActionListener(new SizeChange());
            add(b1);
            setSize(300,200);
            setVisible(true);
      }
       class SizeChange implements ActionListener{
          Public void actionPerformed(ActionEvent e) {
                setBackground(Color.gray);
                setSize(100,100);
          }
      }
      public static void main(String[] args) {
            new ButtonA();
      }
}
```

对以上程序进行编译，运行结果如图 7.9 所示。当单击“改变窗口大小”按钮时，会出现如图 7.10 所示窗口。

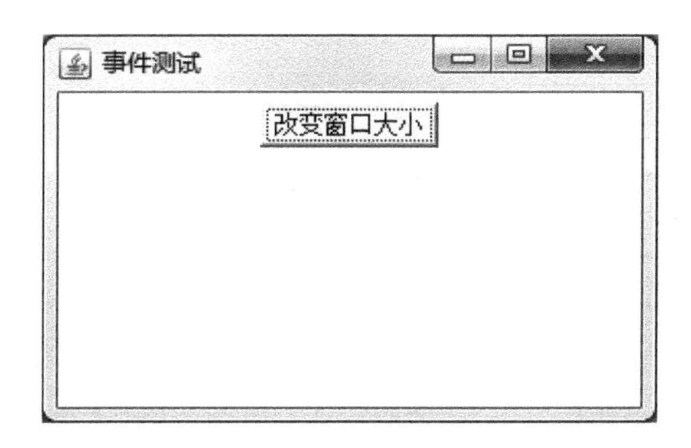

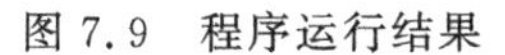
图 7.9　程序运行结果

图 7.10　单击“改变窗口大小”事件发生后程序运行结果

当单击“改变窗口大小”按钮时，会触发按钮单击事件，事件的执行结果就是改变窗口大小和颜色。上述代码中，按钮是一个事件源，内部类 SizeChange 是一个监听器，即事件处理者。SizeChange 类继承按钮事件 ActionEvent 的 ActionListener 监听器接口。当该类获得按钮发送的事件信息后，就执行该类中相应的方法。

按钮 Button 是一个独立的对象，是事件源。事件处理者 SizeChange（监听器）也是一个独立的对象。如果要实现按钮发送信息，监听器接收信息后执行操作的功能，两者之间必须建立一个注册关系，即授权关系。当按钮触发事件，可以授权给监听器完全处理，处理完毕后，只要将结果返回即可。有了事件监听器和事件类型，还需要将监听器对象注册给相应的组件对象，通过 addXXXListener 方法完成。其中，XXX 对应监听器对象的类型。例如，语句 b1. addActionListener(new SizeChange())；完成的就是按钮的事件注册，其中 new SizeChange()是监听器的实例化对象。监听器对象属于 SizeChange()类的实例化对象，SizeChange()类实现了一个特殊的接口，称为“监听器接口”，是系统内置的接口。

如果一个类继承监听器接口，就要实现该接口中所有的方法，否则就会成为抽象类。发生什么类型的事件，就要有相应的监听器接口。public void actionPerformed(ActionEvente)表示当一个事件到达事件监听器对象时，要携带该事件相关的一些信息，如事件发生的时间、事件是由哪个组件发生的等。这些信息可以通过 XXXEvent 形式来表示，其中，XXX 表示事件类型。例如，例 7.6 中选中事件所对应的是 ActionEvent 事件对象。

Java 中所有的事件类都放在 java. awt. event 包中，而和 AWT 有关的所有事件类都由 AWTEvent 类派生。事件类的层次如图 7.11 所示。

与 AWT 有关的所有事件类都由 java. awt. AWTEvent 类派生，这些事件根据不同的特征，将 Java 事件类分为低级事件（low-level event）和高级事件（语义事件，semantic event）。

低级事件是指基于构件和容器的事件，如一个构件上发生事件时触发，如鼠标的进入、单击、拖放，或组件上窗口开关等，如表 7.4 所示。高级事件是基于语义的事件，它可以不和特定的动作相关联，而依赖于触发此事件的类。例如，在 TextField 中按 Enter 键，或选中项目列表中的某一选项就会触发 ActionEvent 事件，如表 7.5 所示。

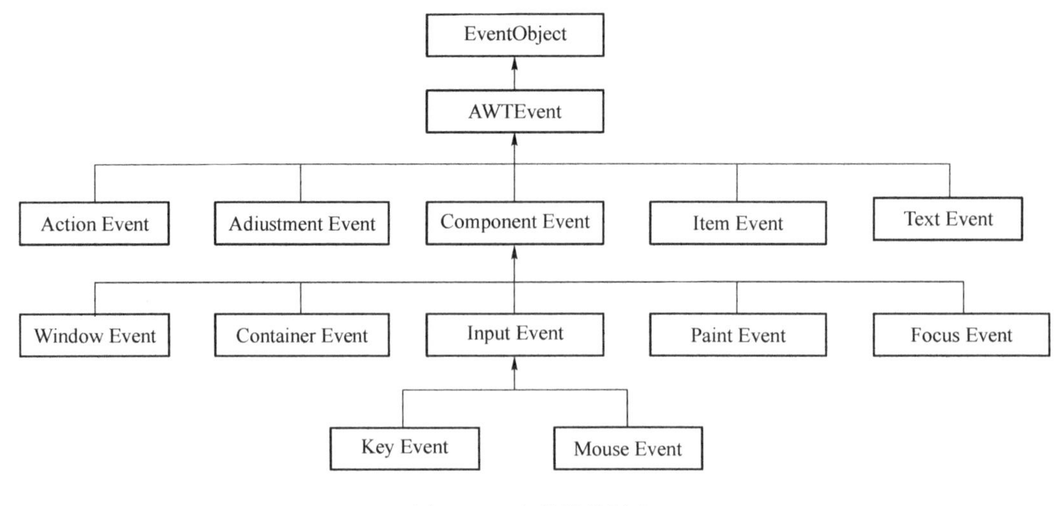

图 7.11 事件类的层次

表 7.4 低级事件列表

事件名称	事件说明	事件的触发条件
ComponentEvent	组件事件	缩放、移动、显示或隐藏组件
InputEvent	输入事件	操作键盘或鼠标
KeyEvent	键盘事件	键盘按键被按下或释放
MouseEvent	鼠标事件	鼠标移动、拖动或鼠标键被按下、释放或单击
FocusEvent	焦点事件	组件得到或失去焦点
ContainerEvent	容器事件	容器内组件的添加或删除
WindowEvent	窗口事件	窗口被激活、关闭、图标化、恢复等操作

表 7.5 高级事件列表

事件名称	事件说明	事件源组件	事件的触发条件
ActionEvent	行为事件	Button、TextField、ComboBox、Timer	单击按钮、选择菜单项、选择列表项、定时器设定时间到、文本域内输入回车符等操作
ItemEvent	选项事件	CheckBo、RadioButton、Choice、List	选项列表项
TextEvent	文本事件	TextField、TextArea	输入、改变文本内容
AdjustmentEvent	调整事件	ScrollBar	调整滚动条

要完成一个事件处理程序,最主要的就是编写事件处理者。事件处理者实际上就是完成指定功能的代码。要实现一个事件处理者就需要继承一个相对应的接口,例如,实现按钮事件,其事件处理者(监听器)需要继承监听器接口 ActionListener。Java 事件中,必须继承一个对应接口,才能成为一个事件处理者。AWT 事件类常见有 6 类,相应的监听器接口共有 7 个,它们的对应关系及功能如表 7.6 所示。

表 7.6　事件类和相应的监听器

事件类别	功能描述	接口名	接口中的方法
FocusEvent	焦点事件	FocusListener	focusGained(FocusEvent e) focusLost(FocusEvent e)
ComponentEvent	组件事件	ComponentListener	componentHidden(ContainerEvent e) componentMoved(ContainerEvent e) componentResized(ContainerEvent e) componentShown(ContainerEvent e)
KeyEvent	键盘事件	KeyListener	keyPressed(KeyEvent e) keyReleased(KeyEvent e) keyTyped(KeyEvent e)
ContainerEvent	容器事件	ContainerListener	componentAdded(ContainerEvent e) componentRemoved(ContainerEvent e)
WindowEvent	窗口事件	WindowListener	windowActivated(WindowEvent e) windowClosed(WindowEvent e) windowClosing(WindowEvent e) windowDeactivated(WindowEvent e) windowDeiconified(WindowEvent e) windowIconified(WindowEvent e) windowOpened(WindowEvent e)
MouseEvent	鼠标事件 鼠标移动事件	MouseListener MouseMotionListener	mouseClicked(MouseEvent e) mouseEntered(MouseEvent e) mouseExited(MouseEvent e) mousePressed(MouseEvent e) mouseReleased(MouseEvent e) mouseDragged(MouseEvent e) mouseMoved(MouseEvent e)

java.awt.event 包中定义了 11 个监听器接口，每个接口内部包含了若干处理相关事件的抽象方法。一般来说，每个事件类都有一个监听者接口与之相对应，而事件类中的每个具体事件类型都有一个具体的抽象方法与之对应，当具体事件发生时，这个事件将被封装成一个事件类的对象作为实际参数传递给与之对应的具体方法，由这个方法负责响应并处理发生的事件。注册事件监听的主要方法如表 7.7 所示。

表 7.7　注册事件监听的主要方法列表

注册监听器方法	监听的事件类型	使用注册方法的事件源类(AWT 组件)
addActionListener()	ActionEvent	Button、TextField、MenuItem、List
addItemListener()	ItemEvent	Choice、List
addTextListener()	TextEvent	TextComponent
addAdjustmentListener()	AdjustmentEvent	Scrollbar、ScrollPaneAdjustable
addFocusListener()	FocusEvent	Component
addComponentListener()	ComponentEvent	Component
addContainerListener()	ContainerEvent	Container
addKeyListener()	KeyEvent	Component
addMouseListener()	MouseEvent	Component
addMouseMotionListener()	MouseEvent	Component
addWindowListener()	WindowEvent	Window

【例 7.7】 演示文本框的简单事件处理程序。

```
import java.awt.*;
import java.awt.event.*;
public class TextEvent extends Frame implements ActionListener {
    Label b1;
    TextField t1,t2;
    public TextEvent(String title){
        super(title);
        setLayout(new FlowLayout());
        b1 = new Label("请输入你的名字");
        t1 = new TextField(6);
        t2 = new TextField(20);
        add(b1);
        add(t1);
        add(t2);
        t1.addActionListener(this);
        setSize(300,200);
        setBackground(Color.gray);
        setVisible(true);
    }
    public static void main(String[] args) {
        new TextEvent("简单事件处理");
    }
    public void actionPerformed(ActionEvent e) {
        t2.setText(t1.getText() + "欢迎光临!");
    }
}
```

对以上程序进行编译,运行结果如图 7.12 所示。

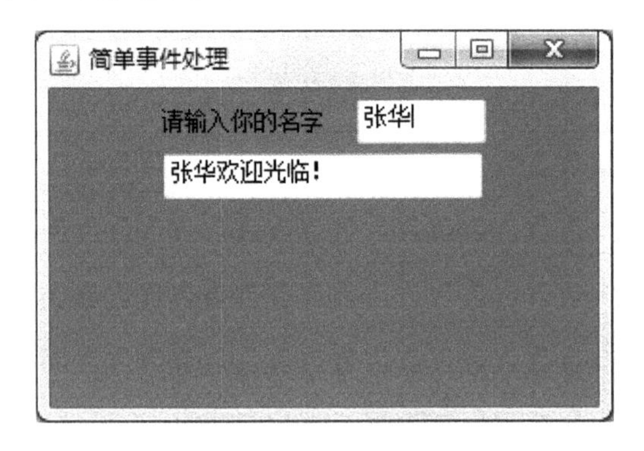

图 7.12　程序运行结果

7.5　Swing 组件

7.5.1　Swing 简介

AWT 是基于对等体来实现图形用户界面，利用这种方法编写简单的程序时效果很好，但如果要编写高质量可移植的图形界面，其缺陷非常明显。因为不同平台，例如 Windows 和 Solaris 的菜单、滚动条和文本框等界面成分有细微的差别，因此难以做到通过对等体的方式给用户一致的用户体验。针对这个问题，JDK 2.0 创建了新的图形用户界面库 Swing。

Swing 是轻量级(light-weight)的组件，它利用 Java 语言实现，它不是基于对等体的图形用户界面，能够更轻松地构建图形用户界面。

Swing 与 AWT 的不同之处如下：

(1) 所有的 Swing 组件都是以 J 开头，如 JButton 和 JLabel 等，相应的组件在 AWT 中分别被称为 Button 和 Label。另外，Swing 包称为 javax.swing，而 AWT 包称为 java.awt。

(2) Swing 组件全部由纯 Java 编写，因此 Swing 可以有更丰富的功能，可以和 JDK 更好地融合。

(3) Swing 组件比 AWT 组件功能强大。

Swing 包中所有的组件是从 JComponent 扩展出来的，它的结构如图 7.13 所示。

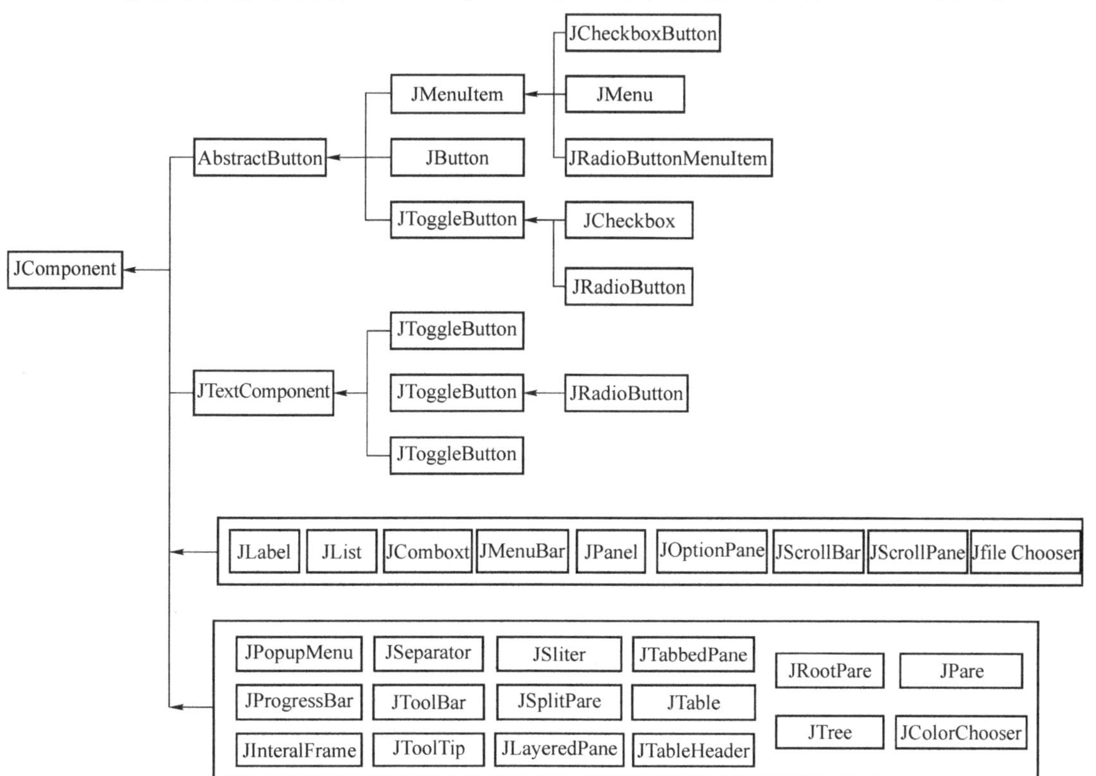

图 7.13　JComponent 结构图

Swing 是用来替代 AWT 的轻量组件，而不是用来替代 AWT 本身。Swing 除利用图形、字体、布局管理器等 AWT 功能外，所有的 Swing 轻量组件基本上都是从 AWT 的 Container 类继承来的，而 AWT 的 Container 类又扩展了 AWT 的 Component 类。换句话说，Swing 不仅利用了 AWT 提供的下层构件，而且所有的 Swing 组件实际上都是 AWT 容器。

7.5.2 Swing 组件划分

Swing 的组件如图 7.14 所示，可以划分为以下四种。

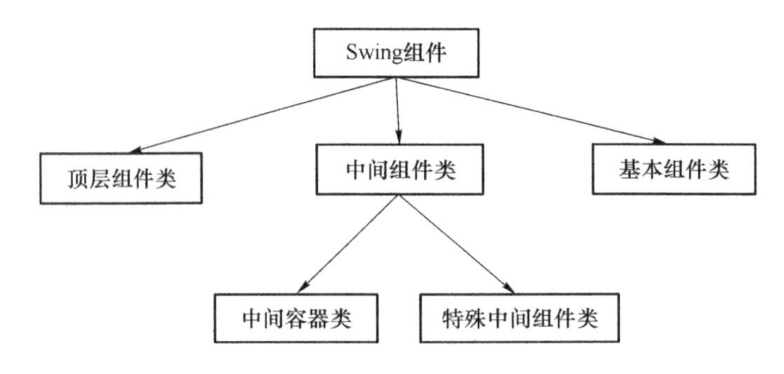

图 7.14 Swing 组件分类

1. 顶层容器

顶层容器有 JFrame、JApplet、JDialog 和 JWindow。所谓的顶层容器也可以说是前面所说的 Window 组件，它是可以独立显示的组件。

2. 中间容器

中间容器有 JPanel、JScrollPane、JSplitPane 和 JTooBar。所谓中间容器也就是指那些可以充当载体，但也是不可独立显示的组件。通俗地说，就是一些基本控件可以放在其中，但是它不能独立显示，必须要依托在顶层容器内才可以。

3. 特殊容器

在图形用户界面上起特殊作用的中间层，如 JInternalFrame、JLayeredPane 和 JRootPane。这里的特殊容器类其实也是中间容器类的一种，只不过它在图形上能够起到美化和更加专业化的作用。

4. 基本组件

基本组件即实现人机交互的组件，如 JButton、JComboBox、JList、JMenu、JSlider、JTextField 等。

7.5.3 常用容器组件

1. JFrame

JFrame 是图形用户界面的最低层容器，不能被其他容器所包含，在容器上可以放置其他控制组件和容器，该容器支持通用窗口的基本功能，如最小化窗口、移动窗口、重新设定窗口大小等。它是构建 Swing 图形用户界面应用程序的主窗口，每个 Swing 图形用户界面应用程序至少要包含一个框架。

JFrame 类继承于 Frame 类。JFrame 类的常用方法如下：

```
JFrame();                    //创建一个无标题的框架
```

或

```
JFrame(String s);            //创建标题为 s 的框架
```

利用上述构造方法实例化的框架在初始状态都是不可见的，必须通过调用 setVisible(true)方法让其显示出来。

一般在显示框架前，都要调用 setSize(int length,int width)方法来设置窗口的尺寸，或者使用 pack()方法使窗口的大小正好显示所有组件。

```
public void setSize(int width,int height); //设置窗口的大小
```

或

```
public void setLocation(int x,int y);        //设置窗口的位置,默认位置是(0,0)
```

或

```
public void setResizable(boolean b);         //设置窗口是否可调整大小,默认可调整大小
```

向框架窗口中添加组件时，不能直接将组件添加到框架中。JFrame 的结构比较复杂，其中共包含了四个窗格，最常用的是内容窗格(ContentPane)。如果需要将一些图形用户界面元素加入 JFrame 中，必须先得到其内容窗格，然后添加组件到内容窗格里。要得到内容窗格可以使用方法：

```
getContentPane();
```

用其他容器替换内容窗格可以使用方法：

```
setContentPane(容器对象);
```

JFrame 的窗口事件都由 Window 实现(JDialog、JWindow 的窗口事件同理)，窗口事件类为 WindowEvent，为窗口增加监听事件的方法：

```
addWindowListener(WindowListener);
```

2. JPanel

JPanel 是一种中间容器，可以容纳组件，但它本身必须添加到其他容器中使用。另外，JPanel 也提供一个绘画的区域，可以替代 AWT 中的画布 Canvas。

JPanel 的构造方法如下：

```
JPanel();                          //默认 FlowLayout
```

或

```
JPanel(LayoutManager layout); //创建指定布局管理器的 JPanel 对象
```

JPanel 可以设定边界，边界的类型有多种。用户可以创建自己的边界，设定边界的方法如下：

```
setBorder(Border border);
```

【例 7.8】 窗口和面板示例程序。

```
import javax.swing.*;
public class Test extends JPanel {
    JButton b = new JButton("OK");
```

```
    public Test() {
        setBorder(BorderFactory.createTitledBorder("面板"));
        add(b);
    }
    public static void main(String[] args) {
        Test t = new Test();
        JFrame f = new JFrame("我的窗口");
        f.setContentPane(t);
        f.setDefaultCloseOperation(JFrame.EXIT_ON_CLOSE);
        f.setSize(200,100);
        f.setVisible(true);
    }
}
```

对以上程序进行编译，运行结果如图 7.15 所示。

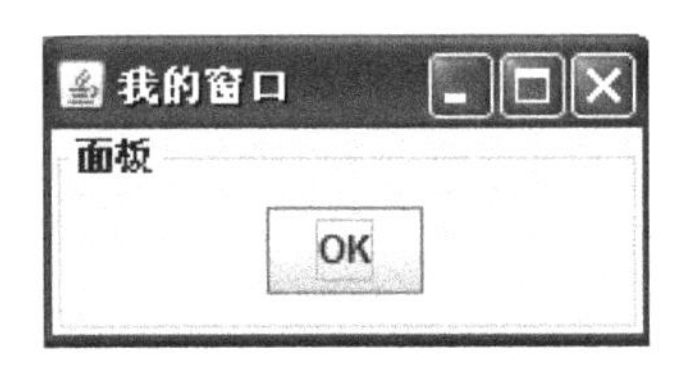

图 7.15　程序运行结果

7.5.4　标签

JLabel 组件可以显示一行静态文本和图标标签，只起信息说明的作用，而不接受用户的输入，也无事件响应。其常用构造方法如下：

```
JLabel();               //构造一个既不显示文本信息也不显示图标的空标签
或
JLabel(String text);    //构造一个显示文本信息的标签
或
JLabel(Icon icon);      //构造一个加载图标文件的标签
或
JLabel(Icon icon, int alignment);//构造一个加载图标文件，且文字按指定对齐方式排列文本的
                                   标签
或
JLabel(String text ,Icon icon, int alignment);//构造一个加载图标文件，上面带有文字，且按指定
                                                对齐方式排列文本的标签，文字显示在图形的
                                                后面
```

其中，参数 alignment 可以采用 JLabel.LEFT、JLabel.RIGHT 和 JLabel.CENTER 三种方式。其常用的方法如下：

```
    void setText(String text);              //定义该组件所能显示的文字
或
    void getText();                         //获取该组件上显示的文字
或
    void setIcon(Icon icon);                //定义该组件所能显示的图形
或
    void setIconTextGap(int alignment);     //定义文字和图形间的距离,单位为像素
```

7.5.5　按钮

在图形用户界面程序中,最常用的操作是通过鼠标单击按钮来完成一个功能,javax.swing 包的 JButton 组件就是按钮控制组件。

JButton 类常用的构造方法如下:

```
    JButton();                              //创建一个无文本也无标签的按钮
或
    JButton(String text);                   //创建一个具有文本提示信息但没有图标的按钮
或
    JButton(Icon icon);                     //创建一个具有图标但没有文本提示信息的按钮
或
    JButton(String text,Icon icon);         //创建一个既有文本提示信息又有图标的按钮
```

JButton 类能引发 ActionEvent 事件,当用户用鼠标单击命令按钮时来触发。如果程序需要对此动作做出反应,就需要使用 addActionListener()为命令按钮组成事件监听程序,该程序实现 ActionListener 接口。可使用 ActionEvent 类的 getSource( )方法获取引发事件的对象名,使用 getActionCommand( )方法来获取对象文本提示信息。

【例 7.9】 设计一个图形用户界面应用程序,包含三个按钮和一个标签,单击第一个按钮,则标签中显示“爱护环境,人人有责”;单击第二个按钮,则标签中显示“窗前明月光,疑是地上霜”;单击第三个按钮,则退出应用程序。

```
import javax.swing. * ;
import java.awt.BorderLayout;
import java.awt.event. * ;
public class JbuttonDemo extends JFrame implements ActionListener {
JButton b1,b2,b3;
    JLabel l1;
    JbuttonDemo(){
    super("按钮案例");
    l1 = new JLabel("欢迎进入 JAVA 世界!");
    b1 = new JButton("显示 1");
    b2 = new JButton("显示 2");
    b3 = new JButton("显示 3");
    b1.addActionListener(this);
    b2.addActionListener(this);
```

```
        b3.addActionListener(this);
        setLayout(new BorderLayout(5,5));
        add(l1,BorderLayout.NORTH);
        add(b1,BorderLayout.WEST);
        add(b2,BorderLayout.CENTER);
        add(b3,BorderLayout.EAST);
        }
        public void actionPerformed(ActionEvent e) {
            if(e.getSource() == b1)
                l1.setText("爱护环境,人人有责");
            elseif(e.getSource() == b2)
                l1.setText("窗前明月光,疑是地上霜");
                else
                    System.exit(0);
        }
        publicstaticvoid main(String args[]){
            JbuttonDemo jb = new JbuttonDemo();
            jb.setDefaultCloseOperation(JFrame.EXIT_ON_CLOSE);
            jb.pack();
            jb.setVisible(true);
        }
}
```

对以上程序进行编译,运行结果如图 7.16 所示。

图 7.16　程序运行结果

分别单击“显示 1”和“显示 2”按钮时,运行结果如图 7.17 和图 7.18 所示。

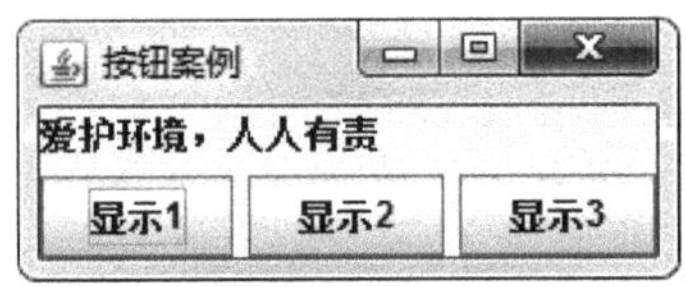

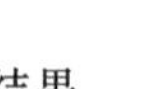

图 7.17　单击“显示 1”按钮运行结果

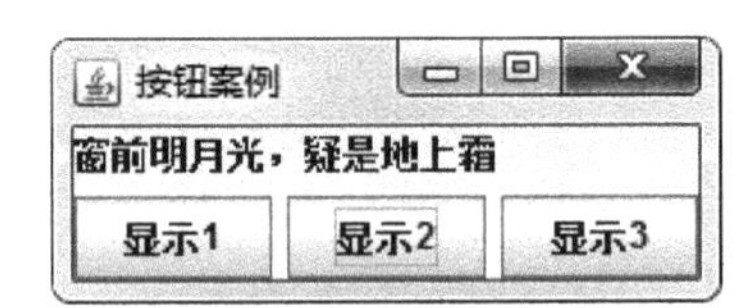

图 7.18　单击“显示 2”按钮运行结果

7.5.6　文本组件

文本组件是用于显示信息和提供用户输入文本信息的主要工具,在 Swing 中提供了文本框(JTextField)、文本域(JTextArea)、口令输入域(JPasswordField)等多个文本组件。它们都有一个共同的基类 JTextComponent,它们不仅有自己的成员方法,同时还继承了父类提供的成员方法。

JTextComponent 类中定义的主要方法如表 7.8 所示。

表 7.8　JTextComponent 类中定义的主要方法

成员方法	功能说明
getText()	从文本组件中提取所有文本内容
getText(int offs,int len)	从文本组件中提取指定范围的文本内容
getSelectedText()	从文本组件中提取被选中的文本内容
selectAll()	在文本组件中选中所有文本内容
setEditable(boolean b)	设置为可编辑或不可编辑状态
setText(String t)	设置文本组件中的文本内容
replaceSelection(String content)	用给定字符串所表示的新内容替换当前选定的内容

1. JTextField

JTextField 是一个单行文本输入框,可输出任何文本的信息,也可以接受用户输入。JTextField 只能对单行文本进行编辑,一般情况下用于接收一些简短的信息,如姓名、年龄等。

JTextField 常用的构造方法如下:

```
JTextField();                   //用于创建一个空的文本框,一般作为输入框
```
或
```
JTextField(int columns);        //构造一个具有指定列数的空文本框
```
或
```
JTextField(String text);        //构造一个显示指定字符的文本框,作为输出框
```
或
```
JTextField(String text, int columns); //构造一个具有指定列数,并显示指定初始字符串的文本域
```

JTextField 类只引发 ActionEvent 事件,当用户在文本框中按回车键时引发。当监听者对象的类声明实现了 ActionListener 接口,并且通过 addActionListener( )语句注册文本框的监听者对象后,监听程序内部动作事件的 actionPerformed(ActionEvent e)方法就可以响应动作事件了。

【例 7.10】 设计一个用户界面应用程序,包含两个标签和两个文本框,在第一个文本框中输入一个正整数,按回车键,在第二个文本框中显示该数的阶乘值。

```
import javax.swing.*;
import java.awt.event.*;
//该类作为事件监听者,需要实现对应的接口
public class JTextFieldDemo extends JFrame implements ActionListener {
    private JLabel lb1, lb2;
    private JTextField t1, t2;
    private Container container;
    public JTextFieldDemo() {
        setLayout(new FlowLayout());
```

```
        lb1 = new JLabel("请输入一个正整数:");
        //创建标签对象,字符串为提示信息
        lb2 = new JLabel("该数的阶乘值为:");
        //创建标签对象,字符串为提示信息
        t1 = new JTextField(10);                //创建输入文本框,最多显示10个字符
        t2 = new JTextField(10);
        add(lb1);                               //把组件添加到窗口上
        add(t1);
        add(lb2);
        add(t2);
        t1.addActionListener(this);             //为文本框注册 ActionEvent 事件监听器
                //为窗口注册窗口事件监听程序,监听器以匿名类的形式进行
        this.setTitle("JTextField 组件示例");
        this.setSize(500, 80);
        this.setVisible(true);
        this.setDefaultCloseOperation(JFrame.EXIT_ON_CLOSE);
}
    public void actionPerformed(ActionEvent e) {  //ActionListener 接口中方法的实现
        int n = Integer.parseInt(t1.getText()); //getText()获取文本框输入的内容,转换为整型数值
        long f = 1;
        for(int i = 1; i<= n; i++)
            f *= i;
        t2.setText(String.valueOf(f));          //修改文本框输出内容
    }
    public static void main(String[] arg) {
        new JTextFieldDemo();
    }
}
```

对以上程序进行编译,运行结果如图 7.19 所示。

图 7.19　程序运行结果

在第一个文本框中输入“5”以后,运行结果如图 7.20 所示。

图 7.20　在第一个文本框中输入“5”后的运行结果

2. JTextArea

JTextArea 称为文本域,它与文本框的主要区别是:文本框只能输入/输出一行文本,而文本域可以输入/输出多行文本。常用的构造方法如下:

```
    JTextArea();                                    //构造一个空的文本域
或
    JTextArea(String text);                         //构造显示初始字符串信息的文本域
或
    JTextArea(int rows, int columns);//构造具有指定行和列的空的文本域,这两个属性用来确定首选大小
或
    JTextArea(String text,int rows,int columns); //构造具有指定文本行和列的新的文本域
```

JTextArea 组件常用的成员方法如下:

```
    insert(String str, int pos);               //将指定文本插入指定位置
或
    Append(String str);                        //将给定文本追加到文档结尾
或
    replaceRange(String str,int start,int end);//用给定的新文本替换从指示的起始位置到结尾位置的文本
或
    setLineWrap(boolean wrap);                 //设置文本域是否自动换行,默认为 false
```

JTextArea 的事件响应由 JTextComponent 类决定。JTextComponent 类可以引发两种事件:DocumentEvent 事件和 UndoableEditEvent 事件。当用户修改了文本区域中的文本,如进行文本的增、删、改等操作时,JTextComponent 类将引发 DocumentEvent 事件;当用户在文本区域上撤销所做的增、删、改等操作时,TextComponent 类将引发 UndoableEditEvent 事件。

【例 7.11】 设计一个图形用户界面应用程序,包含三个命令按钮和两个多行文本框,在第一个文本框中输入文本,选中文本后单击“复制”按钮,可以把所选中的文本复制到第二个文本框中,单击 Reset 按钮可以恢复到开始状态,单击“清除”按钮,可以把第二个文本框中的内容清空。

```
import java.awt.*;
import java.awt.event.*;
import javax.swing.*;
public class JButtonJTextAreaDemo extends JFrame {
    private JTextArea ta1, ta2;
    private JButton bt1, bt2, bt3;
    public JButtonJTextAreaDemo() {
        // 创建文本框域最多显示 3 行,每行 15 个字符,超过范围以滚动条浏览
            ta1 = new JTextArea(3, 15);
            ta1.setSelectedTextColor(Color.red);// 设置选中文本的颜色
            ta2 = new JTextArea(7, 15);
            ta2.setEditable(false);// 设置第二个文本域是不可编辑的,只显示信息
            bt1 = new JButton("复制");
```

```
            bt2 = new JButton("清除");
            bt3 = new JButton("Reset");
        // 注册事件监听器对 ActionEvent 事件进行处理
            bt1.addActionListener(new actionLis());
            bt2.addActionListener(new actionLis());
            bt3.addActionListener(new actionLis());
            JPanel p1 = new JPanel();
            p1.add(ta1); // 把组件添加到面板上
            p1.add(bt1);
            p1.add(bt3);
            JPanel p2 = new JPanel();
            p2.add(ta2);
            p2.add(bt2);
            add(p1, BorderLayout.CENTER);// 把面板添加到窗口内容窗格的中间区域
            add(p2, BorderLayout.SOUTH); // 把面板添加到窗口内容窗格的南部区域
            this.setDefaultCloseOperation(JFrame.EXIT_ON_CLOSE);
            this.setTitle("文本内容的复制");
            this.setSize(400, 300);
            this.setVisible(true);
        }
        class actionLis implements ActionListener // 事件监听程序
        {
          public void actionPerformed(ActionEvent e) // ActionListener 接口中方法的实现
            {
                if(e.getSource() == bt1)// 判断事件源
                {
                    if(ta1.getSelectedText() != null)
                    // 把第一个文本域中选择的内容添加到第二个文本域中
                        ta2.append(ta1.getSelectedText() + "\n");
                    else
                    // 把第一个文本域中内容全部添加到第二个文本域中
                        ta2.append(ta1.getText() + "\n");
                    }
                    elseif(e.getSource() == bt2)
                        ta2.setText(""); //如果单击"清除"按钮,清空第二个文本域内容
                        else {
                        ta1.setText(""); //如果单击 Reset 按钮,清空两个文本域里的所有内容
                        ta2.setText("");
                    }
                }
        }
        public static void main(String[] arg) {
            new JButtonJTextAreaDemo();
        }
    }
```

对以上程序进行编译，运行结果如图 7.21 所示。

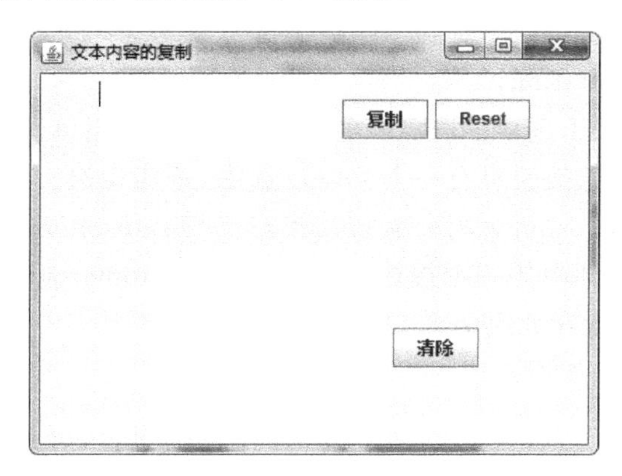

图 7.21 程序运行结果

在第一个文本框中输入“JTextArea 被称为文本域。”，选中“文本域。”，单击“复制”按钮，运行结果如图 7.22 所示。

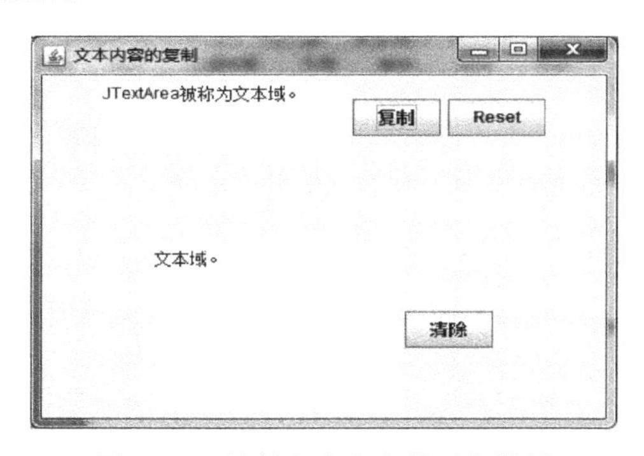

图 7.22 复制文本内容的运行结果

3. JPasswordField

JPasswordField 组件实现一个密码框，用来接收用户输入的单行文本信息，在密码框中不显示用户输入的真实信息，而是通过显示一个指定的回显字符作为占位符。新创建密码框的默认回显字符为“ * ”，可以通过成员方法进行修改。

JPasswordField 的常用构造方法如下：

```
    JPasswordField();                 //构造一个空的密码框
或
    JPasswordField(String text);      //构造一个显示初始字符串信息的密码框
或
    JPasswordField(int columns);      //构造一个具有指定长度的空密码框
```

JPasswordField 的常用成员方法如下：

```
    setEchoChar(char c);              //设置密码框的回显字符
或
    char[] getPassword();             //返回此密码框中所包含的文本
或
    char getEchoChar();               //获得密码框的回显字符
```

7.5.7 单选按钮和复选框

1. 单选按钮(JRadioButton)

在某些项目中的若干个选项中选择一项内容时,可以使用单选按钮。单选按钮是一组具有开关的按钮,一组单选按钮只有一个可以被选中,不能多选。实现一个单选按钮,此按钮项可被选择或取消选择,并可为用户显示其状态。与 ButtonGroup 对象配合使用可创建一组按钮,一次只能选择其中的一个按钮。创建一个 ButtonGroup 对象并用其 add()方法将 JRadioButton 对象包含在此组中。

单选按钮的构造方法如下:

```
    JRadioButton();                           //创建一个初始化为未选择的单选按钮,其文本未设定
或
    JRadioButton(String str);                 //创建一个生成包含文字的单选按钮
或
    JRadioButton(String str,boolean selected); //创建一个生成包含文字的单
                                              //选按钮,若 selected 为 true,则此单选按钮处于选择状态
或
    JRadioButton(Icon icon);                  //生成包含图标的单选按钮
或
    JRadioButton(Icon icon,boolean selected);//创建一个生成包含图标的单选按
                                              //钮,若 selected 为 true,则此单选按钮处于选择状态
或
    JRadioButton(String str ,Icon icon);      //生成一个包含文本和图案的单选按钮
或
    JRadioButton(String str ,Icon icon,boolean selected));//生成一个包含文本和图案的单选按钮,
                                              //若 selected 为 true,则此单选按钮处于选择状态
```

JRadioButton 触发的是 ItemEvent 事件,需要实现的监听器接口为 ItemListener,重写其中的 itemStateChanged()方法来处理事件。

常用的方法如下:

```
    getItem();                //获取引发事件的对象
或
    getActionCommand();       //获取对象的标签或事先为这个对象设置的命令名
```

2. 复选框(JCheckBox)

复选框是一组具有开关的按钮,支持多项选择,即在一组 JCheckBox 中,同时可以有多个选项被选中。

复选框的构造方法与单选按钮的构造方法类似,JCheckBox 的一个重要的方法是判断复选框按钮的状态。若 Boolean isSelected()方法的返回值为 true,则表示此按钮处于选中状态,否则处于没被选中状态。

JCheckBox 触发的也是 ItemEvent 事件,注册 ItemListener 监听器接口。

【例 7.12】 设计一个图形用户界面应用程序,包含三个复选框、三个单选按钮、一个标

签和一个文本框。在复选框中选择所购买的东西和数量,在单选按钮中选择人数,在文本框中显示出所花费的总价。

```
import javax.swing.*;
import java.awt.*;
import java.awt.event.*;
public class JradioDemo extends JFrame implements ItemListener {
    int x = 0,y = 0,sum = 0,a = 0,b = 0,c = 0;
    JTextField tf = new JTextField(10);
    JLabel lb = new JLabel("总数:");
    JCheckBox cb1,cb2,cb3;
    JRadioButton rb1,rb2,rb3;
    ButtonGroup bg = new ButtonGroup();
    JradioDemo(){
        this.setLayout(new FlowLayout());
        cb1 = new JCheckBox("铅笔 10",false);
        cb1.addItemListener(this);
        this.add(cb1);
        cb2 = new JCheckBox("毛笔 80",false);
        cb2.addItemListener(this);
        this.add(cb2);
        cb3 = new JCheckBox("圆珠笔 20",false);
        cb3.addItemListener(this);
        this.add(cb3);
        rb1 = new JRadioButton("全班 40 人");
        rb1.addActionListener(new KoListener());
        this.add(rb1);
        rb2 = new JRadioButton("全班 30 人");
        rb2.addActionListener(new KoListener());
        this.add(rb2);
        rb3 = new JRadioButton("全班 20 人");
        rb3.addActionListener(new KoListener());
        this.add(rb3);
        bg.add(rb1);
        bg.add(rb2);
        bg.add(rb3);
        this.add(lb);
        this.add(tf);
        this.setSize(300, 150);
        this.setVisible(true);
        this.setDefaultCloseOperation(JFrame.EXIT_ON_CLOSE);
    }
    public void itemStateChanged(ItemEvent e) {
```

```
        JCheckBox cbx = (JCheckBox)e.getItem();
        if(cbx == cb1)
            a = 10;
        if(cbx == cb2)
            b = 80;
        if(cbx == cb3)
            c = 20;
        x = a + b + c;
        sum = x * y;
        tf.setText(String.valueOf(sum) + "元");
    }
    class KoListener implements ActionListener{
        public void actionPerformed(ActionEvent ee) {
            String rbt = ee.getActionCommand();
            if(ee.getSource() == rb1)
                 y = 40;
            if(ee.getSource() == rb2)
                  y = 30;
            else
                  y = 20;
            sum = x * y;
            tf.setText(String.valueOf(sum) + "元");
        }
    }
    Public static void main(String[] args) {
    new JradioDemo();
    }
}
```

对以上程序进行编译,运行结果如图 7.23 所示。

当选中"铅笔 10""毛笔 80"和"全班 30 人"时,运行结果如图 7.24 所示。

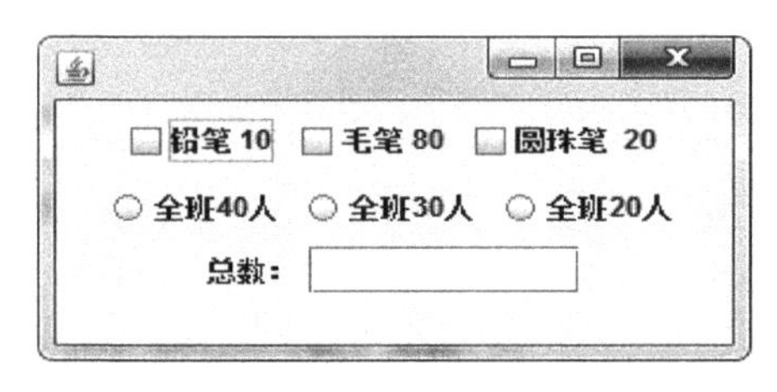

图 7.23　程序运行结果

7.24　选中某些选项时运行结果

7.5.8　列表框

TList 列表组件也称为滚动列表,列表既可单选也可多选。当加入表中的选项超过组件所能显示的范围时,系统会自动添加滚动条,用户可以滚动查看并选择。

构造 JList 对象的方法如下：

```
JList();                        //生成 JList 类对象
```
或
```
JList(Object[] items);          //生成包含数组内所有元素的 JList
```
或
```
List(Vector items);             //生成包含 Vector 内所有元素的 JList
```

JList 的常用方法如下：

```
int getSelectedIndex();                    //返回第一个被选择的项目的索引
```
或
```
void setSelectedIndex(int index);          //返回选择的指定索引的项目
```
或
```
int[] getSelectedIndices();                //按升序返回被选择项目索引的数组
```
或
```
void setSelectedIndices(int[] index);      //选择指定索引数组的项目
```

【例 7.13】 TList 应用示例程序。

```
import javax.swing. * ;
import java.awt. * ;
import javax.swing.event. * ;
  public class Test extends JFrame {
     JTextArea t;
     JList list;
     public Test() {
          super("列表框示例");
          Container c = getContentPane();
          c.setLayout(new FlowLayout());
          t = new JTextArea("你的选择是:\n",4,15);
          c.add(t);
          String major[] = {"高数Ⅰ","高数Ⅱ","大学物理","线性代数","英语","毛泽东思
想概论","邓小平理论","中国革命史"};
          list = new JList(major);
          list.setVisibleRowCount(4);
          JScrollPane s = new JScrollPane(list);//增加滚动条
          list.addListSelectionListener(new MajorListener());
          c.add(s);
     }
     class MajorListener implements ListSelectionListener {
        public void valueChanged(ListSelectionEvent e) {
           int i = list.getSelectedIndex();
           Object majorselect = list.getSelectedValue();
           String str = (String)majorselect;
           t.setText("你的选择是:\n" + str + "\n");
        }
```

```
        }
        public static void main(String[] args) {
            Test t = new Test();
            t.setSize(400,150);
            t.setVisible(true);
        }
}
```

对以上程序进行编译,运行结果如图 7.25 所示。

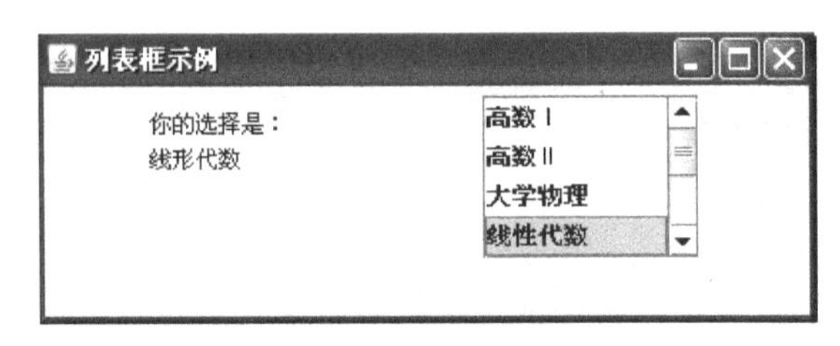

图 7.25　程序运行结果

7.5.9　菜单

菜单是常见的用户界面组件,在一般的应用程序中都可以看到它的身影。java.awt 和 javax.swing 类包中都提供了菜单组件。

一般来说,一个菜单系统由菜单栏、菜单和菜单项组成。一个菜单栏可包含多个菜单,一个菜单可包含多个菜单项。在 Java 中,创建一个菜单应用的步骤如下:

(1) 创建一个菜单栏;

(2) 在菜单栏上创建各个菜单;

(3) 为每个菜单创建各个菜单项。

下边简要介绍 javax.swing 包中提供的各菜单组件。

1. 菜单栏

菜单栏(JMenuBar)用来组织菜单。用户界面上只能放置一个菜单栏。

创建一个空的菜单栏构造方法如下:

```
JMenuBar();
```

JMenuBar 的常用方法如下:

```
    public JMenu add(JMenu m);            //将一个 JMenu 对象 m 添加到菜单栏中
或
    public JMenu getMenu(int index);      //获取菜单栏中第 index 个 JMenu 对象,index 取值从 0 开始,
                                          //0 表示第一个菜单
或
    public int getMenuCount();            //获取菜单栏中 JMenu 对象的总数,即菜单个数
或
    public void remove(int index);        //将菜单栏中的第 index 个 JMenu 对象删除
或
    public JMenu getHelpMenu();           //获取菜单栏的帮助菜单
```

2. 菜单

菜单(JMenu)是放置菜单项的容器,一个菜单可包含若干个菜单项。菜单的实现其实就是一个包含菜单项的弹出窗口,当用户选择菜单栏上的菜单时就会显示该菜单所包含的菜单项。除了菜单项之外,菜单中还可以包含分割线。

菜单本质上是带有关联弹出菜单(JPopupMenu)的按钮。当按下按钮时,就会显示弹出菜单。如果按钮位于菜单栏上,则该菜单为顶层窗口。如果按钮是另一个菜单项,则弹出菜单就是级联菜单。

(1) 常用构造方法

JMenu 的常用构造方法如下:

```
    JMenu();                               //创建一个没有标题的空菜单
或
    JMenu(String label);                   //创建一个标题为 label 的菜单
或
    JMenu(String label, boolean tearOff);  //以 label 为标题构建菜单,tearOff 确定菜单是否可分离
```

(2) 常用方法

JMenu 的常用方法如下:

```
    public JMenuItem add(JMenuItem m);                  //将一个菜单项添加到菜单中
或
    public JMenuItem add(String label);                 //将一个标题为 label 的菜单项添加到菜单中
或
    public Component add(Component c);                  //将组件 c 添加到菜单中
或
    public void addSparator();                          //添加一条分割线到菜单中
或
    public JMenuItem getItem(int pos);                  //获得 pos 指定位置的菜单项
或
    public int getItemCount();                          //获得菜单项的数目,包括分割线
或
    public JmenuItem insert(JMenuItem mItem,int pos);   //将菜单项 mItem 插入 pos 指定的位置
或
    public void insert(String lab,int pos);             //将标题为 lab 的菜单项插入指定位置
或
    public void remove(int pos);                        //删除 pos 指定位置处的菜单项
或
    public void removeAll();                            //删除所有的菜单项
或
    public void addMenuListener(MenuListener l);        //添加菜单事件的侦听器
```

3. 菜单项

菜单项(JMenuItem)就是包含在菜单中的一个对象,当选中它时会执行一个动作。

(1) 常用构造方法

JMenuItem 的常用构造方法如下：

```
JMenuItem();                              //创建一个没有文本标题或图标的菜单项
```
或
```
JMenuItem(String label);                  //创建一个文本标题为 label 的菜单项
```
或
```
JMenuItem(Icon icon);                     //创建带有 icon 指定图标的菜单项
```
或
```
JMenuItem(String text, Icon icon);        //创建带有指定文本和图标的菜单项
```
或
```
JMenuItem(String text, int mnemonic);     //创建带有指定文本和键盘助记符的菜单项
```

(2) 常用方法

JMenuItem 的常用方法如下：

```
pulic void addActionListener(ActionEvent listener);//添加菜单项事件的侦听器
```
或
```
public void setAccelerator(KeyStroke keyStroke);    //设置组合键,它能直接调用菜单项的操作
                                                    //侦听器,而不必显示菜单的层次结构
public KeyStroke getAccelerator();                  //获得组合键对象
```
或
```
public void setEnabled(boolean b);                  //设置启用或禁用菜单项
```

4. 弹出式菜单

弹出式菜单(JPopupMenu)是在单击鼠标右键时弹出的菜单,构造方法如下：

```
JPopupMenu();                        //生成一个无标题的弹出式菜单
```
或
```
JPopupMenu(String title);            //生成一个指定标题的弹出式菜单
```

创建了弹出式菜单后,可以使用 add()方法在其上添加菜单项 JMenuItem 的对象。

5. 建立菜单系统

前边介绍了菜单组件的构造方法和常用方法,可以使用它们来构建菜单应用程序。一般来说,设计菜单系统时应遵循以下原则。

(1) 菜单的整体设计要有规划,划分合理、条理清晰。

(2) 标准化。按照标准菜单的方式进行设计,如果菜单项是一个级联菜单,则菜单项标题后应加级联标识小黑三角;若菜单项要打开一个对话框,则菜单项标题后应加省略号标识。

(3) 简明直观。菜单标题和菜单项的名称应当简明扼要,具有概括性和直观性。

(4) 方便快捷。可采用加速键和快捷键,方便操作。

(5) 级联菜单的层数不宜过多。

(6) 使用状态栏对菜单的使用提供帮助和提示信息。

【例 7.14】 创建一个窗口程序,窗口带有下拉菜单,单击鼠标右键会出现弹出式菜单。

```
import javax.swing.*;
import java.awt.*;
import java.awt.event.*;
import javax.swing.event.*;
public class Test extends JFrame implements ActionListener {
    JTextField t;
    JPopupMenu p;
    public Test() {
        super("菜单示例");
        JMenuBar mb = new JMenuBar();
        setJMenuBar(mb);
        JMenu m1 = new JMenu("文件");
        JMenu m2 = new JMenu("编辑");
        JMenu m3 = new JMenu("帮助");
        mb.add(m1);
        mb.add(m2);
        mb.add(m3);
        JMenuItem mi1 = new JMenuItem("打开");
        mi1.addActionListener(this);
        JMenuItem mi2 = new JMenuItem("保存");
        mi2.addActionListener(this);
        JMenuItem mi3 = new JMenuItem("退出");
        mi3.addActionListener(this);
        m1.add(mi1);
        m1.add(mi2);
        m1.addSeparator();//添加菜单分隔线
        m1.add(mi3);
        m2.add(new JMenuItem("撤销"));
        m3.add("帮助主题");
        m3.add("搜索");
        m3.addSeparator();
        m3.add("关于");
        p = new JPopupMenu();
        JMenuItem pmi1 = new JMenuItem("剪切");
        JMenuItem pmi2 = new JMenuItem("复制");
        JMenuItem pmi3 = new JMenuItem("粘贴");
        p.add(pmi1);
        p.add(pmi2);
        p.add(pmi3);
        getContentPane().addMouseListener(new MouseAdapter() {
            public void mouseReleased(MouseEvent e) {
                if(e.isPopupTrigger()) {
                    p.show(e.getComponent(),e.getX(),e.getY());
                }
            }
        });
```

```
        t = new JTextField();
        getContentPane().add(t,BorderLayout.SOUTH);
    }
    public void actionPerformed(ActionEvent e) {
        JMenuItem select = (JMenuItem)e.getSource();
        t.setText("你的选择是:" + select.getText());
    }
    public static void main(String[] args) {
        Test t = new Test();
        t.setSize(400,150);
        t.setVisible(true);
    }
}
```

对以上程序进行编译,运行结果如图 7.26 所示。

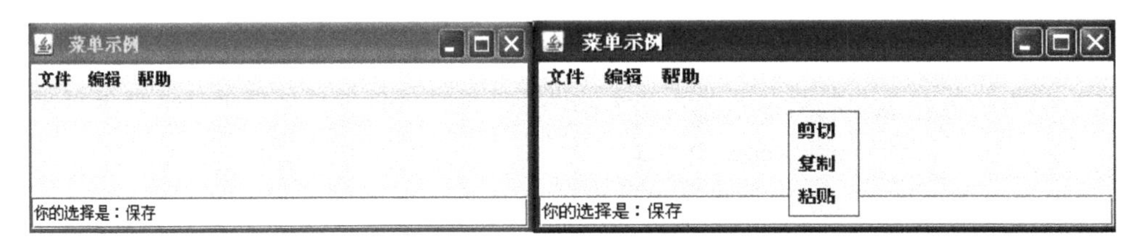

图 7.26 程序运行结果

7.5.10 对话框

对话框是一种特殊的窗口,用于显示一些提示信息,并获得程序继续运行所需的数据。对话框不能作为应用程序的主窗口,它没有最大化、最小化按钮,不能设置菜单。Java 语言提供了多种对话框。

对话框分为模式对话框和非模式对话框两种。所谓模式对话框是指对话框出现后,要求用户必须做出相应的操作,然后才允许继续进行其他工作。而非模式对话框对此不做要求,它允许用户同时与程序其他部分进行交互。例如,文件的打开、保存等对话框为模式对话框,而查找、替换为非模式对话框。

1. JOptionPane 对话框

JOptionPane 是模式对话框,它提供了很多现成的对话框样式,可以供用户直接使用。JOptionPane 的构造方法如下:

```
    JOptionPane();                 //创建一个显示测试信息的对话框
或
    JOptionPane(Object message); //创建一个显示指定信息的对话框
或
    JOptionPane(Object message,int messageType);//创建一个显示指定信息的对话框,并设置信息类型
或
    JOptionPane(Object message,int messageType,int optionType);//创建一个显示指定类型信息、指定
                                                              //选项类型和图标的对话框
```

通常不用构造方法来创建 JOptionPane 的对象，而是通过使用 JOptionPane 中的静态方法 showXxxDialog 产生四种简单的对话框，这些方法都可重载。

```
    int showMessageDialog(...);            //显示提示信息对话框
或
    int showConfirmDialog(...);            //显示确认对话框，要求用户回答"Yes"或"No"
或
    int showOptionDialog(...);             //显示选择对话框
或
    int showInputDialog(...);              //显示输入对话框
```

通过修改上面四个方法的参数可以对消息框中显示的消息和图标，以及消息框的标题进行订制。

2. JFileChooser 对话框

JFileChooser 提供了标准的文件打开、保存对话框，构造方法如下：

```
    JFileChooser();                            //创建一个指向用户默认目录的文件对话框
或
    JFileChooser( File currentDirectory);      //创建一个指向给定目录的文件对话框
```

使用构造方法创建 JFileChooser 的对象后，就要使用以下两种成员方法来显示文件打开、关闭对话框。

```
    int showOpenDialog(Component parent);  //显示文件打开对话框，参数为父组件对象
或
    int showSaveDialog(Component parent);  //显示文件保存对话框，参数为父组件对象
```

这两种方法的返回值有以下三种情况：

(1) JFileChooser. CANCEL_OPTION：单击了“撤销”按钮。

(2) JFileChooser. APPROVE_OPTION：单击了“打开”或“保存”按钮。

(3) JFileChooser. ERROR_OPTION：出现了错误。

如果用户选择了某个文件，可以使用类方法 getSelectedFile()获得所选择的文件名(File 类的对象)。

【例 7.15】 文件对话框应用示例程序。

```
import javax.swing.*;
import java.awt.*;
import java.awt.event.*;
public class Test extends JFrame implements ActionListener {
    JButton b1,b2;
    public Test() {
        super("文件对话框示例");
        Container c = getContentPane();
        b1 = new JButton("打开文件");
        b1.addActionListener(this);
```

```
        b2 = new JButton("保存文件");
        b2.addActionListener(this);
        c.setLayout(new FlowLayout());
        c.add(b1);
        c.add(b2);
    }
    public void actionPerformed(ActionEvent e) {
        JFileChooser f = new JFileChooser();
        f.showOpenDialog(this);
        if(e.getSource() == b1) {
            if(JFileChooser.APPROVE_OPTION == f.showOpenDialog(this))
            JOptionPane.showConfirmDialog(this,"你确定要打开吗?");
        }
        if(e.getSource() == b2)
            f.showSaveDialog(this);
            }
    public static void main(String[] args) {
        Test t = new Test();
        t.setSize(400,150);
        t.setVisible(true);
    }
}
```

对以上程序进行编译,运行结果如图 7.27 和图 7.28 所示。

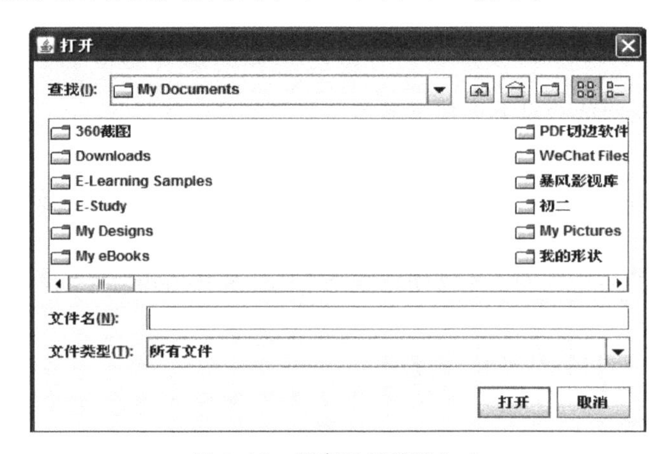

图 7.27　程序运行结果(一)

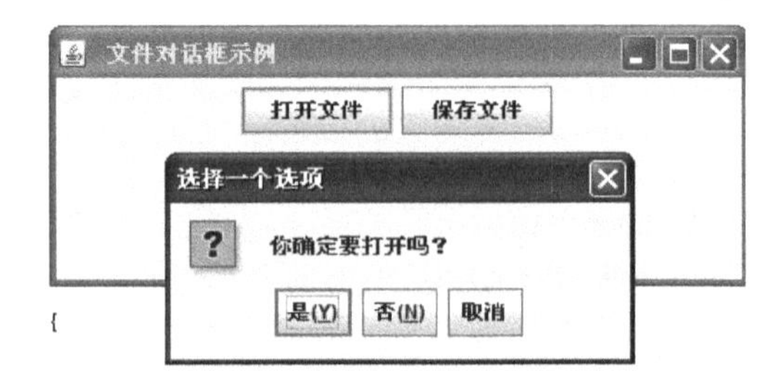

图 7.28　程序运行结果(二)

7.6　创新素质拓展

7.6.1　算术测试

【目的】

学习处理 ActionEvent 事件。

【内容】

编写一个算术测试小软件，用来训练小学生的算术能力。程序由 3 个类组成，其中 Teacher 类对象负责给出算术题目，并判断回答者的答案是否正确；ComputerFrame 类对象负责为算术题目提供视图，比如用户可以通过 ComputerFrame 类对象提供的 GUI 界面看到题目，并通过该 GUI 界面给出题目的答案；MainClass 是软件的主类。

【程序运行效果】

程序运行效果如图 7.29 所示。

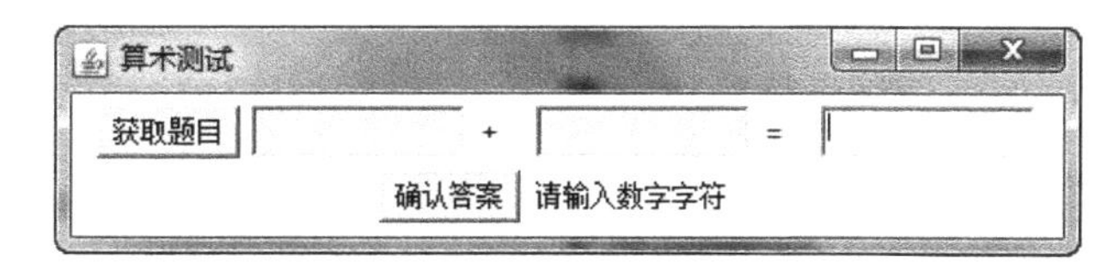

图 7.29　程序运行效果

【参考程序】

Teacher.java

```
public class Teacher
{   int numberOne,numberTwo;
    String operator = "";
    boolean right;
    public int giveNumberOne(int n)
    {   numberOne = (int)(Math.random() * n) + 1;
        return numberOne;
    }
    public int giveNumberTwo(int n)
    {   numberTwo = (int)(Math.random() * n) + 1;
        return numberTwo;
    }
    public String giveOperator()
    {   double d = Math.random();
        if(d> = 0.5)
            operator = " + ";
        else
            operator = " - ";
        return operator;
    }
```

```
    public boolean getRight(int answer)
    {  if(operator.equals("+"))
         {  if(answer==numberOne+numberTwo)
                right=true;
            else
                right=false;
         }
       else if(operator.equals("-"))
         {  if(answer==numberOne-numberTwo)
                right=true;
            else
                right=false;
         }
       return right;
    }
}
```

ComputerFrame.java

```
import java.awt.*;
import java.awt.event.*;
public class ComputerFrame extends Frame implements ActionListener
{  TextField textOne,textTwo,textResult;
   Button getProblem,giveAnwser;
   Label operatorLabel,message;
   Teacher teacher;
   ComputerFrame(String s)
    { super(s);
      teacher=new Teacher();
      setLayout(new FlowLayout());
      textOne=【代码 1】      //创建 textOne,其可见字符长是 10
      textTwo=【代码 2】      //创建 textTwo,其可见字符长是 10
      textResult=【代码 3】  //创建 textResult,其可见字符长是 10
      operatorLabel=new Label("+");
      message=new Label("你还没有回答呢");
      getProblem=new Button("获取题目");
      giveAnwser=new Button("确认答案");
      add(getProblem);
      add(textOne);
      add(operatorLabel);
      add(textTwo);
      add(new Label("="));
      add(textResult);
      add(giveAnwser);
      add(message);
      textResult.requestFocus();
```

```
        textOne.setEditable(false);
        textTwo.setEditable(false);
        【代码 4】//将当前窗口注册为 getProblem 的 ActionEvent 事件监视器
        【代码 5】//将当前窗口注册为 giveAnwser 的 ActionEvent 事件监视器
        【代码 6】//将当前窗口注册为 textResult 的 ActionEvent 事件监视器
        setBounds(100,100,450,100);
        setVisible(true);
        validate();
        addWindowListener(new WindowAdapter()
        {   public void windowClosing(WindowEvent e)
            {   System.exit(0);
            }
        }
       );
      }
      public void actionPerformed(ActionEvent e)
      { if(【代码 7】) //判断事件源是否是 getProblem
          { int number1 = teacher.giveNumberOne(100);
            int number2 = teacher.giveNumberTwo(100);
            String operator = teacher.givetOperator();
            textOne.setText("" + number1);
            textTwo.setText("" + number2);
            operatorLabel.setText(operator);
            message.setText("请回答");
textResult.setText(null);
          }
        if(【代码 8】) //判断事件源是否是 giveAnwser
          {   String answer = textResult.getText();
              try{
                    int result = Integer.parseInt(answer);
                    if(teacher.getRight(result) == true)
                    {   message.setText("你回答正确");
                    }
                    else
                    { message.setText("你回答错误");
                    }
                  }
              catch(NumberFormatException ex)
                  {   message.setText("请输入数字字符");
                  }
        }
        textResult.requestFocus();
        validate();
    }
}
```

MainClass. java

```
public class MainClass
{ public static void main(String args[])
   {  ComputerFrame frame;
      frame =【代码 9】//创建窗口,其标题为:算术测试
   }
}
```

【知识点链接】

Java 的事件处理机制。相关知识链接,请扫描右侧二维码。

【思考题】

如何实现给上述程序增加测试乘、除的功能。

7.6.2 布局与日历

【目的】

学习使用布局类。

【要求】

编写一个应用程序,有一个窗口,该窗口为 BorderLayout 布局。窗口的中心添加一个 Panel 容器:pCenter,pCenter 的布局是 7 行 7 列的 GriderLayout 布局,pCenter 中放置 49 个标签,用来显示日历。窗口的北面添加一个 Panel 容器 pNorth,其布局是 FlowLayout 布局,pNorth 放置两个按钮:nextMonth 和 previousMonth,单击 nextMonth 按钮,可以显示当前月的下一月的日历;单击 previousMonth 按钮,可以显示当前月的上一月的日历。窗口的南面添加一个 Panel 容器 pSouth,其布局是 FlowLayout 布局,pSouth 中放置一个标签用来显示一些信息。

【程序运行效果】

程序运行效果如图 7.30 所示。

上月 下月

日	一	二	三	四	五	六
1	2	3	4	5	6	7
8	9	10	11	12	13	14
15	16	17	18	19	20	21
22	23	24	25	26	27	28
29	30	31				

日历: 2017年10月

图 7.30　程序运行效果

【参考程序】

CalendarBean. java

```
import java.util.Calendar;
public class CalendarBean
 {
   String day[];
   int year = 2005,month = 0;
   public void setYear(int year)
   {     this.year = year;
   }
   public int getYear()
   {     return year;
   }
   public void setMonth(int month)
   {     this.month = month;
   }
   public int getMonth()
   {   return month;
   }
   public String[] getCalendar()
   {    String a[] = new String[42];
        Calendar 日历 = Calendar.getInstance();
         日历.set(year,month - 1,1);
        int 星期几 = 日历.get(Calendar.DAY_OF_WEEK) - 1;
        int day = 0;
       if(month == 1||month == 3||month == 5||month == 7||month == 8||month == 10||month == 12)
         {   day = 31;
         }
       if(month == 4||month == 6||month == 9||month == 11)
         {   day = 30;
         }
       if(month == 2)
         {   if(((year % 4 == 0)&&(year % 100! = 0))||(year % 400 == 0))
                 {   day = 29;
                 }
              else
                 {   day = 28;
                 }
         }
       for(int i = 星期几,n = 1;i<星期几 + day;i++)
         {
              a[i] = String.valueOf(n) ;
              n++ ;
         }
         return a;
   }
}
```

CalendarFrame. java

```
import java.util. * ;
import java.awt. * ;
import java.awt.event. * ;
import java.applet. * ;
public class CalendarFrame extends Frame implements ActionListener
{       Label labelDay[] = new Label[42];
        Button titleName[] = new Button[7];
        String name[] = {"日","一","二","三", "四","五","六"};
        Button nextMonth,previousMonth;
        int year = 2017,month = 10;
        CalendarBean calendar;
        Label showMessage = new Label("",Label.CENTER);
        public CalendarFrame()
        {  Panel pCenter = new Panel();
           【代码 1】//将 pCenter 的布局设置为 7 行 7 列的 GridLayout 布局
           for(int i = 0;i<7;i++)
           {  titleName[i] = new Button(name[i]);
              【代码 2】//pCenter 添加组件 titleName[i]。
           }
           for(int i = 0;i<42;i++)
           {
              labelDay[i] = new Label("",Label.CENTER);
              【代码 3】//pCenter 添加组件 labelDay[i]。
           }
           calendar = new CalendarBean();
           calendar.setYear(year);
           calendar.setMonth(month);
           String day[] = calendar.getCalendar();
           for(int i = 0;i<42;i++)
           {  labelDay[i].setText(day[i]);
           }
           nextMonth = new Button("下月");
           previousMonth = new Button("上月");
           nextMonth.addActionListener(this);
           previousMonth.addActionListener(this);
           Panel pNorth = new Panel(),
                 pSouth = new Panel();
           pNorth.add(previousMonth);
           pNorth.add(nextMonth);
           pSouth.add(showMessage);
           showMessage.setText("日历:" + calendar.getYear() + "年" + calendar.getMonth() + "月");
           ScrollPane scrollPane = new ScrollPane();
           scrollPane.add(pCenter);
```

```
        【代码 4】// 窗口添加 scrollPane 在中心区域
        【代码 5】// 窗口添加 pNorth 在北面区域
        【代码 6】// 窗口添加 pSouth 在南区域
    }
    public void actionPerformed(ActionEvent e)
    {   if(e.getSource() == nextMonth)
          { month = month + 1;
            if(month>12)
                 month = 1;
            calendar.setMonth(month);
            String day[] = calendar.getCalendar();
            for(int i = 0;i<42;i++)
              { labelDay[i].setText(day[i]);
              }
          }
      else if(e.getSource() == previousMonth)
        { month = month - 1;
          if(month<1)
              month = 12;
          calendar.setMonth(month);
          String day[] = calendar.getCalendar();
           for(int i = 0;i<42;i++)
          {   labelDay[i].setText(day[i]);
          }
        }
      showMessage.setText("日历:" + calendar.getYear() + "年" + calendar.getMonth() + "月");
    }
}
```

CalendarMainClass.java

```
public class CalendarMainClass
{ public static void main(String args[])
   {   CalendarFrame frame = new CalendarFrame();
       frame.setBounds(100,100,360,300);
       frame.setVisible(true);
       frame.validate();
       frame.addWindowListener(new java.awt.event.WindowAdapter()
       {   public void windowClosing(java.awt.event.WindowEvent e)
           {   System.exit(0);
           }
       }
     );
  }
}
```

【知识点链接】

1. Java 中使用 Calendar 类是创建和管理日历最简单的一个方案。相关知识链接，请扫描二维码：

2. Java 开发 GUI 中经常要用的各种布局管理类。相关知识链接，请扫描二维码：

【思考题】

如何在 CalendarFrame 类中增加一个 TextField 文本框，使用户可以通过在文本框中输入年份来修改 calendar 对象的 int 成员 year?

7.7 本章练习

1. 下列哪个叙述是错误的？（　　）（选择一项）

   A. JFrame 对象的默认布局是 BorderLayout 布局

   B. JPanel 对象的默认布局是 FlowLayout 布局

   C. JButton 对象可以触发 ActionEvent 事件

   D. JTextField 对象可以触发 ActionEvent 事件

2. 下列哪些类创建的对象可以触发 ActionEvent 事件？（　　）（选择一项）

   A. javax. swing. JButton

   B. javax. swing. JLabel

   C. java. util. Date

   D. java. lang. StringBuffer

3. 下列哪个叙述是不正确的？（　　）（选择一项）

   A. 一个应用程序中最多只能有一个窗口

   B. JFrame 创建的窗口默认是不可见的

   C. 不可以向 JFrame 窗口中添加 JFrame 窗口

   D. 窗口可以调用 setTitle(String s)方法设置窗口的标题

4. 编写应用程序，有一个标题为“计算”的窗口，窗口的布局为 FlowLayout 布局。窗口中添加两个文本区，当我们在一个文本区中输入若干个数时，另一个文本区同时对输入的数进行求和并求出平均值，也就是说随着输入的变化，另一个文本区不断地更新求和及平均值。

第 8 章　I/O 流与文件

本章简介

我们在编写“蓝桥系统”和“租车系统”时，都存在这样一个问题，程序中所有的数据都保存在内存中，一旦程序关闭，这些数据就都丢失了，这肯定不符合用户的需求。通常在软件开发项目中，保存数据的办法主要有两类，其中使用最广泛的一类是使用数据库保存大量数据，相关的内容将在第 11 章中详细介绍。另外一类就是把数据保存在普通文件中。本章讲解文件 I/O 操作的 File 类、各种流类、对象序列化等相关知识。

8.1　File 类

Java 是面向对象的语言，要想把数据存到文件中，必须要有一个对象表示这个文件。File 类的作用是代表一个特定的文件或目录，并提供若干方法对这些文件或目录进行各种操作。File 类在 java. io 包下，与系统输入/输出相关的类通常都在此包下。

8.1.1　File 类构造方法

构造一个 File 类的实例，并不是创建这个目录或文件，而创建的是该路径（目录或文件）的一个抽象，它可能真实存在也可能不存在。

File 类的构造方法有如下四种：

- File(File parent, String child)
  根据 parent 抽象路径名和 child 路径名字符串创建一个新 File 实例。
- File(String pathname)
  通过将给定路径名字符串转换为抽象路径名来创建一个新 File 实例。
- File(String parent, String child)
  根据 parent 路径名字符串和 child 路径名字符串创建一个新 File 实例。
- File(URI uri)
  通过将给定的 URI 类对象转换为一个抽象路径名来创建一个新的 File 实例。

在创建 File 类的实例时，有个问题尤其需要注意。Java 语言一个显著的特点是，Java 是跨平台的，可以做到“一次编译、到处运行”，所以在使用 File 类创建一个路径的抽象时，需要保证创建的这个 File 类也是跨平台的。但是不同的操作系统对文件路径的设定各有不同的规则，例如在 Windows 操作系统下，一个文件的路径可能是“C:\com\bd\zuche\TestZuChe.java”，而在 Linux 和 UNIX 操作系统下，文件路径的格式就类似“/home/bd/zuche/TestZuChe.java”。

File 类提供了一些静态属性，通过这些静态属性，可以获得 Java 虚拟机所在操作系统的分隔符相关信息。

- File.pathSeparator

  与系统有关的路径分隔符，它被表示为一个字符串。
- File.pathSeparatorChar

  与系统有关的路径分隔符，它被表示为一个字符。
- File.separator

  与系统有关的默认名称分隔符，它被表示为一个字符串。
- File.separatorChar

  与系统有关的默认名称分隔符，它被表示为一个字符。

在 Windows 平台下编译、运行下面的程序，运行结果如图 8.1 所示。

```
import java.io.File;
public class TestFileSeparator {
    public static void main(String[] args) {
        System.out.println("PATH 分隔符:" + File.pathSeparator);
        System.out.println("路径分隔符:" + File.separator);
    }
}
```

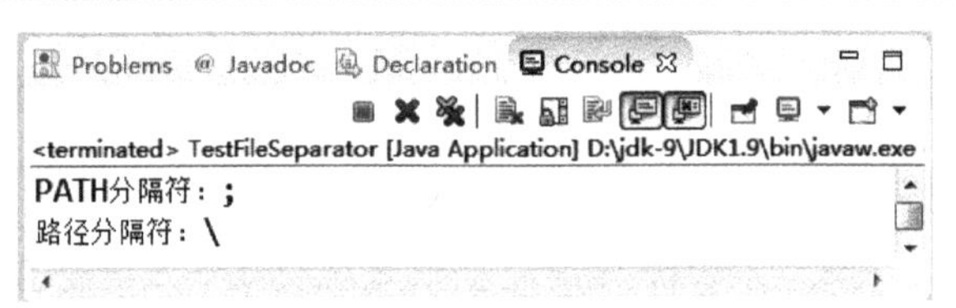

图 8.1　File 类分隔符

8.1.2　File 类使用

下面我们通过一个具体的例子，来演示 File 类的一些常用方法，不易理解的代码通过注释加以描述。

```
import java.io.*;
public class TestFile{
    public static void main(String args[]) throws IOException {
        System.out.print("文件系统根目录");
        for(File root : File.listRoots()) {
            //format 方法是使用指定格式化字符串输出
            System.out.format("%s ", root);
```

```
        }
        System.out.println();
        showFile();
    }
    public static void showFile() throws IOException{
        //创建 File 类对象 file,注意使用转义字符"\"
        File f = new File("C:\\com\\bd\\zuche\\Vehicle.java");
        File f1 = new File("C:\\com\\bd\\zuche\\Vehicle1.java");
        //当不存在该文件时,创建一个新的空文件
        f1.createNewFile();
        System.out.format("输出字符串:%s%n", f);
        System.out.format("判断 File 类对象是否存在:%b%n", f.exists());
        //%tc,输出日期和时间
        System.out.format("获取 File 类对象最后修改时间:%tc%n", f.lastModified());
        System.out.format("判断 File 类对象是否是文件:%b%n", f.isFile());
        System.out.format("判断 File 类对象是否是目录:%b%n", f.isDirectory());
        System.out.format("判断 File 类对象是否有隐藏的属性:%b%n", f.isHidden());
        System.out.format("判断 File 类对象是否可读:%b%n", f.canRead());
        System.out.format("判断 File 类对象是否可写:%b%n", f.canWrite());
        System.out.format("判断 File 类对象是否可执行:%b%n", f.canExecute());
        System.out.format("判断 File 类对象是否是绝对路径:%b%n", f.isAbsolute());
        System.out.format("获取 File 类对象的长度:%d%n", f.length());
        System.out.format("获取 File 类对象的名称:%s%n", f.getName());
        System.out.format("获取 File 类对象的路径:%s%n", f.getPath());
        System.out.format("获取 File 类对象的绝对路径:%s%n",f.getAbsolutePath());
        System.out.format("获取 File 类对象父目录的路径: %s%n", f.getParent());
    }
}
```

编译、运行程序,结果如图 8.2 所示。

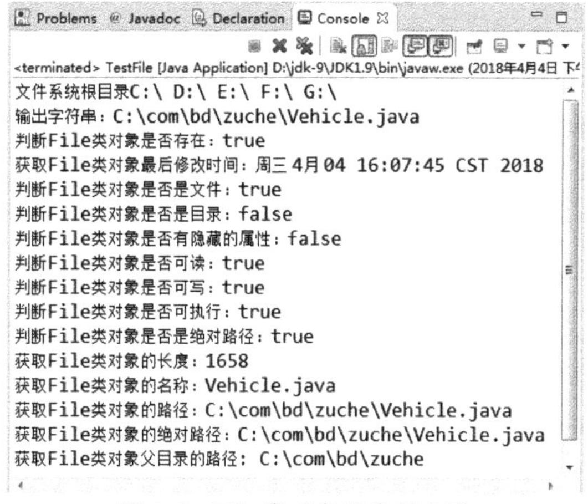

图 8.2　File 类对象的常用方法

程序中的代码 for(File root:File. listRoots()){…},通过一个增强 for 循环,遍历 File. listRoots()方法获取的根目录集合(File 对象集合)。

f1. createNewFile();是当不存在该文件时,创建一个新的空文件,所以在 C:\com\bd\zuche\目录下创建了一个空文件,文件名为 Vehicle1. java。另外,这个方法在执行过程中,如果发生 I/O 错误,会抛出 IOException 检查时异常,必须要进行显式的捕获或继续向外抛出该异常。

System. out. format(format, args)是使用指定格式化字符串输出,其中 format 参数为格式化转换符。关于转换符的说明如表 8.1 所示。

表 8.1 转换符说明

转换符	说明
%s	字符串类型
%c	字符类型
%b	布尔类型
%d	整数类型(十进制)
%x	整数类型(十六进制)
%o	整数类型(八进制)
%f	浮点类型
%e	指数类型
%%	百分比类型
%n	换行符
%tx	日期与时间类型

8.1.3 静态导入

从 JDK1. 5 开始,增加了静态导入的特性,用来导入指定类的某个静态属性或方法,或全部静态属性或方法,静态导入使用 import static 语句。

下面通过静态导入前后的代码进行对比,理解静态导入的使用。

```
//静态导入前的代码
public class TestStatic
{
    public static void main(String[] args)
    {
        System.out.println(Integer.MAX_VALUE);
        System.out.println(Integer.toHexString(12));
    }
}
//静态导入后的代码
import static java.lang.System.out;
import static java.lang.Integer.*;
public class TestStatic2
{
    public static void main(String[] args)
```

```
        {
            out.println(MAX_VALUE);
            out.println(toHexString(12));
        }
    }
```

通过代码对比可以看出，使用静态导入省略了 System 和 Integer 的书写，编写代码相对简单。在使用静态导入的时候，需要注意以下几点：

(1) 虽然在语言表述上说的是静态导入，但在代码中必须写 import static。

(2) 提防静态导入冲突。例如，同时对 Integer 类和 Long 类执行了静态导入，引用 MAX_VALUE 属性将导致一个编译器错误，因为 Integer 类和 Long 类都有一个 MAX_VALUE 常量，编译器不知道使用哪个 MAX_VALUE。

(3) 虽然静态导入让代码编写相对简单，但毕竟没有完整地写出静态成员所属的类名，程序的可读性有所降低。

在上一小节 TestFile 代码中，System.out 被书写了多次。对于这种情况，建议程序员编写代码时静态导入 System 类下的 out 静态变量，这样在之后代码内直接书写 out 即可代表此静态变量。

8.1.4 获取目录和文件

File 类提供了一些方法，用来返回指定路径下的目录和文件。

- String[] list()

  返回一个字符串数组，这些字符串指定此抽象路径名表示的目录中的文件和目录。
- String[] list(FilenameFilter filter)

  返回一个字符串数组，这些字符串指定此抽象路径名表示的目录中满足指定过滤器的文件和目录。
- File[] listFiles()

  返回一个抽象路径名数组，这些路径名表示此抽象路径名表示的目录中的文件和目录。
- File[] listFiles(FilenameFilter filter)

  返回一个抽象路径名数组，这些路径名表示此抽象路径名表示的目录中满足指定过滤器的文件和目录。

接下来通过一个案例，演示 File 类的这些方法的使用，其中 FilenameFilter 过滤器只需要简单了解即可。

```
import java.io.*;
public class TestListFile{
    public static void main(String args[]) throws IOException {
        File f = new File("C:\\com\\bd\\zuche");
        System.out.println("***使用 list()方法获取 String 数组***");
        //返回一个字符串数组，由文件名组成
        String[] fNameList = f.list();
        for(String fName:fNameList){
            System.out.println(fName);
```

```
        }
        System.out.println("* * * 使用 listFiles()方法获取 File 数组 * * *");
        //返回一个 File 数组,由 File 实例组成
        File[] fList = f.listFiles();
        for(File f1:fList){
            System.out.println(f1.getName());
        }
        //使用匿名内部类创建过滤器,过滤出.java 结尾的文件
        System.out.println("* * * 使用 listFiles(filter)方法过滤出.java 文件 * * *");
        File[] fileList = f.listFiles(new FileFilter() {
            public boolean accept(File pathname) {
                if(pathname.getName().endsWith(".java"))
                    return true;
                return false;
            }
        });
        for(File f1:fileList){
            System.out.println(f1.getName());
        }
    }
}
```

编译、运行程序,其结果如图 8.3 所示。

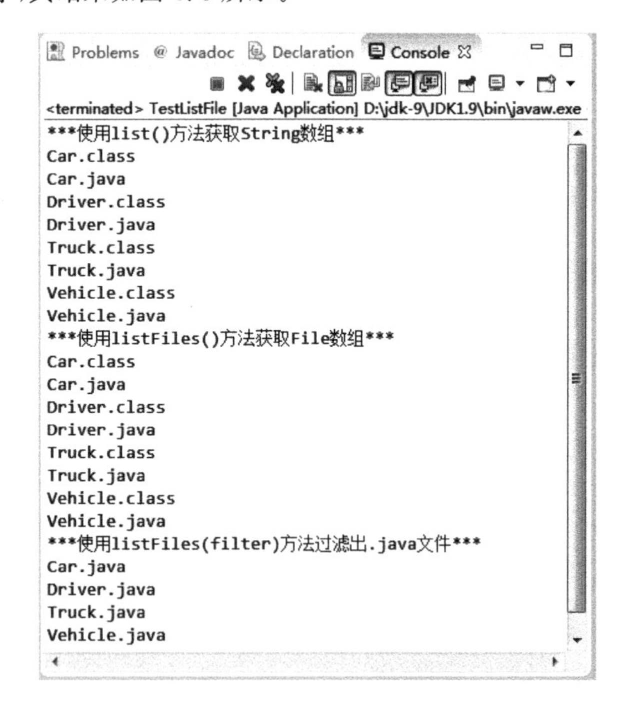

图 8.3　获取目录和文件

8.2 字节流和字符流

在正式学习字节流及字符流以前，有必要先了解一下 I/O 流。

8.2.1 I/O 流

在 Java 中，文件的输入和输出是通过流（Stream）来实现的，流的概念源于 UNIX 中管道（pipe）的概念。在 UNIX 系统中，管道是一条不间断的字节流，用来实现程序或进程间的通信，或读写外围设备、外部文件等。

一个流，必有源端和目的端，它们可以是计算机内存的某些区域，也可以是磁盘文件，甚至可以是 Internet 上的某个 URL。对于流而言，我们不用关心数据是如何传输的，只需要向源端输入数据，从目的端获取数据即可。

输入流和输出流的示意图如图 8.4 和图 8.5 所示。

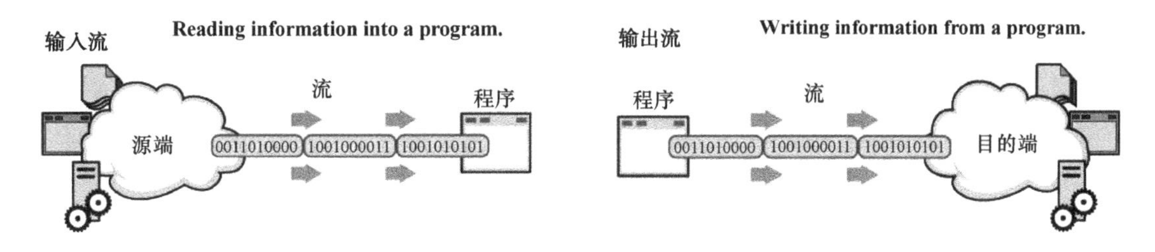

图 8.4 输入流示意图　　图 8.5 输出流示意图

如何理解输入和输出呢？简单地说，你听别人唠叨就是输入，你向别人发牢骚就是输出。在计算机的世界，输入 Input 和输出 Output 都是针对计算机的内存而言的。比如读取一个硬盘上的文件，对于内存就是输入，向控制台打印输出一句话，就是输出。Java 中对于这类的输入输出的操作统称为 I/O，即 Input/Output。

流是对 I/O 操作的形象描述，水从一个地方转移到另一个地方就形成了水流，而信息从一处转移到另一处就叫作 I/O 流。

输入流的抽象表示形式是接口 InputStream；输出流的抽象表示形式是接口 OutputStream。

JDK 中 InputStream 和 OutputStream 的实现就抽象了各种方式向内存读取信息和向外部输出信息的过程。我们之前常用的 System. out. println()；是一个典型的输出流，目的是向控制台输出信息。而 new Scanner(System. in)；是一个典型的输入流，读取控制台输入的信息。System. in 和 System. out 这两个变量就是 InputStream 和 OutputStream 的实例对象。

流按照处理数据的单位，可以分为字节流和字符流。字节流的处理单位是字节，通常用来处理二进制文件，例如音乐、图片文件等。而字符流的处理单位是字符，因为 Java 采用 Unicode 编码，Java 字符流处理的即为 Unicode 字符，所以在操作汉字、国际化等方面，字符流具有优势。

8.2.2 字节流

所有的字节流类都继承自 InputStream 或 OutputStream 这两个抽象类，这两个抽象类拥有的方法可以通过查阅 Java API 获得。JDK 提供了不少字节流，下面列举了 5 个输入字节流类，输出字节流类和输入字节流类存在对应关系，这里不再一一列举。

- FileInputStream：把一个文件作为输入源，从本地文件系统中读取数据字节，实现对文件的读取操作。
- ByteArrayInputStream：把内存中的一个缓冲区作为输入源，从内存数组中读取数据字节。
- ObjectInputStream：对以前使用 ObjectOutputStream 写入的基本数据和对象进行反序列化，用于恢复那些以前序列化的对象，注意这个对象所属的类必须实现 Serializable 接口。
- PipedInputStream：实现了管道的概念，从线程管道中读取数据字节。主要在线程中使用，用于两个线程间通信。
- SequenceInputStream：表示其他输入流的逻辑串联。它从输入流的有序集合开始，并从第一个输入流开始读取，直到到达文件末尾，接着从第二个输入流读取，依次类推，直到到达包含的最后一个输入流的文件末尾为止。
- System.in：从用户控制台读取数据字节，在 System 类中，in 是 InputStream 类的静态对象。

接下来我们通过一个案例，说明如何使用 FileInputStream 和 FileOutputStream 两个字节流类，来复制文件内容。

```
import java.io.*;
public class TestByteStream{
    public static void main(String[] args) throws IOException {
        FileInputStream in = null;
        FileOutputStream out = null;
        try{
            File f = new File("C:\\com\\bd\\zuche\\Vehicle1.java");
            f.createNewFile();
            //通过构造方法之一:String 构造输入流
            in = new FileInputStream("C:\\com\\bd\\zuche\\Vehicle.java");
            //通过构造方法之一:File 类构造输出流
            out = new FileOutputStream(f);
            //通过逐个读取、存入字节，实现文件复制
            int c;
            while((c = in.read()) != -1) {
                out.write(c);
            }
        }catch(IOException e){
            System.out.println(e.getMessage());
```

```
        }finally{
            if(in != null){
                in.close();
            }
            if(out != null){
                out.close();
            }
        }
    }
}
```

上面的代码分别通过传入字符串和 File 类，创建了文件输入流和输出流，然后调用输入流类的 read()方法从输入流读取字节，再调用输出流的 write()方法写入字节，从而实现了复制文件内容的目的。

代码中有两个细节需要注意，一是 read()方法碰到数据流末尾，返回的是－1；二是在输入、输出流用完之后，要在异常处理的 finally 块中关闭输入、输出流，节省资源。

编译、运行程序，C:\com\bd\zuche 目录下新建了一个 Vehicle1.java 文件，打开该文件和 Vehicle.java 对比，内容一致。再次运行程序，并再次打开 Vehicle1.java 文件，Vehicle1.java 里面的原内容没有再重复增加一遍，这说明输出流的 write()方法是覆盖文件内容，而不是在文件内容后面添加内容。如果想采用添加的方式，则在使用构造方法创建字节输出流时，增加第二个值为 true 的参数即可，例如 new FileOutputStream(f,true)。

程序中，通过 f.createNewFile();代码创建了 Vehicle1.java 这个文件，然后从 Vehicle.java 向 Vehicle1.java 实施内容复制。如果注释掉创建文件的这行代码(删除之前创建的 Vehicle1.java 文件)，编译、运行程序，会自动创建出这个文件吗？请大家自己尝试！

接下来列举 InputStream 输入流的可用方法。

- int read()

  从输入流中读取数据的下一个字节，返回 0 到 255 范围内的 int 型字节值。

- int read(byte[] b)

  从输入流中读取一定数量的字节，并将其存储在字节数组 b 中，以整数形式返回实际读取的字节数。

- int read(byte[] b, int off, int len)

  将输入流中最多 len 个数据字节读入字节数组 b 中，以整数形式返回实际读取的字节数，off 指数组 b 中将写入数据的初始偏移量。

- void close()

  关闭此输入流，并释放与该流关联的所有系统资源。

- int available()

  返回此输入流下一个方法调用可以不受阻塞地从此输入流读取(或跳过)的估计字节数。

- void mark(int readlimit)

  在此输入流中标记当前的位置。

- void reset()
  将此输入流重新定位到最后一次对此输入流调用 mark()方法时的位置。
- boolean markSupported()
  判断此输入流是否支持 mark()和 reset()方法。
- long skip(long n)
  跳过和丢弃此输入流中数据的 n 个字节。

8.2.3 字符流

所有的字符流类都继承自 Reader 和 Writer 这两个抽象类,其中 Reader 是用于读取字符流的抽象类,子类必须实现的方法只有 read(char[], int, int)和 close()。但是,多数子类重写了此处定义的一些方法,以提供更高的效率或完成其他功能。Writer 是用于写入字符流的抽象类,和 Reader 类对应。

Reader 和 Writer 要解决的最主要问题是国际化。原先的 I/O 类库只支持 8 位的字节流,因此不能很好地处理 16 位的 Unicode 字符。Unicode 是国际化的字符集,这样增加了 Reader 和 Writer 之后,就可以自动在本地字符集和 Unicode 国际化字符集之间进行转换,程序员在应对国际化时不需要做过多额外的处理。

JDK 提供了一些字符流实现类,下面列举了部分输入字符流类,同样,输出字符流类和输入字符流类存在对应关系,这里不再一一列举。

- FileReader:与 FileInputStream 对应,从文件系统中读取字符序列。
- CharArrayReader:与 ByteArrayInputStream 对应,从字符数组中读取数据。
- PipedReader:与 PipedInputStream 对应,从线程管道中读取字符序列。
- StringReader:从字符串中读取字符序列。

之前的案例中我们通过字节流实现了复制文件内容的目的,接下来我们使用 FileReader 和 FileWriter 这两个字符流类实现相同的效果。和上一个程序不同的是,这个程序,源文件名及目标文件名不是写死在程序里面,也不是在程序运行过程中让用户输入的,而是在执行程序时,作为参数传递给程序源文件名及目标文件名。具体代码如下:

```
import java.io.*;
public class TestCharStream{
    public static void main(String[] args) throws IOException {
        FileReader in = null;
        FileWriter out = null;
        try{
            //其中 args[0]代表程序执行时输入的第一个参数
            in = new FileReader(args[0]);
            out = new FileWriter(args[1]);
            //通过逐个读取、存入字符,实现文件复制
            int c;
            while((c = in.read()) != -1) {
                out.write(c);
            }
```

```
            }catch(IOException e){
                System.out.println(e.getMessage());
            }finally{
                if(in ! = null){
                    in.close();
                }
                if(out ! = null){
                    out.close();
                }
            }
        }
    }
```

上面的代码和 TestByteStream 的代码类似，只是分别使用了字符流类或字节流类，逐个读取和写入的分别是字符或字节。

编译、运行程序，运行时在命令行输入 java TestCharStream C:\com\bd\zuche\Vehicle. java C:\com\bd\zuche\Vehicle2. java，其中 C:\com\bd\zuche\Vehicle. java 是第一个参数，C:\com\bd\ zuche\Vehicle2. java 是第二个参数，运行结束后在 C:\com\bd\zuche 目录下新建了一个 Vehicle2. java 文件，内容和 Vehicle. java 文件内容一致。

在程序里，main()方法中有 args 这个字符串数组参数，通过这个参数，可以获取用户执行程序时输入的多个参数，其中 args[0]代表程序执行时用户输入的第一个参数，args[1]代表程序执行时用户输入的第二个参数，依次类推。

接下来列举 Writer 输出字符流的可用方法，希望大家有所了解。注意，这些方法操作的数据是 char 类型，不是 byte 类型。

- Writer append(char c)
  将指定字符添加到此 Writer，此处是添加，不是覆盖。
- Writer append(CharSequence csq)
  将指定字符序列添加到此 Writer。
- Writer append(CharSequence csq, int start, int end)
  将指定字符序列的子序列添加到此 Writer。
- void write(char[] cbuf)
  写入字符数组。
- void write(char[] cbuf, int off, int len)
  写入字符数组的某一部分。
- void write(int c)
  写入单个字符。
- void write(String str)
  写入字符串。
- void write(String str, int off, int len)
  写入字符串的某一部分。

- void close()
  关闭此流。

8.3 对象序列化

Java 中提供 ObjectInputStream 和 ObjectOutputStream 这两个类用于序列化对象的操作。这两个类是用于存储和读取对象的输入流类，只要把对象中的成员变量都存储起来，就等于保存了这个对象。但要求对象必须实现了 Serializable 接口。Serializable 接口中没有定义任何方法，仅仅被用作一种标记，已被编译器作特殊处理。

接下来我们通过一个案例，说明如何使用 ObjectInputStream 和 ObjectOutputStream 两个类。

在 Java 中，只要一个类实现了 java.io.Serializable 接口，那么它就可以被序列化。此处将创建一个可序列化的类 Person，相关代码如下：

```
public enum Gender  {
    MALE, FEMALE
}
```

Gender 类是一个枚举类型，表示性别。每个枚举类型都会默认继承类 java.lang.Enum，而该类实现了 Serializable 接口，所以枚举类型对象都是默认可以被序列化的。

下面定义的 Person 类实现了 Serializable 接口，它包含三个字段：name，String 类型；age，Integer 类型；gender，Gender 类型。另外，还重写该类的 toString()方法，以方便打印 Person 实例中的内容。

```
import java.io.Serializable;
public class Person implements Serializable {
    private String name = null;
      private Integer age = null;
    private Gender gender = null;
    public Person() {
            System.out.println("none - arg constructor");
      }
    public Person(String name, Integer age, Gender gender) {
      System.out.println("arg constructor");
        this.name = name;
        this.age = age;
        this.gender = gender;
    }
    public String getName() {
        return name;
     }
    public void setName(String name) {
        this.name = name;
```

```
    }
    public Integer getAge() {
        return age;
    }
    public void setAge(Integer age) {
        this.age = age;
    }
    public Gender getGender() {
        return gender;
    }
    public void setGender(Gender gender) {
        this.gender = gender;
    }
    public String toString() {
        return"[" + name + ", " + age + ", " + gender + "]";
    }
}
```

下面定义的类 SerializableDemo 是一个简单的序列化程序，它先将一个 Person 对象保存到文件 person.out 中，然后再从该文件中读出被存储的 Person 对象，并打印该对象。

```
public class SerializableDemo {
    public static void main(String[] args) throws Exception {
        File file = new File("person.out");
        ObjectOutputStream oout = new ObjectOutputStream(new FileOutputStream(file));
        Person person = new Person("John", 101, Gender.MALE);
        oout.writeObject(person);
        oout.close();
        ObjectInputStream oin = new ObjectInputStream(new FileInputStream(file));
        Object newPerson = oin.readObject(); // 没有强制转换到 Person 类型
        oin.close();
        System.out.println(newPerson);
    }
}
```

对以上程序进行编译，运行结果如图 8.6 所示。

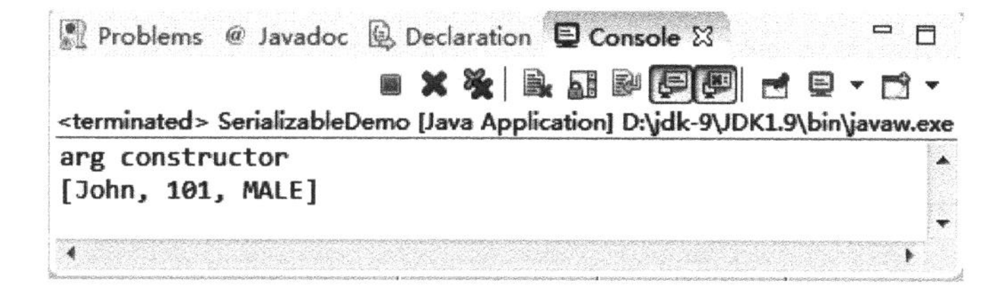

图 8.6 对象序列化程序运行结果

此时必须注意的是，当重新读取被保存的 Person 对象时，并没有调用 Person 的任何构造器，看起来就像是直接使用字节将 Person 对象还原出来。

当 Person 对象被保存到 person.out 文件中之后，可以在其他地方去读取该文件以还原对象，但必须确保该读取程序的 classpath 中包含有 Person.class，否则会抛出 ClassNotFoundException。

8.4 其他流

到目前为止，我们使用的字节流、字符流都是无缓冲的输入、输出流，这就意味着，每一次的读、写操作都会交给操作系统来处理。这样的做法可能会对系统的性能造成很大的影响，因为每一次操作都可能引发磁盘硬件的读、写或网络的访问，这些磁盘硬件读、写和网络访问会占用大量系统资源，影响效率。

8.4.1 缓冲流

之前介绍的字节流和字符流，因为没有使用缓冲区等其他原因，一般不直接使用。在实际编程过程中，这些对象的引用还要传入到装饰类中去，动态地给这些对象增加额外的功能，形成新的对象，这些新的对象才是我们实际需要的字节流和字符流对象，这个过程同时也说明了装饰器模式是使用的。装饰类的使用如下所示：

```
FileInputStream fis = new FileInputStream("Car.java");
装饰器类 in = new 装饰器类(fis);
```

缓冲流是一种装饰器类，目的是让原字节流、字符流新增缓冲的功能。以字符缓冲流为例，字符缓冲流从字符流中读取、写入字符，不立刻要求系统进行处理，而是缓冲部分字符，从而实现按规定字符数、按行等方式的高效的读取或写入。缓冲流缓冲区的大小可以指定（通过缓冲流构造方法指定），也可以使用默认的大小，多数情况下默认大小已够使用。

通过一个输入字符流和输出字符流创建输入字符缓冲流和输出字符缓冲流的代码如下：

```
BufferedReader in = new BufferedReader(new FileReader("Car.java"));
BufferedWriter out = new BufferedWriter(new FileWriter("Truck.java "));
```

输入字符缓冲流类和输出字符缓冲流类的方法和输入字符流类和输出字符流类的方法类似，下面我们通过一个例子演示缓冲流的使用。

```
import java.io.*;
public class TestBufferStream{
    public static void main(String[] args) throws IOException {
        BufferedReader in = null;
        BufferedWriter out = null;
        try{
            in = new BufferedReader(new FileReader("C:\\com\\bd\\zuche\\Vehicle.java"));
```

```
            out = new BufferedWriter(new FileWriter("C:\\com\\bd\\zuche\\Vehicle2.java"));
            //逐行读取、存入字符串,实现文件复制
            String s;
            while((s = in.readLine()) != null) {
                out.write(s);
                //写入一个分行符,否则内容在一行显示
                out.newLine();
            }
        }catch(IOException e){
            System.out.println(e.getMessage());
        }finally{
            if(in != null){
                in.close();
            }
            if(out != null){
                out.close();
            }
        }
    }
}
```

上面的代码在读取数据时,使用的是 BufferedReader 缓冲流的 readLine()方法,获取该行字符串并存储到 String 对象 s 里。在输出的时候,使用的是 BufferedWriter 缓冲流的 write(s)方法,把获取的字符串输出到 Vehicle2.java 文件。有一个地方需要注意,在每次调用 write(s)方法之后,要调用输出缓冲流的 newLine()方法写入一个分行符,否则所有内容将在一行显示。

有些情况下,不是非要等到缓冲区满,才向文件系统写入。例如在处理一些关键数据时,需要立刻将这些关键数据写入文件系统,这时则可以调用 flush()方法,手动刷新缓冲流。另外,在关闭流时,也会自动刷新缓冲流中的数据。

flush()方法的作用就是刷新该流的缓冲。如果该流已保存缓冲区中各种 write()方法的所有字符,则立即将它们写入预期目标。如果该目标是另一个字符或字节流,也将其刷新。因此,一次 flush()调用将刷新 Writer 和 OutputStream 链中的所有缓冲区。

8.4.2 字节流转换为字符流

假设有这样的需求:使用一个输入字符缓冲流读取用户在命令行输入的一行数据。

分析这个需求,首先得知需要用输入字符缓冲流读取数据,我们想到了使用刚才学习的 BufferedReader 这个类。其次,需要获取的是用户在命令行输入的一行数据,通过之前的学习我们知道,System.in 是 InputStream 类(字节输入流)的静态对象,可以从命令行读取数据字节。现在问题就是,需要把一个字节流转换成一个字符流。我们可以使用 InputStreamReader 和 OutputStreamWriter 这两个类来进行转换。

完成上面需求的代码如下,通过该段代码,可以了解如何将字节流转换成字符流。

```
import java.io.*;
public class TestByteToChar{
    public static void main(String[] args) throws IOException {
        BufferedReader in = null;
        try{
            //将字节流 System.in 通过 InputStreamReader 转换成字符流
            in = new BufferedReader(new InputStreamReader(System.in));
            System.out.print("请输入你今天最想说的话:");
            String s = in.readLine();
            System.out.println("你最想表达的是:" + s);
        }catch(IOException e){
            System.out.println(e.getMessage());
        }finally{
            if(in != null){
                in.close();
            }
        }
    }
}
```

刚才提到的将字节流转换为字符流，实际上使用了一种设计模式——适配器模式。适配器模式的意图是将一个类的接口转换成客户希望的另外一个接口，该模式使得原本由于接口不兼容而不能一起工作的那些类可以一起工作。

8.4.3 数据流

数据流，简单来说就是容许字节流直接操作基本数据类型和字符串。

假设程序员使用整型数组 types 存储车型信息(1 代表轿车、2 代表卡车)，用数组 names、oils、losss 和 others 分别存储车名、油量、车损度和品牌(或吨位)的信息。现要求使用数据流将数组信息存到数据文件 data 中，并从数据文件中读取数据用来输出车辆信息。

```
import java.io.*;
public class TestData{
    static final String dataFile = "C:\\com\\bd\\zuche\\data";//数据存储文件
    //标识车类型:1 代表轿车、2 代表卡车
    static final int[] types = {1,1,2,2};
    static final String[] names = { "战神","跑得快","大力士","大力士二代"};
    static final int[] oils = {20,40,20,30};
    static final int[] losss = {0,20,0,30};
    static final String[] others = { "长城","红旗","5 吨","10 吨"};
    static DataOutputStream out = null;
    static DataInputStream in = null;
    public static void main(String[] args) throws IOException {
```

```
        try {
            //输出数据流,向 dataFile 输出数据
            out = new DataOutputStream(new BufferedOutputStream(new FileOutputStream(data-
            File)));
            for(int i = 0; i<types.length; i++) {
              out.writeInt(types[i]);
              //使用 UTF-8 编码将一个字符串写入基础输出流
              out.writeUTF(names[i]);
              out.writeInt(oils[i]);
              out.writeInt(losss[i]);
              out.writeUTF(others[i]);
            }
        }finally {
            out.close();
        }
        try{
            int type,oil,loss;
            String name,other;
            //输出数据流,从 dataFile 读出数据
            in = new DataInputStream(new BufferedInputStream(new FileInputStream(dataFile)));
            while(true)
            {
                type = in.readInt();
                name = in.readUTF();
                oil = in.readInt();
                loss = in.readInt();
                other = in.readUTF();
                if(type == 1){
                    System.out.println("显示车辆信息:\n车型:轿车 车辆名称为:" + name +
                        "品牌是:" + other + "油量是:" + oil + "车损度为:" + loss);
                }else{
                    System.out.println("显示车辆信息:\n车型:卡车 车辆名称为:" + name +
                        "吨位是:" + other + "油量是:" + oil + "车损度为:" + loss);
                }
            }
        }catch(EOFException e){
            //EOFException 作为读取结束的标志
        }finally {
            in.close();
        }
    }
}
```

编译、运行程序，其结果如图 8.7 所示。

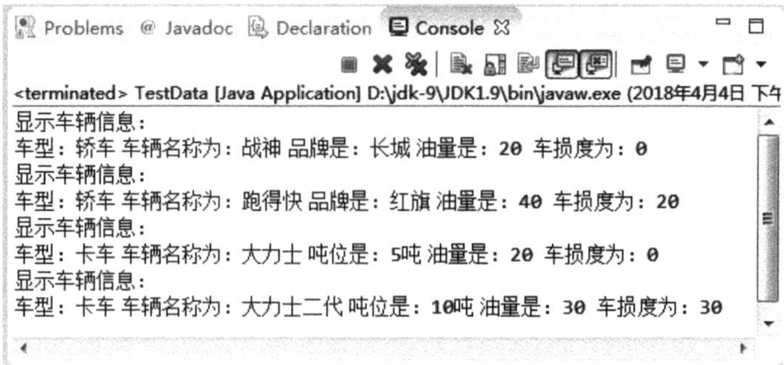

```
Problems @ Javadoc Declaration Console
<terminated> TestData [Java Application] D:\jdk-9\JDK1.9\bin\javaw.exe (2018年4月4日 下午
显示车辆信息:
车型: 轿车 车辆名称为: 战神 品牌是: 长城 油量是: 20 车损度为: 0
显示车辆信息:
车型: 轿车 车辆名称为: 跑得快 品牌是: 红旗 油量是: 40 车损度为: 20
显示车辆信息:
车型: 卡车 车辆名称为: 大力士 吨位是: 5吨 油量是: 20 车损度为: 0
显示车辆信息:
车型: 卡车 车辆名称为: 大力士二代 吨位是: 10吨 油量是: 30 车损度为: 30
```

图 8.7　使用数据流存取车辆信息

8.5　RandomAccessFile 类

RandomAccessFile 类是 Java 语言中最为丰富的文件访问类，其支持“随机访问”的方式，可以跳转到文件的任意位置处读写数据。RandomAccessFile 类有两种构造方法：

```
new RandomAccessFile(f,"rw");   //读写方式打开
```

或

```
new RandomAccessFile(f,"r");    //读方式
```

其中，f 是一个 File 对象，示例代码如下：

```
File f = new File("c:\\JavaDemo" + File.separator + "test.txt");
RandomAccessFile rdf = new RandomAccessFile(f, "rw");
```

RandomAccessFile 对象类有一个位置指示器，指向当前读写处的位置，当读写 n 个字节后，文件指示器将指向这 n 个字节下一个字节处。刚打开文件时，文件指示器指向文件的开头处。其相应方法参考官方 API 文档。

下面我们通过一个例子演示 RandomAccessFile 类的使用。

编写一个学生信息的输入、输出程序。一条学生信息就是文件中的一条记录，而且必须保证每条记录在文件中的大小相同，即各字段在文件中的长度是一样的，这样才能准确定位每条记录在文件中的具体位置。假设用 name 字段有 8 个字符，age 字段有 4 个字符，学生信息写入文件的代码如下：

```
import java.io.File;
import java.io.RandomAccessFile;
public class RandomAccessFileDemo1 {
  //所有的异常直接抛出，程序中不再进行处理
  public static void main(String args[]) throws Exception {
        File f = new File("c:\\JavaDemo" + File.separator + "test.txt");
        //指定要操作的文件
        if(! f.exists()) { f.createNewFile(); }
        RandomAccessFile rdf = null; // 声明 RandomAccessFile 类的对象
```

```
        rdf = new RandomAccessFile(f, "rw");
        //读写模式,如果文件不存在,会自动创建
        String name = null;
        int age = 0;
        name = "zhangsan";         // 字符串长度为 8
        age = 30;                  // 数字的长度为 4
        rdf.writeBytes(name);      // 将姓名写入文件之中
        rdf.writeInt(age);         // 将年龄写入文件之中
        name = "lisi    ";         // 字符串长度为 8
        age = 31;                  // 数字的长度为 4
        rdf.writeBytes(name);      // 将姓名写入文件之中
        rdf.writeInt(age);         // 将年龄写入文件之中
        name = "wangwu  ";         // 字符串长度为 8
        age = 32;                  // 数字的长度为 4
        rdf.writeBytes(name);      // 将姓名写入文件之中
        rdf.writeInt(age);         // 将年龄写入文件之中
        rdf.close();               // 关闭
    }
}
```

读取学生信息的代码如下：

```
import java.io.File;
import java.io.RandomAccessFile;
public class RandomAccessFileDemo2{
//所有的异常直接抛出,程序中不再进行处理
        public static void main(String args[]) throws Exception{
        File f = new File("c:\\JavaDemo" + File.separator + "test.txt") ;
            // 指定要操作的文件
            RandomAccessFile rdf = null ;
            // 声明 RandomAccessFile 类的对象
            rdf = new RandomAccessFile(f,"r") ;
            //以只读的方式打开文件
            String name = null ;
            int age = 0 ;
            byte b[] = newbyte[8] ;          // 开辟 byte 数组
            // 读取第二个人的信息,意味着要空出第一个人的信息
            rdf.skipBytes(12) ;              // 跳过第一个人的信息
            for(int i = 0;i<b.length;i++){
                b[i] = rdf.readByte() ;      // 读取一个字节
            }
            name = new String(b) ;           // 将读取出来的 byte 数组变为字符串
            age = rdf.readInt() ;            // 读取数字
```

```
            System.out.println("第二个人的信息 --> 姓名:" + name + ";年龄:" + age) ;
            // 读取第一个人的信息
            rdf.seek(0) ;                    // 指针回到文件的开头
            for(int i = 0;i<b.length;i ++ ){
                b[i] = rdf.readByte() ;      // 读取一个字节
            }
            name = new String(b) ;           // 将读取出来的 byte 数组变为字符串
            age = rdf.readInt() ;            // 读取数字
            System.out.println("第一个人的信息 --> 姓名:" + name + ";年龄:" + age) ;
            rdf.skipBytes(12) ;              // 空出第二个人的信息
            for(int i = 0;i<b.length;i ++ ){
                b[i] = rdf.readByte() ;      // 读取一个字节
            }
            name = new String(b) ;           // 将读取出来的 byte 数组变为字符串
            age = rdf.readInt() ;            // 读取数字
            System.out.println("第三个人的信息 --> 姓名:" + name + ";年龄:" + age) ;
            rdf.close() ;                    // 关闭
        }
}
```

首先运行程序 RandomAccessFileDemo1.java,完成数据的写入,然后运行 RandomAccessFileDemo2,将先前写入的数据读出。对以上程序进行编译,运行结果如图 8.8 所示。

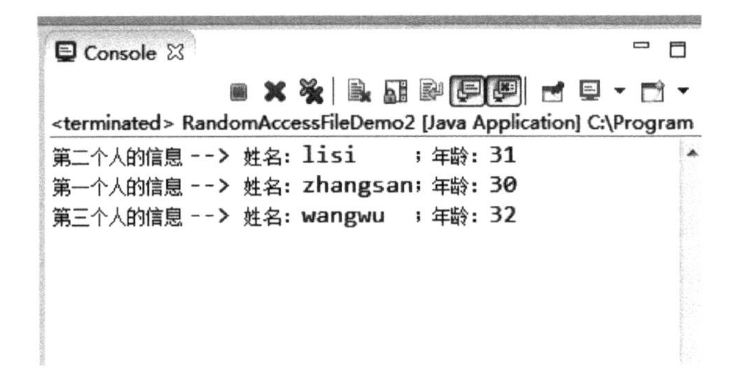

图 8.8　RandomAccessFil 类程序运行结果

8.6　创新素质拓展

8.6.1　学读汉字

【目的】

掌握字符输入、输出流的用法。

【要求】

编写一个 Java 应用程序,要求如下:

(1) 可以将一个由汉字字符组成的文本文件读入到程序中;

(2) 单击名为“下一个汉字”的按钮,可以在一个标签中显示程序读入的一个汉字;

(3) 单击名为“发音”的按钮,可以听到标签上显示的汉字的读音;

(4) 用户可以使用文本编辑器编辑程序中用到的 3 个由汉字字符组成的文本文件:training1. txt、training2. txt 和 training. txt,这些文本文件中的汉字需要用空格、逗号或回车分隔;

(5) 需要自己制作相应的声音文件,比如,training1. txt 文件包含汉字“你”,那么在当前应用程序的运行目录中需要有“你. wav”格式的声音文件;

(6) 用户选择“帮助”菜单,可以查看软件的帮助信息。

【程序运行效果示例】

程序运行效果示例如图 8. 9 所示。

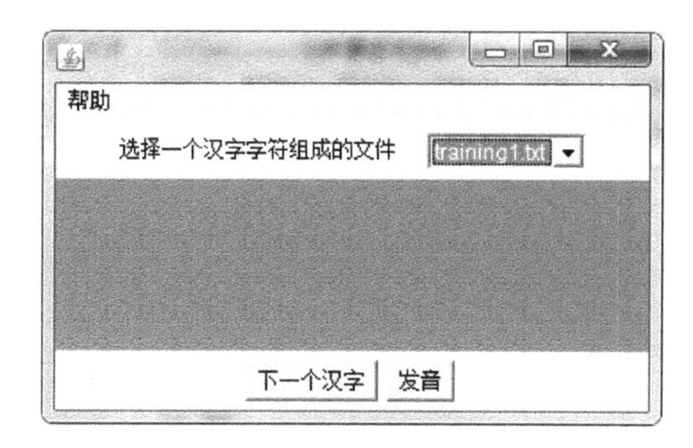

图 8. 9 程序运行效果示例

【参考程序】

ChineseCharacters. java

```
import java.io.*;
import java.util.StringTokenizer;
public class ChineseCharacters
{  public StringBuffer getChinesecharacters(File file)
   {  StringBuffer hanzi = new StringBuffer();
      try{  FileReader   inOne =【代码 1】          //创建指向文件 f 的 inOne 的对象
         BufferedReader inTwo =【代码 2】         //创建指向文件 inOne 的 inTwo 的对象
         String s = null;
         int i = 0;
         while((s =【代码 3】)! = null)           //inTwo 读取一行
          {   StringTokenizer tokenizer = new StringTokenizer(s,",'\n' ");
              while(tokenizer.hasMoreTokens())
              {  hanzi.append(tokenizer.nextToken());
              }
         }
       }
      catch(Exception e) {}
```

```
        return hanzi;
    }
}
```

StudyFrame. java

```
import java.awt.*;
import java.awt.event.*;
import java.io.*;
import javax.sound.sampled.*;
public class StudyFrame extends Frame implements ItemListener,ActionListener,Runnable
{   ChineseCharacters chinese;
    Choice choice;
    Button getCharacters,voiceCharacters;
    Label showCharacters;
    StringBuffer trainedChinese = null;
    Clip clip = null;
    Thread voiceThread;
    int k = 0;
    Panel pCenter;
    CardLayout mycard;
    TextArea textHelp;
    MenuBar menubar;
    Menu menu;
    MenuItem help;
    public StudyFrame()
    {   chinese = new ChineseCharacters();
        choice = new Choice();
        choice.add("training1.txt");
        choice.add("training2.txt");
        choice.add("training3.txt");
        showCharacters = new Label("",Label.CENTER);
        showCharacters.setFont(new Font("宋体",Font.BOLD,72));
        showCharacters.setBackground(Color.green);
        getCharacters = new Button("下一个汉字");
        voiceCharacters = new Button("发音");
        voiceThread = new Thread(this);
        choice.addItemListener(this);
        voiceCharacters.addActionListener(this);
        getCharacters.addActionListener(this);
        Panel pNorth = new Panel();
        pNorth.add(new Label("选择一个汉字字符组成的文件"));
        pNorth.add(choice);
```

```
        add(pNorth,BorderLayout.NORTH);
        Panel pSouth = new Panel();
        pSouth.add(getCharacters);
        pSouth.add(voiceCharacters);
        add(pSouth,BorderLayout.SOUTH);
        pCenter = new Panel();
        mycard = new CardLayout();
        pCenter.setLayout(mycard);
        textHelp = new TextArea();
        pCenter.add("hanzi",showCharacters);
        pCenter.add("help",textHelp);
        add(pCenter,BorderLayout.CENTER);
        menubar = new MenuBar();
        menu = new Menu("帮助");
        help = new MenuItem("关于学汉字");
        help.addActionListener(this);
        menu.add(help);
        menubar.add(menu);
        setMenuBar(menubar);
        setSize(350,220);
        setVisible(true);
        addWindowListener(new WindowAdapter()
                {   public void windowClosing(WindowEvent e)
                    {   System.exit(0);
                    }
                });
      validate();
    }
    public void itemStateChanged(ItemEvent e)
    {   String fileName = choice.getSelectedItem();
        File file = new File(fileName);
        trainedChinese = chinese.getChinesecharacters(file);
        k = 0;
        mycard.show(pCenter,"hanzi") ;
    }
    public void actionPerformed(ActionEvent e)
    {   if(e.getSource() == getCharacters)
        {   if(trainedChinese != null)
            {   char c = trainedChinese.charAt(k);
                k++;
                if(k >= trainedChinese.length())
                 k = 0;
```

```
                showCharacters.setText("" + c);
            }
          else
            { showCharacters.setText("请选择一个汉字字符文件");
            }
        }
        if(e.getSource() == voiceCharacters)
        {  if(! (voiceThread.isAlive()))
             { voiceThread = new Thread(this);
             }
           try{ voiceThread.start();
              }
           catch(Exception exp){}
        }
      if(e.getSource() == help)
        {  mycard.show(pCenter,"help") ;
           try{ File helpFile = new File("help.txt");
                FileReader inOne = 【代码 4】  //创建指向文件 helpFile 的 inOne 的对象
                BufferedReader inTwo = 【代码 5】//创建指向文件 inOne 的 inTwo 的对象
                String s = null;
                while((s = inTwo.readLine())! = null)
                 {   textHelp.append(s + "\n");
                 }
                inOne.close();
                inTwo.close();
              }
           catch(IOException exp){}
        }
    }
   public void run()
    {  voiceCharacters.setEnabled(false);
       try{ if(clip! = null)
              { clip.close();
              }
              clip = AudioSystem.getClip();
              File voiceFile = new File(showCharacters.getText().trim() + ".wav");
              clip.open(AudioSystem.getAudioInputStream(voiceFile));
           }
       catch(Exception exp){}
       clip.start();
       voiceCharacters.setEnabled(true);
    }
}
```

StudyMainClass.java

```
public class StudyMainClass
{   public static void main(String args[])
    {   new StudyFrame();
    }
}
```

【知识点链接】

Java 中的 FileWriter 类和 FileReader 类的一些基本用法，相关知识链接请扫描右侧二维码。

【思考题】

如何实现在 StudyFrame 类中增加一个按钮 previousButton，单击该按钮可以读取前一个汉字？

8.6.2 统计英文单词

【目的】

掌握 RandomAccessFil 类的使用。

【要求】

使用 RandomAccessFile 流统计一篇英文中的单词，要求如下：

(1) 统计一共出现了多少个单词；

(2) 统计有多少个互不相同的单词；

(3) 给出每个单词出现的频率，并将这些单词按频率大小顺序显示在 TextArea 中。

【程序运行效果】

程序运行效果如图 8.10 所示。

图 8.10 程序运行效果

【参考程序】

WordStatistic. java

```
import java.io.*;
import java.util.Vector;
public class WordStatistic
{ Vector allWorsd,noSameWord;
  WordStatistic()
  { allWorsd=new Vector();
    noSameWord=new Vector();
  }
  public void wordStatistic(File file)
  { try{ RandomAccessFile inOne=【代码 1】        //创建指向文件 file 的 inOne 的对象
         RandomAccessFile inTwo=【代码 2】        //创建指向文件 file 的 inTwo 的对象
         long wordStarPostion=0,wordEndPostion=0;
         long length=inOne.length();
         int flag=1;
         int c=-1;
         for(int k=0;k<=length;k++)
         {  c=【代码 3】          // inOne 调用 read()方法
            boolean boo=(c<='Z'&&c>='A')||(c<='z'&&c>='a');
            if(boo)
            {  if(flag==1)
               { wordStarPostion=inOne.getFilePointer()-1;
                 flag=0;
               }
            }
              else
              { if(flag==0)
                 {
                     if(c==-1)
                         wordEndPostion=inOne.getFilePointer();
                     else
                         wordEndPostion=inOne.getFilePointer()-1;
                     【代码 4】 // inTwo 调用 seek 方法将读写位置移动到 wordStarPostion
                     byte cc[]=new byte[(int)wordEndPostion-(int)wordStarPostion];
                     【代码 5】 // inTwo 调用 readFully(byte a)方法,向 a 传递 cc
                     String word=new String(cc);
                     allWorsd.add(word);
                     if(!(noSameWord.contains(word)))
                         noSameWord.add(word);

                 }
```

```
                    flag = 1;
                 }
              }
            inOne.close();
            inTwo.close();
         }
        catch(Exception e){System.out.print(e);}
    }
  public Vector getAllWorsd()
    {  return allWorsd;
    }
  public Vector getNoSameWord()
    {  return noSameWord;
    }
}
```

StatisticFrame.java

```
import java.awt.*;
import java.awt.event.*;
import java.util.Vector;
import java.io.File;
public class StatisticFrame extends Frame implements ActionListener
{  WordStatistic statistic;
   TextArea showMessage;
   Button openFile;
   FileDialog openFileDialog;
   Vector allWord,noSameWord;
   public StatisticFrame()
   { statistic = new WordStatistic();
     showMessage = new TextArea();
     openFile = new Button("Open File");
     openFile.addActionListener(this);
     add(openFile,BorderLayout.NORTH);
     add(showMessage,BorderLayout.CENTER);
     openFileDialog = new FileDialog(this,"打开文件话框",FileDialog.LOAD);
     allWord = new Vector();
     noSameWord = new Vector();
     setSize(350,300);
     setVisible(true);
     addWindowListener(new WindowAdapter()
             {  public void windowClosing(WindowEvent e)
                {  System.exit(0);
                }
```

```
            });
        validate();
    }
    public void actionPerformed(ActionEvent e)
      {  noSameWord.clear();
         allWord.clear();
         showMessage.setText(null);
         openFileDialog.setVisible(true);
         String fileName = openFileDialog.getFile();
         if(fileName! = null)
         {
statistic.wordStatistic(new File(openFileDialog.getDirectory(),fileName));
            allWord = statistic.getAllWorsd();
            noSameWord = statistic.getNoSameWord();
            showMessage.append("\n" + fileName + "中有" + allWord.size() + "个英文单词");
            showMessage.append("\n 其中有" + noSameWord.size() + "个互不相同英文单词");
            showMessage.append("\n 按使用频率排列:\n");
            int count[] = new int[noSameWord.size()];
            for(int i = 0;i<noSameWord.size();i++)
            {  String s1 = (String)noSameWord.elementAt(i);
               for(int j = 0;j<allWord.size();j++)
               {   String s2 = (String)allWord.elementAt(j);
                   if(s1.equals(s2))
                      count[i]++;
               }
            }
           for(int m = 0;m<noSameWord.size();m++)
            {  for(int n = m + 1;n<noSameWord.size();n++)
               { if(count[n]>count[m])
                  {  String temp = (String)noSameWord.elementAt(m);
                     noSameWord.setElementAt((String)noSameWord.elementAt(n),m);
                     noSameWord.setElementAt(temp,n);
                     int t = count[m];
                     count[m] = count[n];
                     count[n] = t;
                  }
               }
            }
            for(int m = 0;m<noSameWord.size();m++)
            {  showMessage.append("\n" + (String)noSameWord.elementAt(m) +
                                   ":" + count[m] + "/" + allWord.size() +
                                   " = " + (1.0 * count[m])/allWord.size());
```

```
            }
        }
    }
}
```

StatisticMainClass. java

```
public class StatisticMainClass
{   public static void main(String args[])
    {   new StatisticFrame();
    }
}
```

【知识链接】

1. java. util. vector 中 vector 的详细用法，相关知识链接请扫描如下二维码：

2. Java 学习之 Dialog 与 FileDialog 类，相关知识链接请扫描如下二维码：

【思考题】

在 StatisticFrame 的 showMessage 中增加单词按字典序排序输出的信息。

8.7 本章练习

1. 要使编写的 Java 程序具有跨平台性，则在进行文件操作时，需要注意什么？

2. 请描述字节流和字符流的区别，并说明使用字符流的好处。

3. 请描述什么是静态导入以及静态导入的优缺点。

4. 请描述为什么需要使用缓冲流?

5. 请简单介绍什么是适配器模式和装饰器模式。

6. 请描述使用 XML 文档表示数据的优点并介绍 XML 文档的应用范围。

7. 请描述解析 XML 文档有哪些技术。它们的区别是什么?

第9章　多　线　程

本章简介

Java 是一种支持多线程编程的语言。多线程技术可以让一个应用程序同时处理多个任务。多线程程序通常包括两个以上线程，它们可以并发执行不同任务，从而充分利用计算机资源。本章首先介绍线程和进程的概念，接着通过案例带着大家创建、使用线程，最后介绍线程调度与通信，以及死锁问题。

9.1　线程与进程的概念

打开我们的计算机，可以同时运行很多的程序，比如一边聊天，一边播放音乐，同时还可以收发电子邮件……能够做到这样是因为一个操作系统可以同时运行多个程序。一个正在运行的程序对于操作系统而言称为进程。

程序是完成某个功能的指令集合，是一个静态的概念，例如记事本是一个程序，Office Word 也是一个程序。

进程和线程是动态的概念，它们反映了程序在计算机 CPU 和内存等设备中执行的过程。进程是具有一定独立功能的程序关于某个数据集合的一次运行活动，是操作系统进行资源分配和调度运行的基本单位。

9.1.1　线程与进程

在操作系统中，使用进程是为了使多个程序能并发执行，以提高资源的利用率和系统吞吐量。在操作系统中再引入线程，则是为了减少采用多进程方式并发执行时所付出的系统开销，使计算机操作系统具有更好的并发性。

操作系统操作进程，付出的系统开销是比较大的。例如创建进程，系统在创建一个进程时，必须为它分配其所必需的资源(CPU 资源除外)，如内存空间、I/O 设备以及建立相应的进程控制块。再如撤销进程，系统在撤销进程时又必须先对其所占用的资源执行回收操作，然后再撤销进程控制块。如果要进行进程间的切换，则要保留当前进程的进程控制块环境和设置新选中的进程的 CPU 环境。

也就是说，由于进程是一个资源的拥有者，因而在创建、撤销和切换中，系统必须为之付出较大的系统开销。所以，系统中的进程，其数目不宜过多，进程切换的频率也不宜过高，这也就限制了系统并发性的进一步提高。

线程是进程内一个相对独立的、可调度的执行单元。进程是资源分配的基本单位,所有与该进程有关的资源,例如打印机、输入缓冲队列等,都被记录在进程控制块中,以表示该进程拥有这些资源或正在使用它们。与进程相对应,线程与资源分配无关,它属于某一个进程,并与进程内的其他线程一起共享进程的资源。另外,进程拥有一个完整的虚拟地址空间,而同一进程内的不同线程共享进程的同一地址空间。

线程是操作系统中的基本调度单元,进程不是调度的单元,所以每个进程在创建时,至少需要同时为该进程创建一个线程,线程也可以创建其他线程。进程是被分配并拥有资源的基本单元,同一进程内的多个线程共享该进程的资源,但线程并不拥有资源,只是使用它们。由于共享资源,所以线程间需要通信和同步机制。

9.1.2 多线程优势

接下来,我们将介绍采用线程比采用进程的好处,只有理解了采用线程比采用进程的好处才能更好地理解多线程的优势。

(1) 系统开销小。用于创建和撤销线程的系统开销比创建和撤销进程的系统开销要少得多,同时线程之间切换的开销也远比进程之间切换的开销小。

(2) 方便通信和资源共享。如果是在进程之间通信,往往要求系统内核的参与,以提供通信机制和保护机制。而线程间通信是在同一进程的地址空间内,共享主存和文件,操作简单,无须系统内核参与。

(3) 简化程序结构。用户在实现多任务的程序时,采用多线程机制实现,程序结构清晰,独立性强。

上面提到的是采用多线程的好处,在介绍多线程优势之前,我们可以尝试回答这样一个问题,如何提高多任务程序在计算机上的执行效率?提高多任务程序的执行效率,主要有三种方法:

第一种是提高硬件设备的性能,尤其是增加计算机 CPU 的个数或提高单个 CPU 的性能,以提高系统的整体性能。这种做法的问题在于,需要购置新设备,代价昂贵。

第二种做法是为这个程序启动多个进程,让多个进程去完成一个程序的多个任务,共享系统资源,也能达到提高系统性能的目的。但因为需要在这多个任务之间共享、交换数据,系统会比较复杂,而且正如之前所说,创建、撤销和切换进程需要较大的系统开销,会消耗大量的资源。

第三种做法是在程序中使用多线程机制,让每个线程完成独立的任务,因为线程的系统开销小,所以对系统资源的影响小。

通过回答这个问题,我们可以看到,在一个操作系统中,多进程也可以实现多任务的功能,提高系统的执行效率。但是,因为进程本身消耗的资源多,所以多进程没有采用一个进程中多个线程的方式节约系统资源。

接下来,我们总结多线程的优势:

(1) 在程序内部充分利用 CPU 资源。在操作系统中,通常将 CPU 资源分成若干时间片,然后将这些时间片分配给不同的线程使用。当执行单线程程序时,单线程可能会发生一些事件,使这个线程不能使用 CPU 资源,对于 CPU 而言,该程序处于不能使用 CPU 资源的状态。而如果使用多线程机制，当一个线程不能使用 CPU 资源时，其他线程仍可以申请使用 CPU 资源，使得程序的其他线程继续运行。如果是多 CPU 计算机，则多个 CPU 可以分别执行一个程序里的多个线程，程序的并发性得到进一步提升。

(2) 简化多任务程序结构。如果不采用多线程机制，那么要完成一个多任务的程序，则有两种方法解决。一种是采用多个进程，每个进程完成一个任务，多个进程共同完成程序的功能，当然这其中的缺点前面已经详细介绍过。另一种解决办法还是单线程，在程序中判断每项任务是否应该执行以及什么时候执行。这就让程序变得复杂，不易理解，而且程序内部不能实现多任务，执行速度慢。采用了多线程机制，可以让每个线程完成独立的任务，保持线程间通信，从而保证多任务程序功能的完成，也使程序结构更加清晰。

(3) 方便处理异步请求。例如我们经常访问的服务器程序，当用户访问服务器程序时，最简单的处理方法就是，服务器程序的监听线程为每一个客户端连接建立一个线程进行处理，然后监听线程仍然负责监听来自客户端的请求。使用了多线程机制，可以很好地处理监听客户端请求和处理请求之间的矛盾，方便了异步请求的处理。

(4) 方便处理用户界面请求。如今所见即所得的用户界面程序，都会有一个独立的线程来扫描用户的界面操作事件。例如当用户单击一个按钮，按钮单击事件被触发，而这个线程会扫描出用户界面操作事件。如果使用单线程处理用户界面事件，则需要通过循环来对随时发生的事件进行扫描，在循环的内部还需要执行其他的代码。

9.1.3 线程状态

线程是相对独立的、可调度的执行单元，因此在线程的运行过程中，会分别处于不同的状态。通常而言，线程主要有下列几种状态：

(1) 初始(New)状态：表示新建了线程对象，并存在于内存中。

(2) 可运行(Runnable)状态：表示线程可以执行，当调用线程对象的 start()方法后线程处于此状态，此状态的线程位于可运行线程池中，等待被调度。

(3) 运行(Running)状态：表示线程在执行，即被调度器选中，获得 CPU 时间片的使用权。

(4) 阻塞(Blocked)状态：表示线程由于某种原因失去 CPU 使用权，暂时停止运行。注意线程必须由阻塞状态返回可运行状态才能再次被调度器选中进入运行态。阻塞情况一般分三种：①等待阻塞：运行态的线程调用线程对象 wait()方法后进入此状态，此时线程被放入等待队列中；②同步阻塞：运行态的线程尝试获取某个被其他线程占用的同步锁时进入此状态，此时线程被放入锁池队列中；③其他阻塞：运行态的线程调用 Thread. sleep()方法或 t. join()方法，或者发出 I/O 请求时，线程也会进入阻塞状态，当 sleep()时间已到或者join()等待的线程终止或超时，或者 I/O 处理完毕时，线程重新进入可运行状态。

(5) 死亡(Dead)状态：表示线程已经结束，在内存中消失。当调用 run()或 main()方法结束，或者因异常退出 run()方法时，线程结束生命周期，进入此状态。

图 9.1 是线程的状态转换图，通过该图来介绍线程的执行过程和状态转换。

对线程的基本操作主要有以下 5 种，通过这五种操作，线程在各个状态之间转换。

(1) 派生

线程属于进程，可以由进程派生出线程，线程所拥有的资源将会被创建。一个线程既可

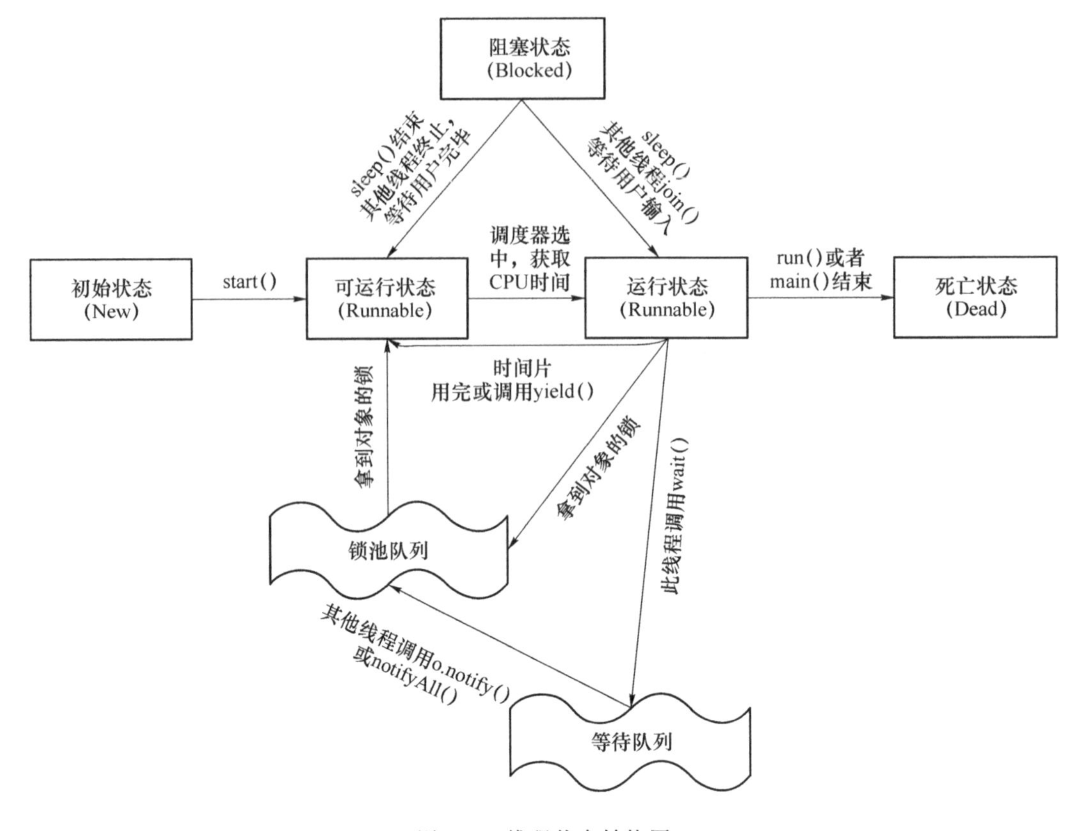

图 9.1　线程状态转换图

以有进程派生,也可以由线程派生。在 Java 中,可以创建一个线程并通过调用该线程的 start()方法使该线程进入就绪状态。

(2) 调度

调度程序分配 CPU 资源给就绪状态的线程,使线程获得 CPU 资源进行运行,即执行 Java 线程类中 run()方法里的内容。

(3) 阻塞

正在运行状态的线程,在执行过程中需要等待某个条件符合或某个事件发生,此时线程进入阻塞状态。阻塞时,寄存器上下文、程序计数器以及堆栈指针都会得到保存。

(4) 激活

在阻塞状态下的线程,如果需要等待的条件符合或事件发生,则该线程被激活并进入就绪状态。

(5) 结束

在运行状态的线程,线程执行结束,它的寄存器上下文以及堆栈内容等将被释放。

9.2　线程创建方法

创建和使用线程,就是要让这个线程完成一些特定的功能。在 Java 中,提供了 java. lang. Thread 类来完成多线程的编程,这个类也提供了大量的方法方便我们操作线程。我们编写一个线程类时，可以继承自这个 Thread 类，完成线程的相关工作。

有时我们编写的线程类要继承自其他类，但 Java 又不支持多继承，所以 Java 还提供了另外一种创建线程的方式，即实现 Runnable 接口。

9.2.1 创建线程类

有两种方式来创建线程：一是实现 Runnable 接口，二是继承 Thread 父类。下面分别介绍：

(1) 线程类直接继承 Thread 类，其代码结构大致如下：

```
class 类名 extends Thread{
    //属性
    //其他方法
    public void run(){
        //线程需要执行的核心代码
    }
}
```

从线程类的代码结构可以看出，一个线程的核心代码需要写在 run()方法里。也就是说，当线程从就绪状态，通过调度程序分配 CPU 资源，进入运行状态后，执行的代码即为 run()方法里面的代码。

(2) 线程类实现 Runnable 接口，其代码结构大致如下：

```
class 类名 implements Runnable{
    //属性
    //其他方法
    public void run(){
        //线程需要执行的核心代码
    }
}
```

和继承 Thread 类非常类似，实现 Runnable 接口的线程类也需要编写 run()方法，将线程的核心代码置于该方法中。但是 Runnable 接口并没有任何对线程的支持，我们还必须创建 Thread 类的实例，通过 Thread 类的构造函数来创建线程类。

```
类名 对象名 = new 类名();
Thread 线程对象名 = new Thread(对象名);
```

每个线程在创建后都有一个优先级。操作系统会根据优先级来确定不同线程在调度时的先后顺序。Java 线程的优先级有 10 个级别，常量 MIN_PRIORITY 表示 1，常量 MAX_PRIORITY 表示 10。默认情况下，线程的优先级为 NORM_PRIORITY，值为 5。通常具有高优先级的线程执行更重要的任务，可以分配更大的优先级数值，使其能够优先被调度器选中，获取 CPU 时间。但是，线程的优先级高低并不能完全决定它被调度的先后次序，这和操作系统平台有关。

继承 Thread 与实现 Runnable 接口的比较：

(1) 因为 Java 不支持多继承,继承 Thread 后类将不能再继承其他类。但是实现 Runnable 接口后仍然可以继承其他基类。

(2) 继承 Thread 类后可以使用其提供的多个操作线程的成员方法,例如 yield()、interrupt()等,而 Runnable 接口种不提供这些方法。

9.2.2 多线程使用

下面的例子,分别使用继承 Thread 类和实现 Runnable 接口两种方式创建了两个线程类,并通过调用 start()方法启动线程。具体程序代码如下:

```
public class TestThread {
    public static void main(String[] args) throws InterruptedException {
            Thread t1 = new MyThread1();
            MyThread2 mt2 = new MyThread2();
            Thread t2 = new Thread(mt2);
            t1.start();
            t2.start();
    }
}
//继承自 Thread 类创建线程类
class MyThread1 extends Thread {
    private int i = 0;
    //无参构造方法,调用父类构造方法设置线程名称
    public MyThread1(){
        super("我的线程 1");
    }
    //通过循环判断,输出 5 次,每次间隔 0.5 秒
    public void run(){
        try{
            while(i<5){
                System.out.println(this.getName() + "运行第" + (i + 1) + "次");
                i++;
                //在指定的毫秒数内让当前正在执行的线程休眠(暂停执行)
                sleep(500);
            }
        }catch(Exception e){
            e.printStackTrace();
        }
    }
}
//实现 Runnable 接口创建线程类
class MyThread2 implements Runnable{
    String name = "我的线程 2";
```

```
        public void run() {
            System.out.println(this.name);
        }
    }
```

编译、运行程序，结果如图 9.2 所示。因为程序中的注释已对程序进行了详细的描述，这里不再展开解释。

```
@ Javad   Declar   Proble   Progre   Consol   Debug   Palette   Call Hi
<terminated> TestThread [Java Application] /Library/Java/JavaVirtualMachines/jdk-10.0.1.jdk/Contents/Home/bin/ja
我的线程2
我的线程1运行第1次
我的线程1运行第2次
我的线程1运行第3次
我的线程1运行第4次
我的线程1运行第5次
```

图 9.2　多线程程序

程序中，要想启动一个线程，都是通过调用 start()方法来启动的，使线程进入就绪状态，等待调度程序分配 CPU 资源后进入运行状态，执行 run()方法里的内容。作为程序员，是不是可以直接调用 run()方法，使这个线程运行起来呢？答案是：可以，但也不可以。所谓可以是指的确能直接调用 run()方法执行 run()方法里的代码，但这只是串行执行 run()方法，并没有启动一个线程，让该线程与其他线程并行执行。

在 main()方法里的 t2.start();代码后增加一句 t2.run();，再次编译、运行程序，会发现“我的线程 2”输出 2 次，其中 1 次是通过 t2.start()方法启动线程，执行 run()方法输出的，另外 1 次是直接调用 t2.run()方法输出的。

如果在 t2.start();和 t2.run();两行代码之间增加一句 Thread.sleep(2000);，其含义为在 2 秒内让当前正在执行的线程休眠，再次编译、运行程序，其结果又是如何呢？为什么会出现这样的结果呢？

9.3　线程状态管理

执行 9.2.2 小节的 TestThread 案例多次，会发现，线程 1 和线程 2 的输出顺序可能不同。这是因为，作为程序员是无法控制线程什么时候从就绪状态调度进入运行状态，即无法控制什么时候 run()方法被执行。程序员可以做的就是通过 start()方法保证线程进入就绪状态，等待系统调度程序决定什么时候该线程调度进入运行状态。

9.3.1　线程状态控制方法

下面列举了 Thread 类的一些常用线程控制的成员方法：

- void start()

  使该线程开始执行，Java 虚拟机负责调用该线程的 run()方法。

- void sleep(long millis)
  静态方法,线程进入阻塞状态,在指定时间(单位为毫秒)到达之后进入就绪状态。
- void yield()
  静态方法,当前线程放弃占用 CPU 资源,回到就绪状态,使其他优先级不低于此线程的线程有机会被执行。
- void join()
  当前线程等待加入的(join)线程完成,才能继续往下执行。
- void interrupt()
  中断线程的阻塞状态(而非中断线程),例如一个线程 sleep(1000000000),为了中断这个过长的阻塞过程,则可以调用该线程的 interrupt()方法,中断阻塞。需要注意的是,此时 sleep()方法会抛出 InterruptedException 异常。
- void isAlive()
  判定该线程是否处于活动状态,处于就绪、运行和阻塞状态的都属于活动状态。
- void setPriority(int newPriority)
  设置当前线程的优先级。
- int getPriority()
  获得当前线程的优先级。

9.3.2 终止线程

线程通常在三种情况下会终止,最普遍的情况是线程中的 run()方法执行完毕后线程终止,或者线程抛出了 Exception 或 Error 且未被捕获,另外还有一种方法是调用当前线程的 stop()方法终止线程(该方法已被废弃)。接下来,我们通过案例演示如何通过调用线程类内部方法实现终止线程。

有这样的一个程序,程序内部有一个计数功能,每间隔 2 秒输出 1、2、3……一直到 100 结束。现在有这样的需求,当用户想终止这个计数功能时,只要在控制台输入 s 即可,具体程序代码如下所示:

```
import java.util.Scanner;
public class EndingThread{
    public static void main(String[] args) {
        CountThread t = new CountThread();
        t.start();
        Scanner scanner = new Scanner(System.in);
        System.out.println("如果想终止输出计数线程,请输入 s");
        while(true){
            String s = scanner.nextLine();
            if(s.equals("s")){
                t.stopIt();
                break;
            }
        }
```

```
        }
    }
    //计数功能线程
    class CountThread extends Thread {
        private int i = 0;
        public CountThread(){
                super("计数线程");
        }
        //通过设置 i = 100,让线程终止
        public void stopIt(){
            i = 100;
        }
        public void run(){
            try{
                while(i<100){
                    System.out.println(this.getName() + "计数:" + (i + 1));
                    i++;
                    sleep(2000);
                }
            }catch(Exception e){
                e.printStackTrace();
            }
        }
    }
```

程序中,CountThread 线程类实现了计数功能。主程序调用 t.start()方法启动线程,执行 CountThread 线程类里 run()方法的输出计数的功能。主程序里通过 while 循环,在控制台获取用户输入,当用户输入为 s 时,调用 CountThread 线程类的 stopIt()方法,改变 run()方法中运行的条件,终止了该线程的执行。编译、运行程序,在程序运行时输入 s,程序运行结果如图 9.3 所示。

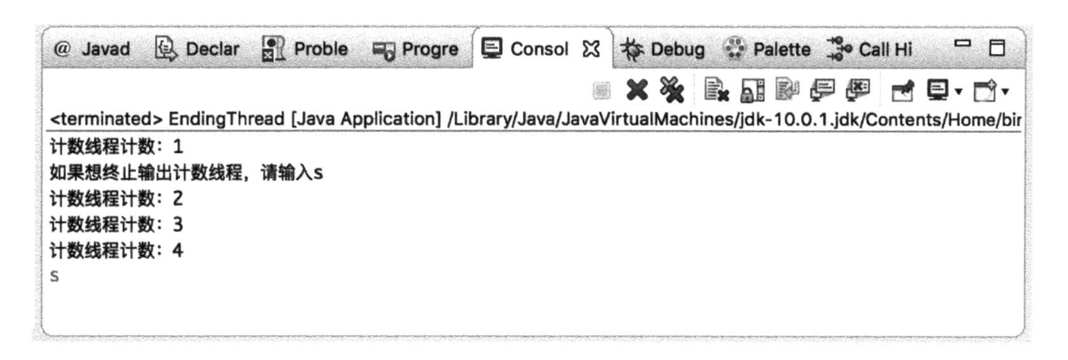

图 9.3　终止线程

9.3.3 线程等待和中断等待

Thread 类的静态方法 sleep()，可以让当前线程进入等待(阻塞状态)，直到指定的时间流逝，或直到别的线程调用当前线程对象上的 interrupt()方法。下面的案例演示了调用线程对象的 interrupt()方法，中断线程所处的阻塞状态，使线程恢复进入就绪状态，具体代码如下：

```
public class InterruptThread{
    public static void main(String[] args) {
        CountThread t = new CountThread();
        t.start();
        try{
            Thread.sleep(6000);
        }catch(InterruptedException e){
            e.printStackTrace();
        }
        //中断线程的阻塞状态(而非中断线程)
        t.interrupt();
    }
}
class CountThread extends Thread {
    private int i = 0;
    public CountThread(){
        super("计数线程");
    }
    public void run(){
        while(i<100){
            try{
                System.out.println(this.getName() + "计数：" + (i + 1));
                i++;
                Thread.sleep(5000);
            }catch(InterruptedException e){
                System.out.println("程序捕获了 InterruptedException 异常!");
            }
            System.out.println("计数线程运行 1 次!");
        }
    }
}
```

请注意计数线程的变化，计数线程的异常处理代码放在了 while 循环以内，也就是说如果主程序调用 interrupt()方法中断了计数线程的阻塞状态(由 sleep(5000)引起的)，并处理了由计数线程抛出的 InterruptedException 异常，计数线程将会进入就绪状态和运行状态，执行 sleep(5000)之后的程序，继续循环输出。

主程序通过 start()方法启动了计数线程以后，调用 sleep(6000)方法让主程序等待 6 秒，此时计数线程已执行到第 2 次循环，“计数线程计数：1”“计数线程运行 1 次！”和“计数线程计数：2”已经输出，正在执行 sleep(5000)的代码。计数线程的 interrupt()方法被调用，则中断了 sleep(5000)代码的执行，捕获了 InterruptedException 异常，输出“程序捕获了 InterruptedException 异常！”，之后计数线程立即恢复，继续执行，程序运行结果如图 9.4 所示。

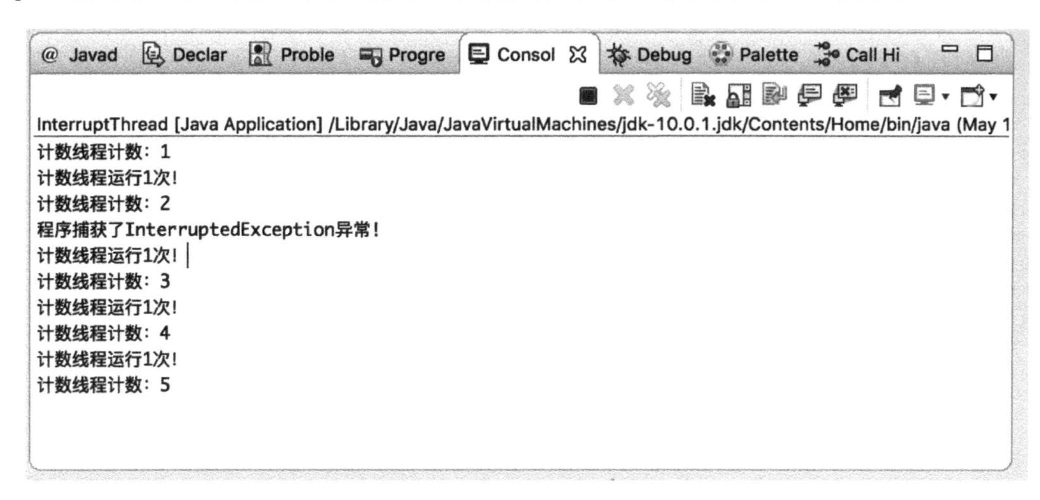

图 9.4　线程等待和中断等待

接下来介绍另外一个让线程放弃 CPU 资源的方法：yield()方法。

yield()方法和 sleep()方法都是 Thread 类的静态方法，都会使当前处于运行状态的线程放弃 CPU 资源，把运行机会让给别的线程。但两者的区别在于：

(1) sleep()方法会给其他线程运行的机会，不考虑其他线程的优先级，因此会给较低优先级线程一个运行的机会；yield()方法只会给相同优先级或者更高优先级的线程一个运行的机会。

(2) 当线程执行了 sleep(long millis)方法，将转到阻塞状态，参数 millis 指定了睡眠时间；当线程执行了 yield()方法，将转到就绪状态。

(3) sleep()方法声明抛出 InterruptedException 异常，而 yield()方法没有声明抛出任何异常。

yield()方法只会给相同优先级或者更高优先级的线程一个运行的机会，这是一种不可靠的提高程序并发性的方法，只是让系统的调度程序再重新调度一次，在实际编程过程中很少使用。

9.3.4　等待其他线程完成

Thread 类的 join()方法，可以让当前线程等待加入的线程完成，才能继续往下执行。下面通过一个案例演示 join()方法的使用。

```
public class JoinThread{
    public static void main(String[] args)throws InterruptedException{
        SThread st = new SThread();
```

```
        QThread qt = new QThread(st);
        qt.start();
        st.start();
    }
}
class QThread extends Thread{
    int i = 0;
    Thread t = null;
    //构造方法,传入一个线程对象
    public QThread(Thread t){
        super("QThread 线程");
        this.t = t;
    }
    public void run(){
        try{
            while(i<100){
                //当 i = 5,调用传入线程对象的 jion()方法,等传入线程执行完毕再执行本线程
                if(i ! = 5){
                    Thread.sleep(500);
                    System.out.println("QThread 正在每隔 0.5 秒输出数字:" + i++);
                }else{
                    t.join();
                }
            }
        }catch(InterruptedException e){
            e.printStackTrace();
        }
    }
}
class SThread extends Thread{
    int i = 0;
    //从 0 输出到 99
    public void run(){
        try{
            while(i<100){
                Thread.sleep(1000);
                System.out.println("SThread 正在每隔 1 秒输出数字:" + i++);
            }
        }catch(InterruptedException e){
            e.printStackTrace();
        }
    }
}
```

案例中有两个线程类 QThread 类和 SThread 类，其中 QThread 线程类的 run()方法中每隔 0.5 秒从 0 到 99 依次输出数字，SThread 线程类的 run()方法中每隔 1 秒从 0 到 99 依次输出数字。QThread 线程类有一个带参的构造方法，传入一个线程对象。在 QThread 线程类的 run()方法中，当输出数值等于 5 时，调用构造方法中传入的线程对象的 join()方法，让传入的线程对象全部执行完毕以后，再继续执行本线程的代码，程序运行结果如图 9.5 所示，注意完整输出会显示到 99，限于篇幅，这里没有截图完整。

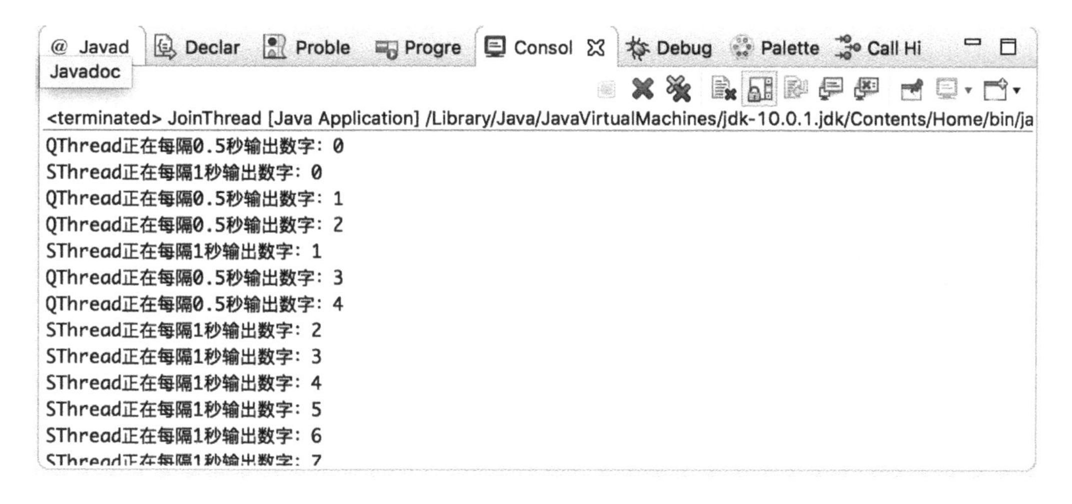

图 9.5　线程 join()方法使用

从图 9.5 运行结果可以看出，当 QThread 线程类执行到 i=5 时，开始等待 SThread 线程类执行完毕，才会继续执行自身的代码。

9.3.5　设置线程优先级

在介绍线程的优先级前，先介绍一下线程的调度模型。同一时刻如果有多个线程处于就绪状态，则它们需要排队等待调度程序分配 CPU 资源。此时每个线程自动获得一个线程的优先级，优先级的高低反映线程的重要或紧急程度。就绪状态的线程按优先级排队，线程调度依据的是优先级基础上的“先到先服务”原则。

调度程序负责线程排队和 CPU 资源在线程间的分配，并根据线程调度算法进行调度。当线调度程序选中某个线程时，该线程获得 CPU 资源从而进入运行状态。

线程调度是抢占式调度，即如果在当前线程执行过程中一个更高优先级的线程进入就绪状态，则这个线程立即被调度执行。抢占式调度又分为独占式和分时方式。独占方式下，当前执行线程将一直执行下去，直到执行完毕或由于某种原因主动放弃 CPU 资源，或 CPU 资源被一个更高优先级的线程抢占。分时方式下，当前运行线程获得一个 CPU 时间片，时间到时即使没有执行完也要让出 CPU 资源，进入就绪状态，等待下一个时间片的调度。

线程的优先级由数字 1～10 表示，其中 1 表示优先级最高，默认值为 5。尽管 JDK 给线程优先级设置了 10 个级别，但仍然建议只使用 MAX_PRIORITY(级别为 1)、NORM_PRIORITY(级别为 5)和 MIN_PRIORITY(级别为 10)三个常量来设置线程优先级，让程序具有更好的可移植性。接下来看下面的案例：

```
public class SetPriority{
    public static void main(String[] args)throws InterruptedException{
        QThread qt = new QThread();
        SThread st = new SThread();
        //给 qt 设置低优先级,给 st 设置高优先级
        qt.setPriority(Thread.MIN_PRIORITY);
        st.setPriority(Thread.MAX_PRIORITY);
        qt.start();
        st.start();
    }
}
class QThread extends Thread{
    int i = 0;
    public void run(){
        while(i<100){
            System.out.println("QThread 正在输出数字:" + i++);
        }
    }
}
class SThread extends Thread{
    int i = 0;
    public void run(){
        while(i<100){
            System.out.println("SThread 正在输出数字:" + i++);
        }
    }
}
```

编译、运行程序,运行结果如图 9.6 所示。

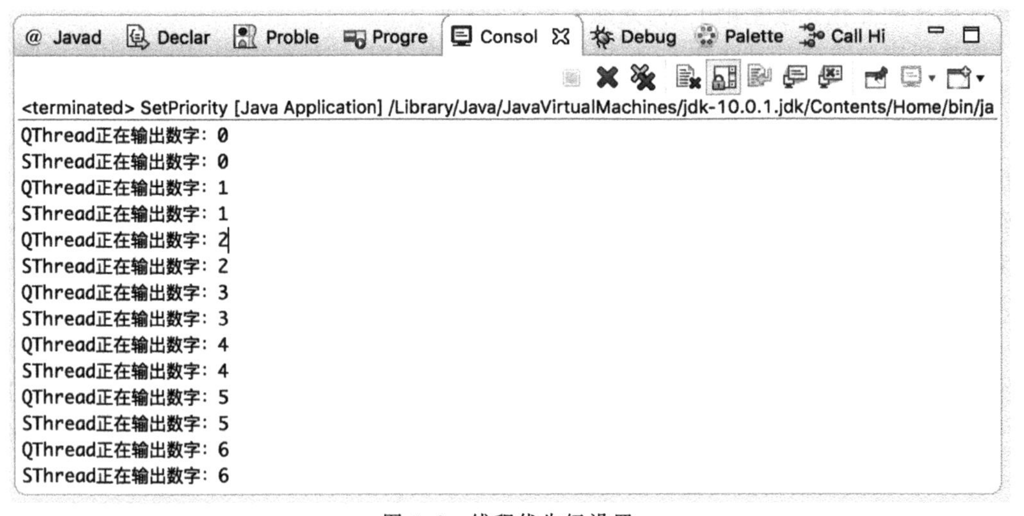

图 9.6　线程优先级设置

看到这样的运行结果大家就开始疑惑了，明明将SThread线程类对象st的优先级设置成最高，将QThread线程类对象qt的优先级设置成最低，但启动两个线程，结果并不是优先级高的一直先执行，优先级低的一直后执行。原因是设置线程优先级，并不能保证优先级高的先运行，也不保证优先级高的可以获得更多的CPU资源，只是给操作系统调度程序提供一个建议而已，到底运行哪个线程，是由操作系统决定的。

9.3.6 守护线程

守护线程是为其他线程的运行提供便利的线程。Java的垃圾收集机制的某些实现就使用了守护线程。程序可以包含守护线程和非守护线程，当程序只有守护线程时，该程序便可以结束运行。

如果要使一个线程成为守护线程，则必须在调用它的start()方法之前进行设置(通过以true作为参数调用线程的setDaemon()方法，可以将该线程设置为一个守护线程)。如果线程是守护线程，则isDaemon()方法返回为true。

接下来让我们看一个简单的案例：

```
public class DaemonThread{
    public static void main(String[] args) {
        DThread t = new DThread();
        t.start();
        System.out.println("让一切都结束吧");
    }
    private static class DThread extends Thread{
        //在无参构造方法中设置本线程为守护线程
        public DThread() {
            setDaemon(true);
        }
        public void run() {
            while(true){
                System.out.println("我是后台线程");
            }
        }
    }
}
```

编译、运行程序，程序输出“让一切都结束吧”后立刻退出。从程序运行结果可以看出，虽然程序中创建并启动了一个线程，并且这个线程的run()方法在无条件循环输出，但是因为程序启动的是一个守护进程，所以当程序只有守护线程时，该程序结束运行。

9.4 线程的通信与同步

前面讲述的多线程程序中各个线程大多都是独立运行的，但在真正的应用中，程序中的多个线程通常以某种方式进行通信或共享数据。在这种情况下，我们必须使用同步机制来确保数值被正确地传递,并保证数据的一致性。

9.4.1 数据不一致

让我们首先来看这样一个案例:

```
public class ShareData{
    static int data = 0;
    public static void main(String[] args){
        ShareThread1 st1 = new ShareThread1();
        ShareThread2 st2 = new ShareThread2();
        new Thread(st1).start();
        new Thread(st2).start();
    }
    //内部类,访问类中静态成员变量 data
    private static class ShareThread1 implements Runnable{
        public void run() {
            while(data<10){
                try {
                    Thread.sleep(1000);
                    System.out.println("这个小于 10 的数据是:" + data++);
                } catch(InterruptedException e) {
                    e.printStackTrace();
                }
            }
        }
    }
    //内部类,访问类中静态成员变量 data
    private static class ShareThread2 implements Runnable{
        public void run() {
            while(data<100){
                data++;
            }
        }
    }
}
```

ShareData 类中有两个内部类 ShareThread1 和 ShareThread2,这两个内部类都共享并访问 ShareData 类中静态成员变量 data。其中 ShareThread1 类的 run()方法当 data 小于 10 时进行输出,不过在输出前通过调用 sleep()方法等待 1 秒。而 ShareThread2 类的 run()方法让 data 循环执行自加的操作,直到 data 不小于 100 时停止。

编译、运行程序,输出结果显示这个小于 10 的数据是:100,很明显,这并不是程序希望的结果。出现这样结果的原因是,当 ShareThread1 类的对象在判断 data<10 之时,data 的值是小于 10 的,所以能进入 run()方法的 while 循环内。但是当进入 while 循环后,在输出

前需要等待 1 秒,在这个过程中,ShareThread2 类的对象通过 run()方法不停地在进行 data 自加操作,直到 data=100 为止。这时 ShareThread1 类对象再输出,其结果自然是这个小于 10 的数据是:100。

该案例说明当一个数据被多个线程存取的时候,通过检查这个数据的值来进行判断并执行之后的操作是极不安全的。因为在判断之后,这个数据的值很可能被其他线程修改了,判断条件也可能已经不成立了,但此时已经经过了判断,之后的操作还需要继续进行。

9.4.2 控制共享数据

上面的案例中,共享数据 data 被不同的线程存取,出现了数据不一致的情况。针对这种情况,Java 提供了同步机制,来解决控制共享数据的问题,Java 可以使用 synchronized 关键字确保数据在各个线程间正确共享。修改上面的案例,注意 synchronized 关键字的使用。

```
public class ShareData2{
    static int data = 0;
    //定义了一个锁对象 lock
    static final Object lock = new Object();
    public static void main(String[] args){
        ShareThread1 st1 = new ShareThread1();
        ShareThread2 st2 = new ShareThread2();
        new Thread(st1).start();
        new Thread(st2).start();
    }
    private static class ShareThread1 implements Runnable{
        public void run() {
            //对 lock 对象上锁
            synchronized(lock){
                while(data<10){
                    try {
                        Thread.sleep(1000);
                        System.out.println("这个小于 10 的数据是:" + data++);
                    } catch(InterruptedException e) {
                        e.printStackTrace();
                    }
                }
            }
        }
    }
    private static class ShareThread2 implements Runnable{
        public void run() {
            //对 lock 对象上锁
            synchronized(lock){
                while(data<100){
```

```
                data++;
            }
            System.out.println("ShareThread2 执行完后 data 的值为:" + data);
        }
    }
  }
}
```

程序中,首先定义了一个静态的成员变量 lock,然后在 ShareThread1 和 ShareThread2 类的 run()方法里,使用 synchronized(lock){…}代码对 lock 对象上锁,其含义为一旦一个线程执行到 synchronized(lock){…}代码块,则锁住 lock 对象,其他针对 lock 对象上锁的 synchronized(lock){…}代码块将不允许被执行,直到之前运行的代码块运行结束,释放 lock 对象锁后其他代码块才允许执行。编译、运行程序,运行结果如图 9.7 所示。

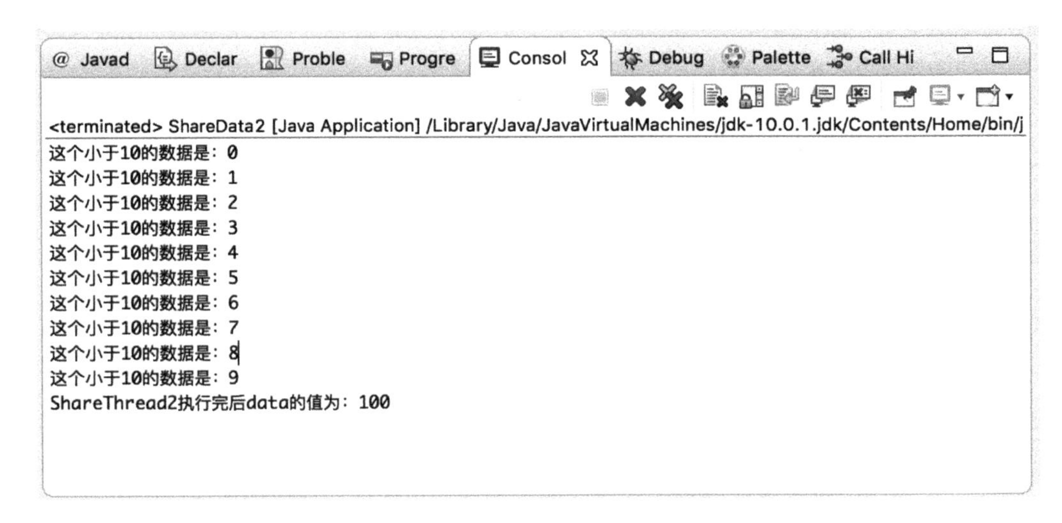

图 9.7　控制共享数据

9.4.3　多线程同步

多线程同步依靠的是对象锁机制,synchronized 关键字就是利用锁来实现对共享资源的互斥访问。

实现多线程同步的方法之一就是同步代码块,其语法形式如下:

```
synchronized(obj){
    //同步代码块
}
```

要想实现线程的同步,则这些线程必须去竞争一个唯一的共享的对象锁。

让我们先看一个案例,这个案例的主程序通过一个 for 循环,创建、启动 5 个线程对象(传入一个参数作为线程 id),而每一个线程对象 run()方法里,再通过一个 for 循环输出 1～10。

```
public class TestSyncThread
{
    public static void main(String[] args)
    {
        for(int i = 0; i<5; i++)
        {
            new Thread(new SyncThread(i)).start();
        }
    }
}
class SyncThread implements java.lang.Runnable
{
        private int tid;
        public SyncThread(int id)
        {
            this.tid = id;
        }
        public void run()
        {
            for(int i = 0; i<10; i++)
            {
                System.out.println("线程 ID 名为:" + this.tid + "正在输出:" + i);
            }
    }
}
```

编译、运行上面的程序，五个线程各自输出。这里我们希望五个线程之间不要出现交叉输出的情况，而是顺序地输出，即一个线程输出完再允许另一个线程输出。接下来我们通过不同的形式，完成上面的线程同步的要求。

修改 TestSyncThread 类，在创建、启动线程之前，先创建一个线程之间竞争使用的对象，然后将这个对象的引用传递给每一个线程对象的 lock 成员变量。这样一来，每个线程的 lock 成员变量都指向同一个对象，在线程的 run()方法中，对 lock 对象使用 synchronzied 关键字对同步代码块进行局部封锁，从而实现同步，具体代码如下：

```
public class TestSyncThread2
{
    public static void main(String[] args)
    {
        //创建一个线程之间竞争使用的对象
        Object obj = new Object();
        for(int i = 0; i<5; i++)
        {
            new Thread(new SyncThread(i,obj)).start();
```

```
            }
        }
    }
    class SyncThread implements java.lang.Runnable
    {
        private int tid;
        private Object lock;
        //构造方法引入竞争对象
        public SyncThread(int id, Object obj)
        {
            this.tid = id;
            this.lock = obj;
    }
    public void run()
    {
        synchronized(lock){
                for(int i = 0; i<10; i++)
                {
                    System.out.println("线程 ID 名为:" + this.tid + "正在输出:" + i);
                }
            }
        }
    }
```

编译、运行程序,其结果如图 9.8 所示。

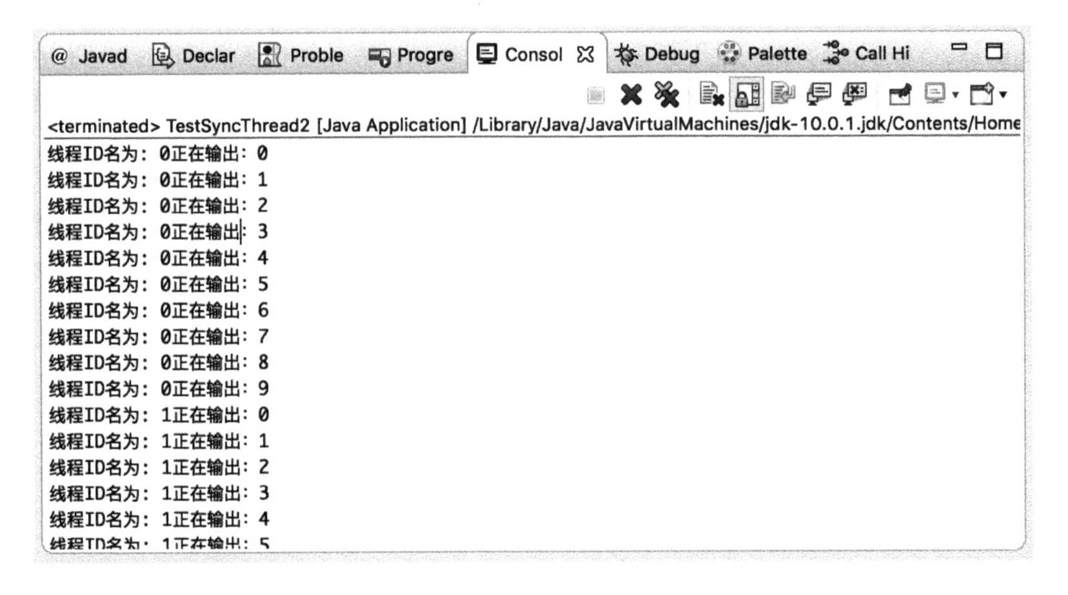

图 9.8 线程同步

线程同步的关键在于,多个线程竞争同一个共享资源,TestSyncThread2 的代码中是通过创建外部共享资源,采用引用传递这个外部共享资源的方式来实现竞争同一资源的目的。其实这个外部共享资源没有任何意义,只是起了一个共享资源标识的作用。

通过上面的方式实现线程同步还是比较麻烦的,我们可以利用类变量被所有类的实例所共享这一特性,在线程类内部定义一个静态共享资源,通过对这个共享资源的竞争起到线程同步的目的。具体代码如下:

```
public class TestSyncThread3
{
    public static void main(String[] args)
    {
        for(int i = 0; i<5; i++)
        {
            new Thread(new SyncThread(i)).start();
        }
    }
}
class SyncThread implements java.lang.Runnable
{
    private int tid;
    //在线程类内部定义一个静态共享资源 lock
    private static Object lock = new Object();
    public SyncThread(int id)
    {
        this.tid = id;
    }
    public void run()
    {
        synchronized(lock){
            for(int i = 0; i<10; i++)
            {
                System.out.println("线程 ID 名为:" + this.tid + "正在输出:" + i);
            }
        }
    }
}
```

比较 TestSyncThread3 和 TestSyncThread2 的区别,程序运行结果一样,但代码还是简化了不少。

实现多线程同步的方法之二就是同步方法,其语法形式如下:

```
访问修饰符 synchronized 返回类型 方法名{
    //同步方法体内代码块
}
```

每个类实例都对应一把锁，每个 synchronized 方法都必须获得调用该方法的类实例的锁方能执行，否则所属线程阻塞。synchronized 方法一旦执行，就独占该锁，直到该方法返回时才将锁释放，此后被阻塞的线程方能获得该锁，重新进入就绪状态。这种机制确保了同一时刻对于每一个类实例，其所有声明为 synchronized 的方法中至多只有一个处于就绪状态，从而有效避免了类成员变量的访问冲突。

针对上面的案例，我们可以在线程类中定义一个静态方法，在线程 run()方法里调用这个静态方法。静态方法是所有类实例对象所共享的，所以所有线程对象在访问此静态方法时是互斥访问的，从而实现线程的同步。具体代码如下：

```
public class TestSyncThread4
{
    public static void main(String[] args)
    {
        for(int i = 0; i<5; i++)
        {
            new Thread(new SyncThread(i)).start();
        }
    }
}
class SyncThread implements java.lang.Runnable
{
    private int tid;
    public SyncThread(int id)
    {
        this.tid = id;
    }
    public void run()
    {
        doTask(this.tid);
    }
    //通过类的静态方法实现互斥访问
    private static synchronized void doTask(int tid)
    {
        for(int i = 0; i<10; i++)
        {
            System.out.println("线程 ID 名为：" + tid + "正在输出：" + i);
        }
    }
}
```

9.4.4 线程死锁

线程死锁表示两个或者更多线程之间互相等待对方释放共享资源而都被阻塞的状态。

当多个线程都需要访问共享数据时，如果他们获取资源的顺序不同，则会发生死锁。因为synchronized 修饰的代码块会阻塞当前线程以等待共享资源的锁或 monitor，所以程序可能会出现死锁。

下面代码展示了死锁的产生。

```
/// TestThreadDeadLock1.java
public class TestThreadDeakLock1 {
    public static Object Lock1 = new Object();
    public static Object Lock2 = new Object();
    public static void main(String args[]) {
        ThreadDemo1 T1 = new ThreadDemo1();
        ThreadDemo2 T2 = new ThreadDemo2();
        T1.start();
        T2.start();
    }

    private static class ThreadDemo1 extends Thread {
        public void run() {
            synchronized(Lock1) {
                System.out.println("线程 1 拥有锁 Lock1…");
                try {
                        Thread.sleep(10);
                }
                catch(InterruptedException e) { System.out.println("中断"); }
                System.out.println("线程 1 等待 Lock2…");
                synchronized(Lock2) {
                    System.out.println("线程 1 拥有 Lock1 和 Lock2…");
                }
            }
        }
    }
    private static class ThreadDemo2 extends Thread {
        public void run() {
            synchronized(Lock2) {
                System.out.println("线程 2 拥有 Lock2…");
                try {
                        Thread.sleep(10);
                }
                catch(InterruptedException e) { System.out.println("中断"); }
                System.out.println("线程 2 等待 Lock1...");
                        synchronized(Lock1) {
                        System.out.println("线程 2 拥有 Lock1 和 Lock2...");
```

```
                    }
                }
            }
        }
    }
```

图 9.9 显示了代码输出，可以看到，线程 1 和线程 2 都需要获取两个共享数据 Lock1 和 Lock2 的监视器，但是它们获取 Lock1 和 Lock2 的顺序刚好相反，从而导致了死锁。即线程 1 先获取了 Lock1，但是无法再获取 Lock2，所以一直等待；线程 2 先获取了 Lock2，但是无法再获取 Lock1，也会一直等待。这种情形下程序无法继续执行。如果执行上述代码，需要用户强制中断程序。

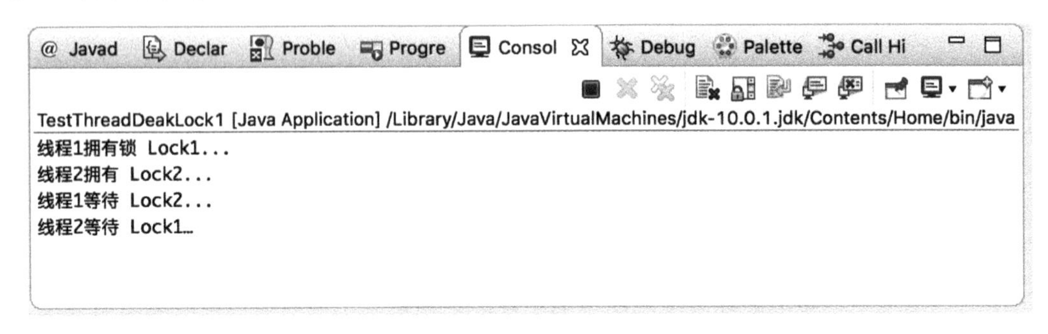

图 9.9　线程获取资源顺序不一致产生死锁

我们可以将更改两个线程获取共享资源的顺序来避免死锁，即线程 1 和线程 2 都是先获取 Lock1，再获取 Lock2。更改后的代码如下所示。图 9.10 显示了新的代码输出，可以看到没有产生死锁，即线程 1 和 2 先后按序获取并释放了共享数据 Lock1 和 Lock2。

```
/// TestThreadDeadLock2.java
public class TestThreadDeadLock2 {
    public static Object Lock1 = new Object();
        public static Object Lock2 = new Object();
        public static void main(String args[]) {
        ThreadDemo1 T1 = new ThreadDemo1();
        ThreadDemo2 T2 = new ThreadDemo2();
        T1.start();
        T2.start();
    }
    private static class ThreadDemo1 extends Thread {
        public void run() {
            synchronized(Lock1) {
                System.out.println("线程 1 拥有 Lock1...");
                try {
                    Thread.sleep(10);
                }
```

```
                catch(InterruptedException e) { System.out.println("中断"); }
                System.out.println("线程 1 等待 Lock2...");
                synchronized(Lock2) {
                    System.out.println("线程 1 拥有 Lock1 和 Lock2...");
                }
            }
        }
    }

    private static class ThreadDemo2 extends Thread {
        public void run() {
            synchronized(Lock1) {
                System.out.println("线程 2 拥有 Lock1...");
                try {
                    Thread.sleep(10);
                }
                catch(InterruptedException e) { System.out.println("中断..."); }
                System.out.println("线程 2 等待 Lock2...");
                synchronized(Lock2) {
                    System.out.println("线程 2 拥有 Lock1 和 Lock2...");
                }
            }
        }
    }
}
```

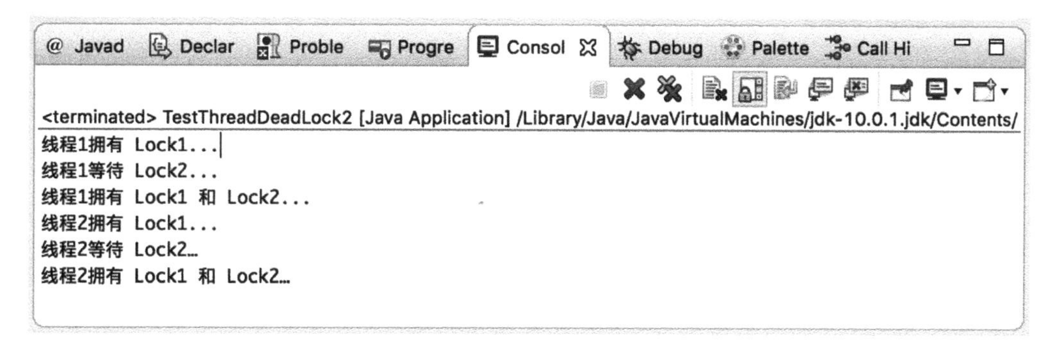

图 9.10　保持资源获取顺序获取避免死锁

9.5　创新素质拓展

本节将尝试编写一个多线程程序来模拟生产者和消费者问题，即有一个线程(生产者)不断向 List 中添加数据，有两个线程(消费者)从 List 中读取并删除数据。

9.5.1 使用 wait()与 notify()方法保护共享数据

wait()与 notify()和 notifyAll()都是 Object 类的成员方法，wait()方法使线程释放对象的锁，然后停止，等待其他需要此对象锁的线程执行，notify()方法会唤醒一个等待该对象锁的线程，然后继续执行，直到退出对象锁的范围即 synchronized 代码块后再释放锁。在执行它们之前，都需要先使用 synchronized 关键字获取锁。换句话说，通常 wait()与 notify()和 notifyAll()放在 synchronized 修饰的语句块或者方法中。

9.5.2 编写生产者和消费者程序

【目的】

在掌握多线程编程核心知识，自主学习 wait()、notify()和 synchronized 相关知识的基础上，鼓励学生大胆质疑，尝试解答思考题，培养学生创新意识。

【要求】

实现生产者和消费者程序，填写参考程序中的空缺部分：【代码 1】和【代码 2】。

【程序运行效果示例】

程序运行效果示例如图 9.11 所示。

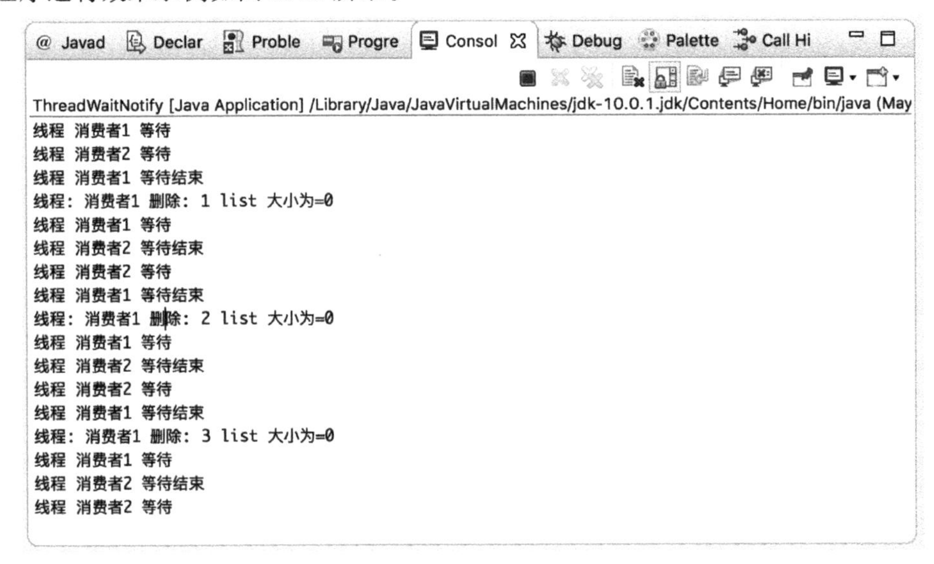

图 9.11 程序运行效果示例

【参考程序】

```
/// ThreadWaitNotify.java
import java.util.ArrayList;
import java.util.List;

//封装的队列
class ValueObject {
    public static List<String> list = new ArrayList<String>();
}
```

```
class Add {
    private String lock;
    public Add(String lock) {
        super();
        this.lock = lock;
    }

public void add() {
        for(int i : new int[]{1, 2, 3}) {
            【代码 1】    // 使用 synchronized 关键字,获取 lock 的 monitor,
                         //并向 ValueObject.list 中添加数字
        }
    }
}
//添加数据线程
class ThreadAdd extends Thread {
    private Add p;
    public ThreadAdd(Add p) {
        super();
        this.p = p;
    }

    @Override
    public void run() {
        p.add();
    }
}

class Subtract {
    private String lock;
    public Subtract(String lock) {
        super();
        this.lock = lock;
    }

    public void subtract() {
        try {
            while(true) {
                【代码 2】// 使用 synchronized 关键字,获取 lock 的 monitor,
                      //并将 ValueObject.list 中的第一个数字删除,
                      // 同时输出当前线程名称和 list 的大小
            }
```

```
        }
        catch(InterruptedException e) {
            e.printStackTrace();
        }
    }
}
//删除数据线程
class ThreadSubtract extends Thread {
    private Subtract r;
    public ThreadSubtract(Subtract r) {
        super();
        this.r = r;
    }

    @Override
    public void run() {
        r.subtract();
    }
}

public class ThreadWaitNotify {
    public static void main(String[] args) throws InterruptedException {
        String lock = new String("");  // 共享锁 monitor
        Add add = new Add(lock);
        Subtract subtract = new Subtract(lock);
        // 创建和启动删除数据线程(消费者 1)
        ThreadSubtract subtract1Thread = new ThreadSubtract(subtract);
        subtract1Thread.setName("消费者 1");
        subtract1Thread.start();
        // 创建和启动删除数据线程(消费者 2)
        ThreadSubtract subtract2Thread = new ThreadSubtract(subtract);
        subtract2Thread.setName("消费者 2");
        subtract2Thread.start();

        // 创建和启动添加数据线程(生产者)
        Thread.sleep(1000);
        ThreadAdd addThread = new ThreadAdd(add);
        addThread.setName("生产者");
        addThread.start();
    }
}
```

【知识点链接】

Java 语言的 Object 类提供了三个成员方法 wait()、notify()和 notifyAll()。相关知识链接，请扫描如下二维码：

【思考题】

将 add()和 substract()成员函数中补充的【代码 1】和【代码 2】的 synchronized 关键字去掉，观察程序运行结果是否有变化？尝试分析原因。

9.6　本章练习

1. 给出下面代码的输出：(　　)。

```
/// ThreadDemo.java
class MyThread extends Thread
{
    MyThread() {}
    MyThread(Runnable r) {super(r); }
    public void run()
    {
        System.out.print("Inside Thread ");
    }
}
class RunnableDemo implements Runnable
{
    public void run()
    {
        System.out.print("Inside Runnable");
    }
}
public class ThreadDemo
{
    public static void main(String[] args)
    {
        new MyThread().start();
        new MyThread(new RunnableDemo()).start();
    }
}
```

A. Inside Thread Inside Runnable
B. Inside Thread Inside Thread
C. 编译错误
D. 运行时抛出异常

2. 实现接口 java. lang. Runnable 的类必须实现下面哪个方法？(　　)

A. public void run()
B. public void start()
C. void run()
D. 以上均不是

3. 下面哪个方法不会直接使线程停止运行？(　　)

A. 在该线程中对某个对象调用 notify()
B. 调用成员函数 setPriority()
C. 在该线程中对某个对象调用 wait()
D. 调用成员函数 sleep()

4. 下面程序的输出是什么？(　　)

```
/// MultiThreadTest1.java
class MultiThreadTest extends Thread {
    public void run() {
        for(int i = 0; i<3; i++)  {
            System.out.println("A");
            System.out.println("B");
        }
    }
}
class MultiThreadTest1 extends Thread  {
    public void run()  {
        for(int i = 0; i<3; i++)  {
            System.out.println("C");
            System.out.println("D");
        }
    }
    public static void main(String args[]) {
        MultiThreadTest t1 = new MultiThreadTest();
        MultiThreadTest1 t2 = new MultiThreadTest1();
        t1.start();
        t2.start();
    }
}
```

A. 输出顺序为 CD AB CD…
B. 输出 A B C D，但无法预测顺序
C. 输出顺序为 AB CD AB…
D. 输出顺序为 A 或 C

5. 下面程序的输出是什么？(　　)

```
/// MultiThreadTest1.java
class MultiThreadTest1 implements Runnable
{
```

```
    int x = 0, y = 0;
    int addX() {x++ ; return x;}
    int addY() {y++ ; return y;}

    public void run() {
        for(int i = 0; i<10; i++)
            System.out.println( Thread.currentThread().getName() + ": " + addX() + "" + addY
            ());
    }

    public static void main(String args[])
    {
    MultiThreadTest1 obj1 = new MultiThreadTest1();
    MultiThreadTest1 obj2 = new MultiThreadTest1();
        Thread t1 = new Thread(obj1);
        Thread t2 = new Thread(obj1);
        t1.start();
        t2.start();
    }
}
```

A. 编译错误

B. 从小到达的顺序：1 1 2 2 3 3 4 4 5 5 …

C. 1 2 3 4 5 6 … 1 2 3 4 5 6 …

D. 每个线程都打印 10 次，从小到大 1 1 2 2 3 3 … 直到 10 10，但是两个线程之间顺序不定

6. 以下哪些是 Object 类的成员函数？（　　）

(a) notify()　(b) notifyAll()　(c) sleep(long msecs)　(d) wait(long msecs)

(e) yield()

A. (a)(b)　　B. (a)(b)(c)

C. (a)(b)(d)　　D. (a) (b) (c) (e)

7. 下面代码的输出是什么？（　　）

```
class MultiThreadTest1 implements Runnable
{
    String x, y;
    public void run()
    {
        for(int i = 0; i<10; i++)
            synchronized(this)
            {
                x = "Hello";
```

```
                y = "Java";
            System.out.println(Thread.currentThread().getName() + ":" + x + "" + y + "");
        }
    }
    public static void main(String args[])
    {
    MultiThreadTest1 run = new MultiThreadTest1();
        Thread obj1 = new Thread(run);
        Thread obj2 = new Thread(run);
        obj1.start();
        obj2.start();
    }
}
```

A. 两个线程各连续打印 10 次“Hello Java”

B. 产生死锁

C. 编译错误

D. 随机为两个线程各打印 10 次“Hello World”

8. 如何确保 main()方法作为最后退出的线程？

9. 线程之间共享资源时如何通信？

10. 为什么 Thread 类的 sleep()和 yield()方法是静态的？

第 10 章　网 络 编 程

本章简介

网络编程是指连接网络中两个或者更多计算设备来共享资源，其优点是资源共享与软件集中化管理。java.net 包提供了 Socket（套接字）API，具有网络设备通信和共享资源的能力。本章在介绍网络编程前，会先对计算机网络基础知识进行概述，之后重点讲述 URL 的读取处理和 Socket 套接字编程。

10.1　计算机网络回顾

计算机网络是指将地理位置不同的具有独立功能的多台计算机及其外部设备，通过通信线路连接起来，在网络操作系统、网络管理软件及网络通信协议的管理和协调下，实现资源共享和信息传递的计算机系统。

10.1.1　计算机网络定义

从计算机网络的定义来看，其主要功能包括以下四个方面：

（1）数据通信：计算机网络主要提供内容浏览、电子邮件、数据交换、远程登录等数据通信服务，数据通信是计算机网络需要承担的最主要的功能。

（2）资源共享：计算机网络中有资源可供下载，有服务可供使用，有数据可被共享，凡是进入计算机网络的用户在经过授权许可的情况下，都可以实现对这些资源的共享。

（3）提高系统的可靠性：由计算机组成的网络，网络中的每台计算机都可通过网络互为后备。一旦某台计算机出现故障，它的任务就可由其他的计算机代为完成，这样可以避免当某一台计算机发生故障而引起整个系统瘫痪，从而提高系统的可靠性。

（4）提高系统处理能力：要想提高系统的处理能力，一种方法是选择速度更快、性能更优的计算机，这样通常会花费很高的费用。另外一种办法就是通过计算机网络，将大型的综合性问题交给网络中不同的计算机同时协作处理，也就是说把原来一台计算机做的事情，让网络中多台计算机一起做，提高系统处理能力。

了解了计算机网络的主要功能之后，接下来让我们继续了解如何对计算机网络进行分类。要进行分类，首先需要有网络分类的标准。如果按照地理范围划分，可以将计算机网络分为局域网、城域网和广域网三种。

局域网（local area network，LAN）是在一个局部的地理范围内（如一个企业、一个学校或一个网吧)，一般是方圆几千米以内，将各种计算机、服务器、外部设备等互相连接起来组成的计算机通信网。局域网可以实现文件管理、软件共享、打印机共享等功能。从严格意义上来讲，局域网应该是封闭型的，它可以由几台甚至成千上万台计算机组成，但实际上，局域网可以通过广域网或专线与远方的局域网、服务器相连接，拓展网络范围或实现更多的功能。

城域网(metropolitan area network，MAN)一般来说是在一个城市，连接距离在 10～100 千米范围内的计算机互联网。MAN 与 LAN 相比扩展的距离更长，连接的计算机数量更多，在地理范围上 MAN 网络可以说是 LAN 网络的延伸。在一个大型城市或都市地区，一个 MAN 网络通常连接着多个 LAN，如连接政府机构的 LAN、医院的 LAN、电信的 LAN、公司企业的 LAN 等。另外由于光纤连接的引入，使 MAN 中高速的 LAN 互联成为可能。

广域网(wide area network，WAN)也称为远程网，所覆盖的范围比城域网更广，起到 LAN 或 MAN 之间的网络互联的作用。广域网能连接多个城市或国家，或横跨几个洲并能提供远距离通信，形成国际性的远程网络，互联网是世界范围内最大的广域网。因为距离较远，信息衰减严重，所以这种网络一般要使用专线，构成网状结构，解决信息安全到达的问题。

上面我们按照地理范围将计算机网络划分为局域网、城域网和广域网，在实际工作中，常提到的是局域网和互联网(广域网)，城域网较少被提及。

总体来说，计算机网络是由多台计算机、交换机、路由器等其他网络设备，通过传输介质和软件连接在一起组成的。计算机网络的组成基本上包括硬件方面的计算机、网络设备、传输介质和软件方面的网络操作系统、网络管理软件、通信软件，以及保证这些软硬件设备能够互联互通的协议和标准。

10.1.2 网络协议

在人类社会中，人与人之间的交流是通过各种语言来实现的。为什么你说的话我可以听明白，原因在于你是按照汉语的规则说话，而我也懂汉语的规则，所以可以听懂你的意思。网络协议就是为计算机网络中进行数据交换而建立的规则、标准或约定的集合。

网络协议通常由三个要素组成：

(1) 语义，规定了通信双方为了完成某种目的，需要发出何种控制信息以及基于这个信息需要做出何种行动。例如 A 处民宅发生火灾，需要向 B 处城市报警台报警，则 A 发送“119＋民宅地址”的信息给 B，B 获得这个信息后根据 119 知道是火警，则通知消防队去民宅地址灭火。

(2) 语法，是用户数据与控制信息的结构与格式，以及数据出现的先后顺序。例如，语法可以规定 A 向 B 发送的数据前部是“119”，后部是“民宅地址”。

(3) 时序，是对事件发生顺序的详细说明。比如何时进行通信，先讲什么，后讲什么，讲话的速度等。

这三个要素可以描述为：语义表示要做什么，语法表示要怎么做，时序表示做的顺序。

在计算机网络中，由于计算机、网络设备之间联系很复杂，在制订协议时为了减少网络设计的复杂性，绝大多数网络采用分层设计方法。所谓分层设计方法，就是按照信息的流动过程将网络的整体功能分解为一个个的功能层，不同机器上的同等功能层之间采用相同的协议，同一机器上的相邻功能层之间通过接口进行信息传递。在不同的网络中，分层数量、各层的名称和功能以及协议都各不相同。然而，在所有的网络中，每一层的目的都是向它的上一层提供一定的服务，同时也向下一层获取一定的服务。

分层设计方法首先确定层次及每层应完成的任务，确定层次时应按逻辑组成功能细化层次，使得每层功能相对单一，易于处理。但同时层次也不能太多，否则会因为层次之间的处理产生过多的开销。将整个网络通信功能划分为垂直的层次后，在通信过程中下层将向上层隐蔽下层的实现细节，而上层也只按接口要求获取信息，这样各层之间既独立同时也能顺利传递信息。

10.1.3 网络分层模型

为了使不同计算机厂家生产的计算机能够相互通信，以便在更大的范围内建立计算机网络，国际标准化组织（ISO）在 1978 年提出了"开放式系统互联参考模型"，即著名的 OSI/RM 模型（Open System Interconnection/Reference Model）。它将计算机网络体系结构的通信协议划分为七层，自下而上依次为物理层（Physics Layer）、数据链路层（Data Link Layer）、网络层（Network Layer）、传输层（Transport Layer）、会话层（Session Layer）、表示层（Presentation Layer）、应用层（Application Layer）。对于每一层，至少制订两项标准：服务定义和协议规范。前者给出了该层所提供的服务的准确定义，后者详细描述了该协议的动作和各种有关规程，以保证服务的提供。

TCP/IP 协议不是 TCP 和 IP 这两个协议的合称，而是指整个 TCP/IP 协议族。TCP/IP 协议是互联网的基础协议，没有它就根本不可能上网，任何和互联网有关的操作都离不开 TCP/IP 协议。TCP/IP 协议定义了电子设备如何连入因特网，以及数据如何在它们之间传输的标准。协议采用了四层（另一说法为五层）的层次结构，自下而上依次为网络接口层（Network Interface Layer）、网络层（Network Layer）、传输层（Transport Layer）和应用层（Application Layer）。

图 10.1 显示了计算机网络中 OSI 七层模型与 TCP/IP 协议栈的对照关系。通常 OSI（Open System Interconnection）作为计算机网络互联的理论标准框架，而实践中应用广泛的 TCP/IP 模型并没有严格地划分每个层次，而是将部分层结合，例如 TCP/IP 把 OSI 的数据链路和物理层结合形成网络接口层，包含了不同类型的网络接入方式，而最上面的应用层则实现了 OSI 的应用层、表示层和会话层的功能。图中同时列出了每个网络层包括的重要协议。

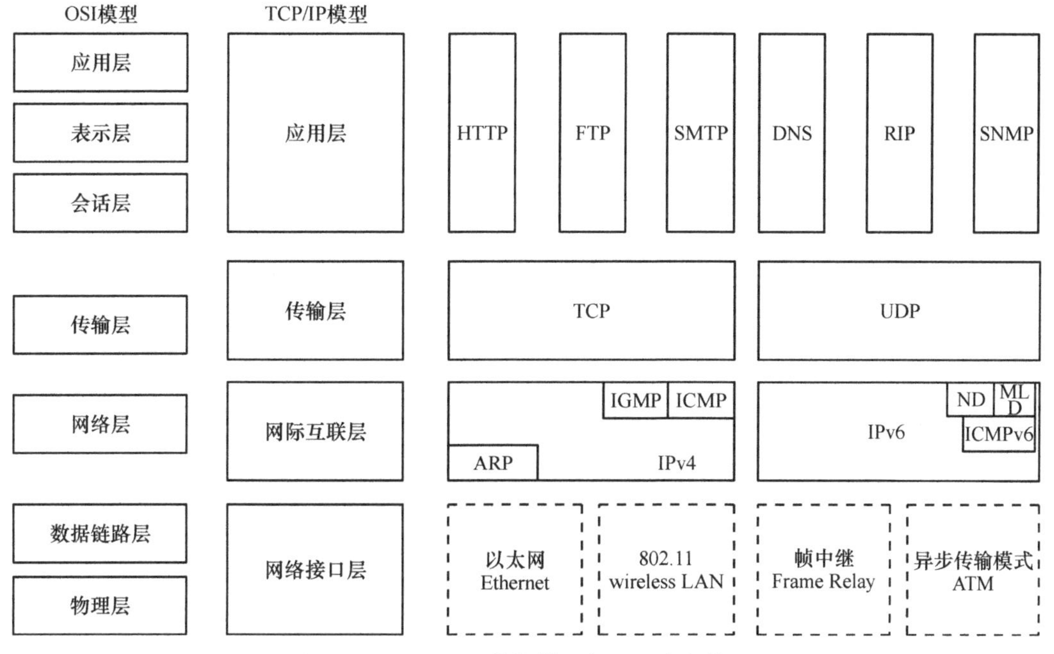

图 10.1 TCP/IP 协议模型与 OSI 参考模型

10.1.4 TCP/IP 协议简介

1. 网络接口层

TCP/IP 协议模型中网络接口层对应于 OSI 参考模型的物理层和数据链路层。其中物理层规定了物理介质的各种特性，包括机械特性、电子特性、功能特性和规程特性，而数据链路层是负责接收 IP 数据报并通过网络发送，或从网络上接收物理帧再抽离出 IP 数据报交给网络层。

在该层中，大家可能会接触到的两个协议是：

(1) SLIP(Serial Line Internet Protocol)协议，提供了一种在串行通信线路上封装网络层数据的简单方法，使用户通过电话线和 Modem 能方便地接入 TCP/IP 网络。

(2) PPP(Point to Point Protocol)协议，是一种有效的点到点通信协议，可以支持多种网络层协议(如 IP、IPX 等)，支持动态分配的 IP 地址，并且具有差错检验能力。该协议的设计目的主要是用来通过拨号或专线方式建立点对点数据连接，使其成为各种计算机、网络设备之间简单连接的一种解决方案。

2. 网络层

网络层对应于 OSI 参考模型的网络层，提供源设备和目的设备之间的信息传输服务。它在数据链路层提供的两个相邻端点之间的数据帧的传送功能上，进一步管理网络中的数据通信，将数据设法从源端经过若干个中间结点传送到目的端，从而向传输层提供最基本的端到端的数据传送服务。网络层主要功能包括处理来自传输层的分组请求，收到请求后，检查合法性，并将分组装入 IP 数据报，填充报头，选择去往目的设备的路径，然后将数据报发往适当的中间结点，最终达到目的端。

TCP/IP 协议族中，网络层的主要协议包括：

(1) IP(Internet Protocol)协议，是网络层的核心，负责在主机(含网络设备)之间寻址并为数据报设定路由。

IP 协议是无连接的，关于是否有连接，非常类似于打电话(有连接的)和发短信(无连接的)。在打电话的过程中，需要为通话双方建立一个独占的连接，双方可以通过拨电话号码及听到铃声接通电话来建立一个连接会话。在连接建立以后，双方说的话会顺序到达对方那里，对方听到以后会进行回话，确认了信息的到达。而发短信则不需要建立连接，发送出去以后，并不知道对方是否一定收到了，发出的短消息，在接收方那里也并不一定还按照原来的发送顺序接收。

IP 协议不仅是无连接的，而且是不可靠的，不能保证传输的正确。它总是尽最大努力传送数据报到目的设备。在传送过程中，可能发生丢失、次序紊乱、重复或者延迟发送，数据报被收到的时候，IP 协议不需要进行确认，同样，发生错误的时候，也不进行告知。

IP 协议要负责寻找到达目的设备的路由。它首先判断目的设备地址是不是本地地址，如果是，则直接发送到本地地址，如果不是，则需要在本地的路由表中查找到达目的设备地址的路由。如果找到了这个路由，就把数据报发送到这个路由，如果没有找到，就把数据报发送给自己的网关，由网关进行处理。

(2) ICMP(Internet Control Message Protocol，Internet 控制报文协议)的主要作用在于报告错误，并对消息进行控制。需要强调的是，Internet 控制报文协议并不是让 IP 协议变成一个可靠的协议,它只是在特殊情况下报告错误和提供反馈。

(3) ARP(Address Resolution Protocol)正向地址解析协议,作用是根据已知的 IP 地址(网络地址)获取主机(含网络设备)的 MAC 地址(硬件地址)。

(4) RARP(Reverse ARP)反向地址解析协议,其作用正好和 ARP 协议的作用相反,是根据主机的 MAC 地址获取该设备的 IP 地址。

3. 传输层

传输层对应于 OSI 参考模型的传输层,提供进程之间的端到端的服务。传输层是 TCP/IP 协议族中最重要的一层,是负责总体的数据传输和控制的。其主要功能包括分割和重组数据并提供差错控制和流量控制,以到达提供可靠传输的目的。为了实现可靠的传输,传输层协议规定接收端必须发送确认信息以确定数据达到,假如数据丢失,必须重新发送。

传输层协议主要包括:

(1) TCP(Transmission Control Protocol)传输控制协议,是一种可靠的面向连接的传输服务协议。在 TCP/IP 协议族中,TCP 协议提供可靠的连接服务,采用“三次握手”建立一个连接。

第一次握手:建立连接时,源端发送同步序列编号(Synchronize Sequence Numbers,SYN)包(SYN=j)到目的端,等待目的端确认。

第二次握手:目的端收到 SYN 包,确认源端的 SYN(ACK=j+1),同时自己也发送一个 SYN 包(SYN=k),即 SYN+ACK 包。

第三次握手:源端收到目的端的 SYN+ACK 包,向目的端发送确认包 ACK(ACK=k+1)。此包发送完毕,源端和目的端完成三次握手,源端可以向目的端发送数据。

在使用 TCP 协议传输数据之前,双方会通过握手的方式来进行初始化,握手的目的是使数据段的发送和接收同步,建立虚连接。在建立虚连接以后,TCP 每次发送的数据段都有顺序号,这样目的端就可以知道是否所有的数据段都已经收到,同时在接收到数据段以后,必须在一个指定的时间内发送一个确认信息。如果发送方没有接收到这个确认信息,它将重新发送数据段。如果收到的数据段有损坏,接收方直接丢弃,因为没有发送确认信息,所以发送方也会重新发送数据段。

在使用 TCP 协议通信的过程中,还需要一个协议的端口号来标明自己在主机(含网络设备)中的唯一性,这样才可以在一台主机上建立多个 TCP 连接,告知具体哪个应用层协议来使用。端口号只能是从 0～65535 当中的任意整数,其中常见的端口号及对应的应用层协议如表 10.1 所示。

表 10.1 端口号及对应的应用层协议

端 口 号	协 议
21	FTP(文件传输协议)
23	Telnet(远程登录协议)
25	SMTP(简单邮件传输协议)
53	DNS(域名服务)
80	HTTP(超文本传输协议)
110	POP3(邮局协议 3)

(2) UDP(User Datagram Protocol)用户数据报协议，是另外一个重要的协议，它提供的是无连接、面向事务的简单不可靠信息传送服务。UDP 不提供分割、重组数据和对数据进行排序的功能，也就是说，当数据发送之后，无法得知其是否安全完整的到达。

在选择使用传输层协议时，选择 UDP 必须要谨慎。因为在网络环境不好的情况下，UDP 协议数据丢失会比较严重。但同时也因为 UDP 是无连接的协议，因而具有资源消耗小，处理速度快的优点，所以在音频和视频的传送时使用 UDP 较多，因为这样的数据传输即使偶尔丢失一两个数据，也不会对接收结果产生太大影响。

4. 应用层

应用层对应于 OSI 参考模型的会话层、表示层和应用层，该层向用户提供一组常用的应用程序服务，比如电子邮件、文件传输访问、远程登录等。

应用层协议主要包括：

(1) FTP(File Transfer Protocol)文件传输协议，上传、下载文件可以使用 FTP 服务。

(2) Telnet 是提供用户远程登录的服务，使用明码传送，保密性差，但简单方便。

(3) DNS(Domain Name Service)域名解析服务，提供域名和 IP 地址之间的解析转换。

(4) SMTP(Simple Mail Transfer Protocol)简单邮件传输协议，用来控制邮件的发送、中转。

(5) HTTP(Hypertext Transfer Protocol)超文本传输协议，用于实现互联网中的 WWW 服务。

(6) POP3(Post Office Protocol 3)即邮局协议的第三个版本，它是规定个人计算机如何连接到互联网上的邮件服务器进行收发邮件的协议。

10.1.5 数据封装和解封

在 TCP/IP 层次模型中，每一层负责接收上一层的数据，根据本层的需要进行数据处理，并增加本层的头部信息后转发到下层。当接收方收到数据以后，对应的层负责查看本层的头部信息是否正确，是否需要合并或进行其他处理，然后完成相应的操作，去掉本层添加的头部信息后提交给上一层。TCP/IP 协议数据封装和解封的过程如图 10.2 所示。

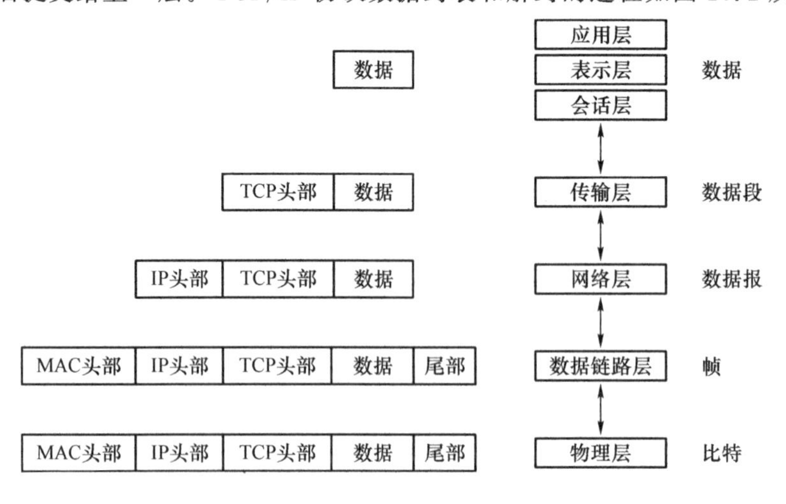

图 10.2 TCP/IP 协议数据封装和解封

10.2　IP地址

在前面的内容中,我们已经提到了IP地址,比如ARP协议是根据已知的IP地址(网络地址)获取主机的MAC地址(硬件地址),RARP协议是根据主机的MAC地址获取该设备的IP地址;DNS域名解析服务,提供域名和IP地址之间的转换。接下来,我们系统地介绍什么是IP地址,以及IP地址与域名的关系。

10.2.1　IP地址

在现实生活中,每一个地理位置都有一个详细的通信地址,根据这个通信地址,信件、快递物品可以送到指定的位置。在网络上,每一台要通信的主机(含网络设备)也必须有一个IP地址,它的作用就是其他主机可以通过这个IP地址找到它。

每个IP地址都由两部分组成:网络号和主机号。网络号用来标识这个IP地址属于哪一个网络,就像一个通信地址中都有一个城市名一样。一个网络中的所有主机,应该有相同的网络号。主机号用来标识这个网络中的唯一一台主机,相当于通信地址中的街道门牌号。

IP地址有两种表示方式,二进制表示和点分十进制表示,我们常见的是点分十进制表示的IP地址。IP地址的长度为32位,每8位组成一个部分,这样一个IP地址可以分为4个部分,每个部分如果用十进制表示,其值在0～255之间。例如用点分十进制表示的IP地址119.186.211.92,其二进制表示为01110111 10111010 11010011 01011100。可以看出,在使用十进制表示的时候,中间用点号隔开。

10.2.2　IP地址类型

在IP协议提出时,为了划分大小不同的网络,使某种类型的网络中主机的数量在一定范围之内,因定义了5种IP地址类型。

1. A类地址

具有A类地址的网络可以拥有很大数量的主机。A类地址的最高位固定为0,加上之后紧跟着7位,共8位一起表示网络号,剩下的24位表示主机号。这样根据IP协议的约定,整个网络拥有2^7-2共计126个A类网络,而每个A类网络中可以拥有最多$2^{24}-2$大约1700万台主机。

因为A类地址前8位表示网络号,且第1位必须是0,所以A类地址的网络号范围在00000000到01111111之间,十进制表示为0～127。但因为不是所有的主机号都可以分配给主机使用,其中有两个主机号是有特殊含义的,一个是全0的主机号,表示网络本身;一个是全1的主机号,表示广播地址,所以才会出现一个网络中可以拥有的主机数是理论计算值减2的情况,即整个网络共有126个A类网络。

2. B类地址

B类地址一般用来分配到中等或稍大规模的网络中。B类地址的最高两位固定是10,与后面的14位一起构成网络号,剩下的16位表示主机号。这样根据IP协议的约定,整个网络拥有2^{14}共计16384个B类网络,而每个B类网络中可以拥有最多$2^{16}-2$大约65000台主机。

因为 B 类地址前 16 位表示网络号，且前两位必须是 10，所以 B 类地址的网络号范围在 10000000 00000000 到 10111111 11111111 之间，其中 IP 地址第一个部分的十进制范围为 128～191。

3. C 类地址

C 类地址分配给主机数量不多的网络。C 类地址的最高三位固定是 110，和后面跟着的 21 位一起构成网络号，只有 8 位表示主机号。整个网络拥有 2^{21} 共计 200 多万个 C 类网络，但是每个 C 类网络最多只有 2^8-2 共计 254 台主机。

因为 C 类地址前 24 位表示网络号，且前三位必须是 110，所以 C 类地址的网络号范围在 11000000 00000000 00000000 到 11011111 11111111 11111111 之间，其中 IP 地址第一个部分的十进制范围为 192～223。

4. D 类地址

D 类地址不分网络地址和主机地址，前四位必须是 1110，它是一个专门保留的地址。它并不指向特定的网络，目前这一类地址被用在多点广播(Multicast)中。多点广播地址用来一次寻址一组计算机，它标识共享同一协议的一组计算机。

5. E 类地址

E 类地址也不分网络地址和主机地址，前五位必须是 11110，为将来使用保留。

另外需要特别指出的是，A、B、C 三类地址中还各有一个网段被应用到内部局域网中，而不能在实际的互联网上出现，即 10 网段、172.16.x.x 到 172.31.x.x 网段和 192.168 网段。使用这 3 个网段中 IP 地址的主机，不能直接出现在互联网上，需要通过一些其他的手段才能上网。

10.2.3 子网掩码

根据 IP 地址类型的划分，出现了网络中提供的 IP 地址的数量与实际需求相差甚远的情况。虽然看起来 IP 地址的绝对数量应该能满足人们的需求，但是由于 IP 地址由网络号和主机号构成，所以网络中 A 类网络才 126 个，最多的 C 类网址也不过 200 多万个。随着互联网的普及，IP 网络越来越不够分，因此，人们提出了很多解决方案，其中目前使用范围最广的就是使用子网的方式对原网络进行再次划分。

IP 地址分为网络号和主机号，子网就是把主机号再分为子网号和主机号，这样，原来的一个 A 类网络就不再总是拥有 1700 多万台主机了。原来的网络可以进一步划分，即使是 C 类网络也可以进一步划分为更小的子网，实现这一技术的就是子网掩码。

子网掩码是一种用来指明一个 IP 地址的哪些位标识的是网络号(含子网号)以及哪些位标识的是主机号的位掩码。子网掩码不能单独存在，它必须结合 IP 地址一起使用。子网掩码只有一个作用，就是将某个 IP 地址划分成网络地址和主机地址两部分。

A 类地址的默认子网掩码为 11111111 00000000 00000000 00000000，点分十进制表示为 255.0.0.0，这就表示 A 类地址的前 8 位是网络号，后 24 位是主机号。例如前面用点分十进制表示的 IP 地址 119.186.211.92，其二进制表示为 01110111 10111010 11010011 01011100。从点分十进制 IP 地址的第一部分可以看出，这个 IP 地址为 A 类地址，其默认子网掩码即为 255.0.0.0。

如果现在需要将这个 IP 地址所在的 A 类网络划分成更小的子网，每个子网可以有

2^6-2 共计 62 台主机，该如何操作呢？我们可以通过子网掩码，将 IP 地址的前 26 位都设置成网络号，后 6 位设置成主机号，则这个 IP 地址所在的子网里就只能拥有 2^6-2 共计 62 台主机了。针对这个需求，需要将此 IP 地址的子网掩码设置为 11111111 11111111 11111111 11000000，子网掩码十进制表示为 255.255.255.192，这个 IP 地址的网络号为 IP 地址的前 26 位 01110111 10111010 11010011 01。

如果需要判断两个 IP 地址是否在一个子网中，只需要判断它们的网络号是否一致就可以了，具体的算法本节不作介绍。

另外，子网掩码必须由连续的 1 和连续的 0 组成，换算成十进制可以看出，最后一个数只能是 0、128、192、224、240、248、252、254、255 这几个数字。

除了用划分子网的方式解决 IP 网络和 IP 地址资源紧缺的问题外，目前还有一种解决方式就是采用新的 IP 版本(即 IPv6)，它对现有 IP 地址进行了大规模的改革，其中 IP 地址使用 128 位来表示。从目前看来，这些 IP 地址足够给每个人的每个设备提供一个独一无二的 IP 地址，目前已经有一些软硬件开始支持 IPv6。

10.2.4　域名

域名(Domain Name)，是由一串用点号分隔的名字组成的 Internet 上某一台计算机或计算机组的名称，用于在数据传输时标识计算机的电子方位。

在网络中，要想找到一台主机，是通过 IP 地址寻找的。但 IP 地址是数字标识，使用时难以记忆和书写，因此在 IP 地址的基础上又发展出一种符号化的地址方案，来代替数字型的 IP 地址。每一个符号化的地址都与特定的 IP 地址对应，这样网络上的资源访问起来就容易得多了。这个与网络上的数字型 IP 地址相对应的字符型地址就是域名。

我们在访问搜狐的时候，在浏览器地址栏输入的 www.sohu.com 就是域名。通常来说，在域名中，主机名放在前面，域名放在后面，搜狐的域名中 www 是主机名，sohu.com 是域名。

域名可分为不同级别，包括顶级域名、二级域名等。顶级域名又可分为两类：

一类是国家顶级域名，200 多个国家都按照 ISO3166 国家代码分配了顶级域名，例如中国是 cn，美国是 us，韩国是 kr 等。

另外一类是国际顶级域名，例如表示工商企业的 com，表示网络提供商的 net，表示非营利组织的 org 等。

二级域名是指顶级域名之下的域名，例如在国际顶级域名下，由域名注册人申请注册的网上名称，例如 sohu、apple、microsoft 等。在国家顶级域名下，一般二级域名表示注册企业类别的符号，例如 com、edu、gov、net 等。

10.3　URL 处理

Java 语言从其诞生开始，就和网络紧密联系在一起。在 1995 年的 Sun World 大会上，当时占浏览器市场份额绝对领先的网景公司宣布在浏览器中支持 Java，从而引起一系列的公司产品对 Java 提供支持，使得 Java 很快成为一种流行的语言。之后，Java 在面向企业的服务器平台取得了广泛的成功。而如今，在移动互联的世界，随着安卓的异军突起，Java 与网络的关系又向前迈进了一步。

10.3.1 IP 地址类

在 TCP/IP 协议族中，我们是通过 IP 地址来标识网络上的一台主机（含网络设备）的。如果想获取自己主机的 IP 地址，可以通过打开“Internet 协议版本 4(TCP/IPv4)属性”对话框方式查看（必须是设置固定 IP 地址，而不是自动获取 IP 地址），还可以通过 ipconfig 命令查看。假设需要在程序中获取本机的 IP 地址，该如何编写代码呢？

通过查阅 JDK API 文档获悉，在 Java 中，使用 java.net 包下的 InetAddress 类表示互联网协议的 IP 地址。下面的案例演示了如果获得本地主机的 IP 地址，具体代码如下：

```
import java.net.*;
public class TestGetIP{
    public static void main(String args[]) {
        InetAddress myIP = null;
        try{
            //通过 InetAddress 类的静态方法，返回本地主机对象
            myIP = InetAddress.getLocalHost();
        }catch(Exception e){
            e.printStackTrace();
        }
        //通过 InetAddress 类的 getHostAddress()方法获得 IP 地址字符串
        System.out.println(myIP.getHostAddress());
    }
}
```

编译、运行程序，显示出本地主机的 IP 地址。如果我们不仅想获得本地主机的 IP 地址，还想根据用户输入的域名，获取这个域名在互联网上的 IP 地址，下面的代码演示了此功能：

```
import java.util.Scanner;
import java.net.*;
public class TestGetIP2{
    public static void main(String args[]) {
        InetAddress sohuIP = null;
        Scanner input = new Scanner(System.in);
        System.out.print("请输入要查询 IP 地址的域名:");
        String dName = input.next();
        try{
            //通过 InetAddress 类的静态方法，返回指定域名的 IP 地址对象
            sohuIP = InetAddress.getByName(dName);
        }catch(Exception e){
            e.printStackTrace();
        }
        System.out.println("域名:" + dName + "对应的 IP 地址为:" + sohuIP.getHostAddress());
    }
}
```

编译、运行程序，其结果如图 10.3 所示。

图 10.3 获取指定域名的 IP 地址

上面的两个例子中，创建的 InetAddress 类对象都不是使用构造函数实例化对象，而是通过 InetAddress 类的静态方法获取的。下面列出了通过 InetAddress 类的静态方法获取 InetAddress 类对象的方法：

- InetAddress[] getAllByName(String host)
  在给定主机名的情况下，根据系统上配置的名称服务返回其 IP 地址所组成的数组。
- InetAddress getByAddress(byte[] addr)
  在给定原始 IP 地址的情况下，返回 InetAddress 对象。
- InetAddress getByAddress(String host, byte[] addr)
  根据提供的主机名和 IP 地址，创建 InetAddress 对象。
- InetAddress getByName(String host)
  在给定主机名的情况下，返回 InetAddress 对象。
- InetAddress getLocalHost()
  返回本地主机 InetAddress 对象。

InetAddress 类的其他常用方法有：

- byte[] getAddress()
  返回此 InetAddress 对象的原始 IP 地址。
- String getCanonicalHostName()
  返回此 IP 地址的完全限定域名。完全限定域名是指主机名加上全路径，全路径中列出了序列中所有域成员。
- String getHostAddress()
  返回 IP 地址字符串。
- String getHostName()
  返回此 IP 地址的主机名。

10.3.2 URL 类

Java 提供的网络功能的相关类主要有三个，它们分别是 URL、Socket 和 Datagram，其中 URL 是这三个类中层次级别最高或者说封装最多的类，通过 URL 类可以直接发送或读取网络上的数据。

URL 类表示一个网络上的资源地址，英文表述为 Uniform Resource Locator。每个 URL 地址都是唯一的，表示网络上唯一一个资源的位置。一个 URL 地址通常包括如下四部分信息:①协议;②服务器域名或 IP 地址;③端口号,默认端口 80 可用不写;④目录或文件名称。例如对于 URL 地址 http://www.xijing.edu.cn:80/news/13339999.html,协议是 http,域名地址是 www.xijing.edu.cn,端口号是默认 80,目录和文件名是 news/13339999.html,表示服务器 xijing.edu.cn 上面目录 news 下的文件 13339999.html。

URL 后面可能还跟有一个片段,也称为引用。该片段由井字符"#"指示,后面跟有更多的字符,例如 http://java.sun.com/index.html#chapter1。使用此片段的目的在于表明,在获取到指定的资源后,应用程序需要使用文档中附加有 chapter1 标记的部分。

下面通过一个案例,演示如何获取网络上指定资源(http://www.xijing.edu.cn/info/1108/7896.htm)的信息。

这个案例的具体需求为先输入要定位的 URL 地址,然后再输入要显示哪个页面标签元素的内容,程序显示该标签的具体内容,具体代码如下:

```
import java.util.Scanner;
import java.net.*;
import java.io.*;
public class TestURL{
    public static void main(String args[]){
        URL tURL = null;
        BufferedReader in = null;
        Scanner input = new Scanner(System.in);
        System.out.print("请输入要定位的 URL 地址:");
        String url = input.next();
        System.out.print("请输入要显示哪个页面标签元素的内容(如 title,head,body,p,div,
                    footer 等:");
        String iStr = input.next();
        try
        {
            //通过 URL 字符串创建 URL 对象
            tURL = new URL(url);
            in = new BufferedReader(new InputStreamReader(tURL.openStream()));
            String s;
            while((s = in.readLine()) != null){
                if(s.contains(iStr))
                    System.out.println(s);
            }
        }catch(Exception e)
        {
            e.printStackTrace();
        }

    }
}
```

编译、运行程序，先后输入 http://www.xijing.edu.cn/info/1108/7896.htm 和 TITLE，其运行结果如图 10.4 所示。

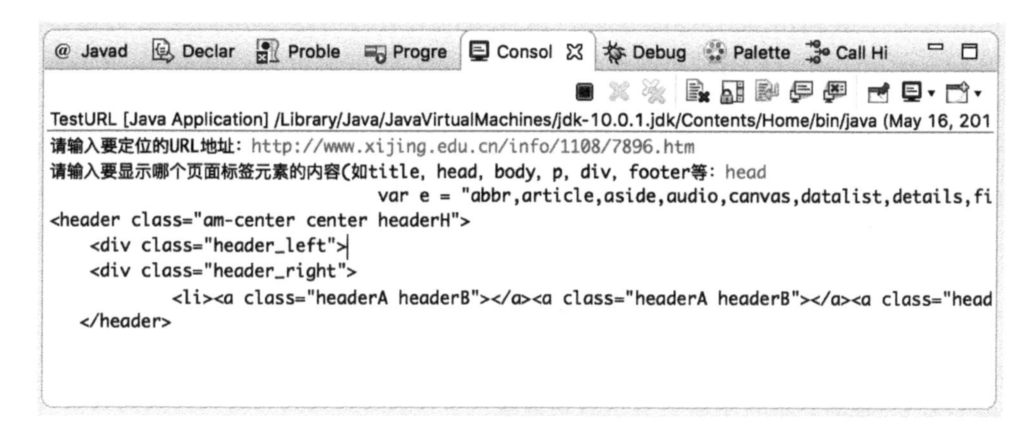

图 10.4 URL 类使用

10.3.3 URLConnection 类

前面介绍的 URL 类代表的是一个网络资源的位置，而接下来要介绍的 URLConnection 代表的是一种连接。此类的实例可用于读取和写入对应 URL 引用的资源。通常，创建一个到 URL 的连接 URLConnection 的对象需要以下几个步骤：

(1) 通过在 URL 上调用 openConnection()方法创建连接对象；

(2) 设置参数和一般请求属性；

(3) 使用 connect()方法建立到远程对象的实际连接；

(4) 远程对象变为可用，其中远程对象的头字段和内容变为可访问。

URLConnection 类有下列属性作为参数可以设置：

(1) boolean doInput：将 doInput 标志设置为 true，指示应用程序要从 URL 连接读取数据，此属性的默认值为 true。此属性由 setDoInput()方法设置，其值由 getDoInput()方法返回。

(2) boolean doOutput：将 doOutput 标志设置为 true，指示应用程序要将数据写入 URL 连接，此属性的默认值为 false。此属性由 setDoOutput()方法设置，其值由 getDoOutput()方法返回。

(3) long ifModifiedSince：有些网络协议支持跳过对象获取，除非该对象在某个特定时间点之后又进行了修改。其值表示距离格林威治标准时间 1970 年 1 月 1 日的毫秒数，只有在该时间之后又进行了修改时，才获取该对象。此属性的默认值为 0，表示必须一直进行获取。此属性由 setIfModifiedSince()方法设置，其值由 getIfModifiedSince()方法返回。

(4) boolean useCaches：如果其值为 true，则只要有条件就允许协议使用缓存；如果其值为 false，则该协议始终必须获得此对象的新副本，其默认值为上一次调用 setDefaultUseCaches()方法时给定的值。此属性由 setUseCaches()方法设置，其值由 getUseCaches()方法返回。

(5) boolean allowUserInteraction：如果其值为 true，则在允许用户交互(例如弹出一个验证对话框)的上下文中对此 URL 进行检查；如果其值为 false，则不允许有任何用户交互，其默认值为上一次调用 setDefaultAllowUserInteraction()方法所用的参数的值。使用 setAllowUserInteraction()方法可对此属性的值进行设置，其值由 getAllowUserInteraction()方法返回。

(6) URLConnection 类还有两个属性 connected 和 url，分别表示是否创建到指定 URL 的通信链接和该 URLConnection 类在互联网上打开的远程对象。

另外，可以使用 setRequestProperty(String key, String value)方法设置一般请求属性，如果已存在具有该关键字的属性，则用新值改写原值。

下面案例简要说明了 URLConnection 类的使用，注意代码执行后没有输出内容。URLConnection 类里涉及的一些知识我们现在还没有学习到，在阅读下面的代码时如果有不明白的地方，通过后面的课程学习会逐步理解。

```
import java.net. * ;
import java.io. * ;
public class TestURLConnection{
    public static void main(String args[]){
        try{
            //(1)通过在 URL 上调用 openConnection()方法创建连接对象
            URL url = new URL("http://www.xijing.edu.cn/info/1108/7896.htm ");
            //根据 URL 获取 URLConnection 对象
            URLConnection urlC = url.openConnection();
            //请求协议是 HTTP 协议，故可转换为 HttpURLConnection 对象
            HttpURLConnection hUrlC = (HttpURLConnection)urlC;
            //(2)设置参数和一般请求属性
            //请求方法如果是 POST，参数要放在请求体里，所以要向 hUrlC 输出参数
            hUrlC.setDoOutput(true);
            //设置是否从 httpUrlConnection 读入，默认情况下是 true
            hUrlC.setDoInput(true);
            //请求如果是 POST，不能使用缓存
            hUrlC.setUseCaches(false);
            //设置 Content-Type 属性
            hUrlC.setRequestProperty("Content - Type", "text/plain; charset = utf - 8");
            //设定请求的方法为 POST，默认是 GET
            hUrlC.setRequestMethod("POST");
            //(3)使用 connect 方法建立到远程对象的实际连接
            hUrlC.connect();
            //(4)远程对象变为可用
            //通过 HttpURLConnection 获取输出输入流，可根据需求进一步操作
            OutputStream outStrm = hUrlC.getOutputStream();
```

```
            InputStream inStrm = hUrlC.getInputStream();
            //省略若干代码
        }catch(Exception e){
            e.printStackTrace();
        }

    }
}
```

10.4　Socket套接字编程

所谓Socket通常也称作套接字，应用程序通常通过套接字向网络发出请求或者应答网络请求。Java语言中的Socket编程常用到Socket和ServerSocket这两个类，它们位于java.net包中。

10.4.1　基于TCP的Socket编程

Java类Socket和类ServerSocket用于面向连接的套接字编程。就像邮递员必须知道街道和门牌号才能派件一样，网络应用程序必要知道另一个应用程序所在的终端IP地址和端口号才能和对方进行通信。多数服务器/客户端类型的应用程序都适用套接字编程进行通信，客户端和服务器要先使用套接字建立连接，当连接建立后，套接字的作用就像一条管道，通信双方可以使用这个管道向对方发送或者从对方接收数据。图10.5展示了Java套接字通信过程，可以看到客户端使用Socket类对象链接服务端的ServerSocket类对象，同时客户端的输出流与服务端的输入流连接，服务端的输出流与客户端的输入流连接。

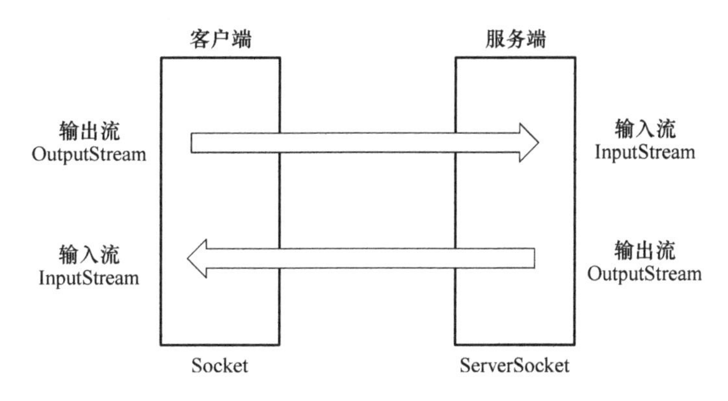

图10.5　基于TCP的Socket通信示意图

在服务器端，创建一个ServerSocket对象，并指定一个端口号，使用ServerSocket类的accept()方法使服务器处于阻塞状态，等待用户请求。

在客户端，通过指定一个InetAddress对象和一个端口号，创建一个Socket对象，通过这个Socket对象，连接到服务器。

首先我们来看服务器端程序，具体代码如下：

```
import java.net.*;
import java.io.*;
public class TestServer{
    public static void main(String args[]) {
        try{
            //创建一个 ServerSocket 对象,并端口号 8888
            ServerSocket s = new ServerSocket(8888);
            while(true){
                //侦听并接受到此套接字的连接
                Socket s1 = s.accept();
                OutputStream os = s1.getOutputStream();
                DataOutputStream dos = new DataOutputStream(os);
                dos.writeUTF("客户端 IP:" + s1.getInetAddress().getHostAddress() + "
                    客户端端口号:" + s1.getPort());
                dos.close();
                s1.close();
            }
        }catch(IOException e) {
            e.printStackTrace();
            System.out.println("程序运行出错!");
        }
    }
}
```

该服务器端程序的作用就是监听 8888 端口,当有发送到本机 8888 端口的 Socket 请求时,建立输出流,将通过 accept()方法创建的 Socket 对象的 IP 地址和端口号输出到客户端。编译、运行程序,使服务器启动并处于监听状态。

下面编写客户端程序,其代码如下:

```
import java.net.*;
import java.io.*;
public class TestClient{
    public static void main(String args[]){
        try{
            //通过 IP 地址和端口号,创建一个 Socket 对象
            Socket s1 = new Socket("127.0.0.1", 8888);
            //建立输入数据流
            InputStream is = s1.getInputStream();
            DataInputStream dis = newDataInputStream(is);
            System.out.println(dis.readUTF());
            dis.close();
            s1.close();
        }catch(ConnectException e){
```

```
            e.printStackTrace();
            System.err.println("服务器连接失败!");
        }catch(IOException e){
            e.printStackTrace();
        }
    }
}
```

该客户端程序通过 IP 地址 127.0.0.1 和端口号 8888,创建一个客户端 Socket 对象,建立输入数据流,通过输入数据流读取指定 IP 地址和端口号上服务器端程序的输出,并在控制台将服务器的输出显示出来。编译、运行程序,结果如图 10.6 所示。

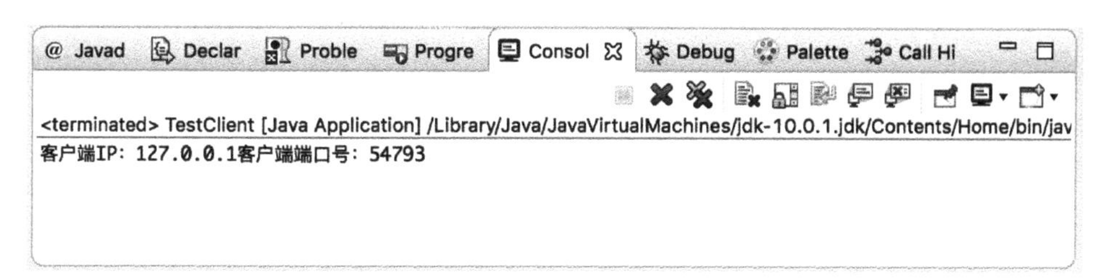

图 10.6　使用 Java Socket 服务器客户端通信

在这个通过 Java Socket 编程实现的客户端、服务器端程序中,客户端没有请求的具体内容,只要有请求,服务器就将指定的内容发送给客户端,客户端将接收的内容显示出来。接下来对上面的案例进行调整,服务器端可以接收客户端请求的内容,并显示在服务器端控制台上。具体服务器端程序代码如下:

```
import java.io.*;
import java.net.*;
public class TestSockServer2 {
    public static void main(String[] args) {
        InputStream in = null;
        OutputStream out = null;
        try{
            ServerSocket s = new ServerSocket(8888);
            Socket s1 = s.accept();
            in = s1.getInputStream();
            out = s1.getOutputStream();
            DataOutputStream dos = new DataOutputStream(out);
            DataInputStream dis = new DataInputStream(in);
            String str = null;
            if((str = dis.readUTF())! = null) {
                System.out.println("客户端输入内容:" + str);
                System.out.println("客户端 IP:" + s1.getInetAddress().getHostAddress());
                System.out.println("客户端端口号:" + s1.getPort());
```

```
            }
            dos.writeUTF("服务器端反馈客户端!");
            dis.close();
            dos.close();
            s1.close();
        }catch(IOException e){
            e.printStackTrace();
        }
    }
}
```

客户端代码如下：

```
import java.net. * ;
import java.io. * ;
public class TestSockClient2 {
    public static void main(String[] args) {
        InputStream is = null;
        OutputStream os = null;
        String s = null;
        try{
            Socket socket = new Socket("localhost",8888);
            is = socket.getInputStream();
            os = socket.getOutputStream();
            DataInputStream dis = new DataInputStream(is);
            DataOutputStream dos = new DataOutputStream(os);
            //客户端向服务器端发送请求的内容
            dos.writeUTF("客户端提交服务器");
            if((s = dis.readUTF()) ! = null)
                System.out.println(s);
            dos.close();
            dis.close();
            socket.close();
        }catch(UnknownHostException e){
            e.printStackTrace();
        }catch(IOException e){
            e.printStackTrace();
        }
    }
}
```

编译、运行服务器端、客户端程序，运行结果如图 10.7 和图 10.8 所示。

图 10.7　Socket 编程服务器端

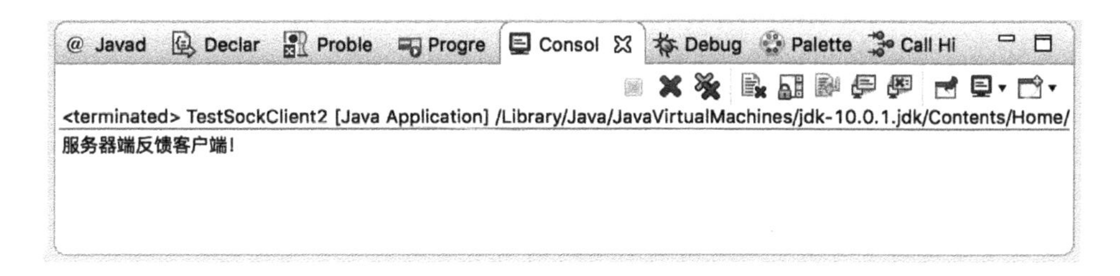

图 10.8　Socket 编程客户端

10.4.2　基于 UDP 的 Socket 编程

UDP 是用户数据报协议，它提供的是无连接、不可靠信息传送服务。Java 主要提供了两个类来实现基于 UDP 的 Socket 编程。

(1) DatagramSocket：此类表示用来发送和接收数据报包的套接字。数据报套接字是包投递服务的发送或接收点，每个在数据报套接字上发送或接收的包都是单独编址和路由的。从一台计算机发送到另一台计算机的多个包可能选择不同的路由，也可能按不同的顺序到达。在 DatagramSocket 上总是启用 UDP 广播发送。

(2) DatagramPacket：此类表示数据报包。数据报包用来实现无连接包投递服务，每条报文仅根据该包中包含的信息从一台计算机路由到另一台计算机。

DatagramPacket 类主要有两个构造函数：一个用来接收数据 DatagramPacket(byte[] recyBuf, int readLength)，用一个字节数组接收 UDP 包，recyBuf 数组在传递给构造函数时是空的，而 readLength 值用来设定要读取的字节数；一个用来发送数据 DatagramPacket (byte[] sendBuf, int sendLength, InetAddress iaddr, int port)，建立将要传输的 UDP 包，并指定 IP 地址和端口号。

接下来通过一个案例，演示 Java 如何实现基于 UDP 的 Socket 编程，其中服务器端代码如下：

```
import java.net.*;
import java.io.*;
public class TestUDPServer{
    public static void main(String args[]) throws Exception
    {
        //创建数据报包的套接字，端口号 8888
```

```
        DatagramSocket ds = new DatagramSocket(8888);
        byte buf[] = newbyte[1024];
        //创建接收的数据报包
        DatagramPacket dp = new DatagramPacket(buf,buf.length);
        System.out.println("服务器端:");
        while(true)
        {
            //从此套接字接收数据报包
            ds.receive(dp);
            ByteArrayInputStream bais = new ByteArrayInputStream(buf);
            DataInputStream dis = new DataInputStream(bais);
            System.out.println(dis.readLong());
        }
    }
}
```

客户端代码如下：

```
import java.net.*;
import java.io.*;
public class TestUDPClient{
    public static void main(String args[]) throws Exception
    {
        long n = 10000L;
        ByteArrayOutputStream baos = new ByteArrayOutputStream();
        DataOutputStream dos = new DataOutputStream(baos);
        dos.writeLong(n);
        byte[] buf = baos.toByteArray();
        System.out.println("客户端:");
        System.out.println(buf.length);
        //创建数据报包的套接字,端口号 9999
        DatagramSocket ds = new DatagramSocket(9999);
        //创建发送的数据报包
        DatagramPacketdp = new DatagramPacket(buf, buf.length,
            new InetSocketAddress("127.0.0.1", 8888));
        //从此套接字发送数据报包
        ds.send(dp);
        ds.close();

    }
}
```

编译、运行程序，运行结果如图 10.9 和图 10.10 所示。

图 10.9　UDP Socket 编程服务器端

图 10.10　UDP Socket 编程客户端

10.5　创新素质拓展

本节将尝试编写一个聊天室程序来巩固和提高 Java 网络编程知识。具体来说,程序首先启动一个聊天室服务器,用户可以随时加入聊天室并看到聊天室的其他人员,同时支持群聊和私聊功能,即用户可以对某个用户发送文字信息,也可以对所有用户发送文字信息。

10.5.1　使用 Socket 进行网络通信

通常,支持网络功能的 Java 程序都要使用 Socket 进行通信。对于最常见的服务器客户端程序模型,其基本方法是在服务器启动时创建一个线程监听某一个固定端口(一般大于1024),等待客户端的连接。服务器每接收到一个客户的连接(相当于用户登录),就会和用户之间建立和保持一个会话,一般为每个用户创建一个线程来与其保持通信和交互,这个新的服务器线程会接管此客户,服务器会继续监听其他用户的连接,依次类推。

10.5.2　编写聊天室程序

【目的】

在掌握 Java 多线程,网络编程核心知识,自主学习 Socket 通信相关知识的基础上,鼓励学生大胆质疑,尝试解答思考题,培养学生创新意识。

【要求】

实现基于文本的聊天室程序,支持多个客户同时连接,并且将某个客户发送的消息转发给所有其他客户,填写参考程序中的空缺部分:【代码 1】和【代码 2】。

【参考程序】

```
///服务器
public class ChatServer implements Runnable {  // 实现 Runnable 接口支持多线程
    private ChatServerThread clients[] = new ChatServerThread[50];  // 当前连接上的客户
    private ServerSocket server = null;  // 服务器监听套接字
    private Thread        thread = null;
    private int clientCount = 0;          // 客户个数
    //创建并启动服务器监听指定端口,等待客户连接
    public ChatServer(int port) {
        【代码 1】
    }
    public void run() {
        while(thread ! = null) {
            try {
                System.out.println("Waiting for a client...");
                 addThread(server.accept());
            }
            catch(IOException ioe) {
              System.out.println("Server accept error: " + ioe); stop(); }
          }
    }
    public void start()  {
        if(thread == null)
        {   thread = new Thread(this);
            thread.start();
        }
    }
    public void stop()   {
        if(thread ! = null)
        {   thread.stop();
            thread = null;
        }
    }
    private int findClient(int ID)
    {   for(int i = 0; i<clientCount; i++)
          if(clients[i].getID() == ID)
             return i;
        return - 1;
    }
    //处理客户发送的消息
    public synchronized void handle(int ID, String input)
    {   if(input.equals(".bye"))
```

```
        {  clients[findClient(ID)].send(".bye");
           remove(ID); }
        else
           for(int i=0; i<clientCount; i++)
              clients[i].send(ID+": "+input);
     }
     //指定 ID 的客户退出服务器
     public synchronized void remove(int ID)
     {
        【代码 2】
     }
     private void addThread(Socket socket)
     {  if(clientCount<clients.length)
        {  System.out.println("Client accepted: "+socket);
           clients[clientCount]=new ChatServerThread(this, socket);
           try
           {  clients[clientCount].open();
              clients[clientCount].start();
              clientCount++; }
           catch(IOException ioe)
           {  System.out.println("Error opening thread: "+ioe); } }
        else
           System.out.println("Client refused: maximum "+clients.length+"reached.");
     }
     public static void main(String args[]) {
        ChatServer server=null;
        if(args.length !=1)
           System.out.println("Usage: java ChatServer port");
        else
           server=new ChatServer(Integer.parseInt(args[0]));
     }
  }
```

//限于篇幅，其他完整代码（类 ChatServerThread，ChatClient，ChatClientThread 参考本教材配套的实验学习指导手册

【知识点链接】

Java 语言 Socket API 支持客户端和服务器进程之间双向通信，ServerSocket 用于面向连接的可靠通信，而 DategramSocket 用于无连接非可靠通信。相关知识链接，请扫描右侧二维码。

【思考题】

将 ChatServer 类中 handle 和 remove 成员方法的 synchronized 关键字去掉，重新运行，

会发生什么问题？尝试分析原因。

10.6 本章练习

1. 下列哪一层不是 TCP/IP 协议族里的？(选择一项)(　　)

A. 网络接口层　　B. 网络层

C. 传输层　　D. 会话层

2. 请描述 TCP/IP 协议族和 OSI/RM 模型各分为哪几层，以及它们各层间的对应关系。

3. 如何得到域名地址 www.xijing.edu.cn 的 IP 地址？如何得到 IP 地址 209.204.220.100 对应的域名？

4. 请描述创建一个到 URL 的连接 URLConnection 的对象需要哪几个步骤。

5. 基于 TCP 的 Socket 编程，在客户端和服务器端要创建什么对象？需要哪些参数？

6. 在应用程序开发中如何选择使用 ServerSocket 还是 DatagramSocket 来通信?

7. 在服务器端,如何确定访问者的 IP 地址?同时说明在使用 DatagramSocket 和 ServerSocket 通信时获取访问者 IP 地址的方法。

第 11 章　Java 访问关系型数据库

本章简介

本章主要介绍常见关系型数据库，JDBC、JDBC 访问数据库的基本过程，Java 实现数据库访问的基本步骤，同时介绍了 Java 访问数据库公共类等内容。在创新素质拓展部分，安排了“地址信息系统设计与实现”设计型实验，该实验结合数据库访问公共类，针对 MySQL 关系型数据库类型实施，培养学生的动手实践能力、夯实学生的创新知识、提升学生的创新能力及素质。

11.1　关系型数据库

这里对数据库中常用的术语做简单说明。

1. 数据

数据(data)是数据库中存储的基本对象。数据可以定义成描述事物的符号记录。数据有多种表现形式，如数字、文字、图形、图像、声音、视频、语言等。数据必须经过数字化后(A/D)才能存入计算机。

2. 数据库

数据库(database，DB)顾名思义就是数据存放的仓库。这个仓库在计算机的存储设备上(如硬盘、光盘、磁带等)，而且数据是按照一定的格式来存放的。例如，存放公民信息的数据库中，存放的数据按照姓名、性别、出生日期、身份证号、发证机关等格式定义，可以这样描述一个公民信息：张三、男、1990 年 7 月 28 日、610104199007282158、西安市碑林分局长乐西路派出所。

数据库中的数据按照一定的数据模型组织、描述和存储，具有较小的冗余度、较高的数据独立性，以及良好的可扩展性，可以供各种用户共享使用。

3. 数据库管理系统

数据库管理系统(database magagement system，DBMS)是一个系统软件，它可以完成对数据的科学组织和存储，提供对数据的高效使用和维护。

数据库管理系统是介于操作系统和用户之间的一种数据管理软件，主要功能如下。

(1) 数据定义功能

DBMS 提供数据定义语言 DDL，用户通过它可以方便地对数据库中的数据对象进行定义，如创建数据库、表、视图等。

（2）数据操纵功能

DBMS 提供数据操纵语言 DML，用户使用 DML 实现对数据库中数据的基本操作，如查询（select）、插入（insert into）、删除（delete from）和修改（update）等。

（3）数据库的运行管理

为了保证数据的安全性、完整性、多用户访问时的并发性和灾难恢复等，必须由 DBMS 对数据库在建立、运行和维护时进行统一管理与控制。

（4）数据库的建立和维护功能

数据库的建立和维护功能包括数据库初始数据的输入、转换功能，数据库的存储、恢复功能，数据库的重组和性能监视、分析功能等。通常 DBMS 会提供一些实用工具来实现这些功能。

4. 常见的关系型数据库

关系型数据库采用了关系模型作为数据的组织方式。关系模型中，数据的逻辑结构是一张二维表，由行和列组成。表中的每一个分量必须是一个不可再分的数据项，也就是说不允许表中还有表。实际工作中，常见的数据库产品如下。

（1）SQL Server

SQL Server 数据库系统是美国微软公司（Microsoft）推出的一款较为易用的数据库管理系统。目前只能用在微软的 Windows 操作系统下使用，操作较为简单，但可伸缩性等性能比较差，适用于中小型企业。

（2）Oracle

Oracle 数据库系统是美国甲骨文公司开发的一款关系型数据库管理系统。它在数据库领域一直处于领先地位。可以说 Oracle 数据库系统是目前世界上流行的关系数据库管理系统，具有可移植性好、使用方便、功能强等特点，适用于各类大、中、小、微机环境。它是一种高效率、可靠性好、适应高吞吐量的数据库解决方案，目前被广泛应用于通信领域，适用于大型企业的构建分布式数据管理（Web 站点）。它主要运行在 UNIX、Linux 平台上，也可以运行在 Windows 平台上。

（3）DB2

DB2 是 IBM 公司（关系型数据库理论和 SQL 语言的发明者）开发的关系型数据库管理系统。到目前为止，DB2 广泛应用于金融、电信、保险、铁路、航空、制造业、医院、旅游等领域，在对安全性要求极高的金融领域备受青睐。DB2 早期发展的重点是针对大型主机平台，从 20 世纪 80 年代中期以来，DB2 已经发展到中型机、小型机及微型机（PC）平台上。通常运行在 UNIX 和 Linux 平台上，构建企业级数据库系统，提供对数据的高可靠性、安全性访问。

（4）MySQL

MySQL 是一个关系型数据库管理系统，由瑞典 MySQL AB 公司开发，目前属于甲骨文公司。关系型数据库将数据保存在不同的表中，而不是将所有数据放在一个大仓库内，这样就增加了速度并提高了灵活性。MySQL 的 SQL 语言是用于访问数据库的最常用标准化语言。MySQL 软件采用了双授权政策，分为社区版和商业版。因其体积小、速度快、总体拥有成本低，尤其是开放源代码这一特点，一般中小型网站的开发都选择 MySQL 作为网站数据库。其社区版的性能卓越，搭配 PHP 和 Apache 可组成良好的开发环境。

11.2 JDBC

11.2.1 JDBC 的概念

JDBC 代表 Java 数据库连接(Java database connectivity),它是用于 Java 编程语言和数据库之间的数据库无关连接的标准 Java API,换句话说,JDBC 是用于在 Java 语言编程中与数据库连接的 API。JDBC 库包括通常与数据库使用相关,如下面提到的每个任务的 API。

- 连接到数据库;
- 创建 SQL 或 MySQL 语句;
- 在数据库中执行 SQL 或 MySQL 查询;
- 查看和修改结果记录。

从根本上说,JDBC 是一个规范,它提供了一整套接口,允许以一种可移植的访问底层数据库 API。Java 可以用它来编写不同类型的可执行文件,如:

- Java 应用程序
- Java Applet
- Java Servlets
- Java ServerPages(JSP)
- 企业级 JavaBeans(EJB)

所有这些不同的可执行文件都能够使用 JDBC 驱动程序来访问数据库,并存储数据到数据库中。

JDBC 提供与 ODBC 相同的功能,允许 Java 程序包含与数据库无关的代码(同样的代码,只需要指定使用的数据库类型,不需要重修改数据库查询或操作代码)。

11.2.2 JDBC 架构

JDBC API 支持用于数据库访问的两层和三层处理模型,但通常,JDBC 体系结构由两层组成:

(1) JDBC API:提供应用程序到 JDBC 管理器连接。

(2) JDBC 驱动程序 API:支持 JDBC 管理器到驱动程序连接。

JDBC API 使用驱动程序管理器并指定数据库的驱动程序来提供与异构数据库的透明连接。

JDBC 驱动程序管理器确保使用正确的驱动程序来访问每个数据源。驱动程序管理器能够支持连接到多个异构数据库的多个并发驱动程序。

图 11.1 是架构图,它显示了驱动程序管理器相对于 JDBC 驱动程序和 Java 应用程序的位置。

因为有了 JDBC 驱动程序,才使得用 Java 语言编写的数据库应用程序可以操作不同的数据库。SUN 公司制定的 JDBC 标准可以完成三个基本功能:建立数据库连接、发送 SQL 语句,以及返回和处理 SQL 语句的执行结果。

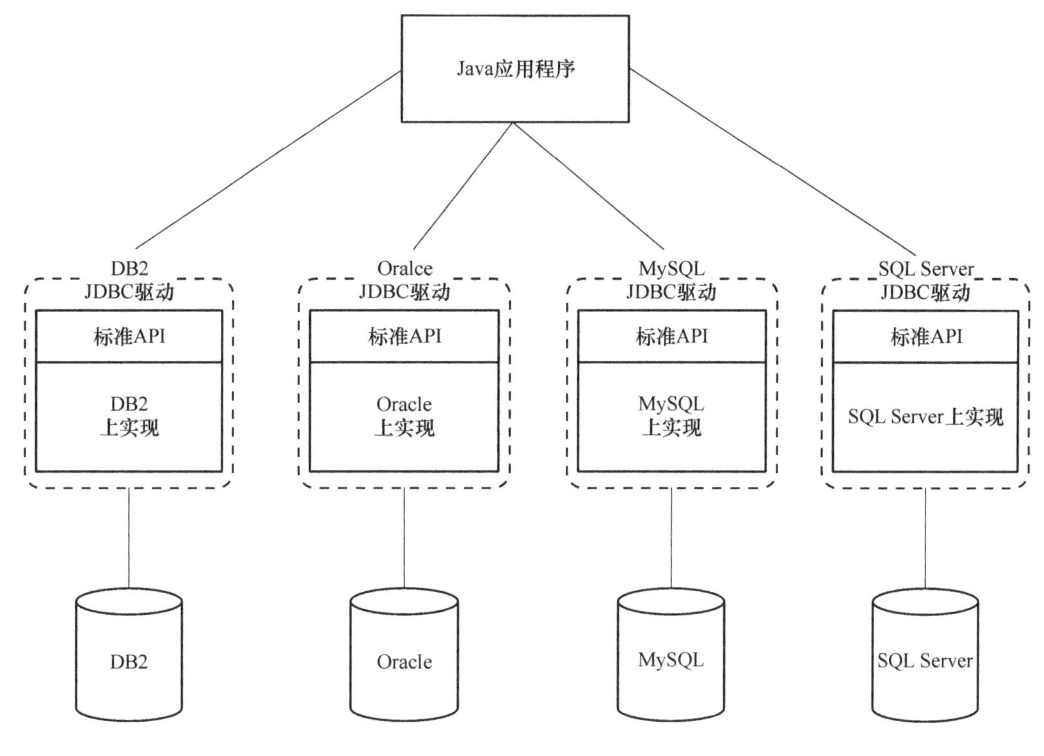

图 11.1 JDBC 驱动示意图

11.2.3 常见的 JDBC 组件

JDBC API 提供以下接口和类：

(1) DriverManager：此类管理数据库驱动程序列表。使用通信子协议将来自 Java 应用程序的连接请求与适当的数据库驱动程序进行匹配。在 JDBC 下识别某个子协议的第一个驱动程序将用于建立数据库连接。

(2) Driver：此接口处理与数据库服务器的通信。我们很少会直接与 Driver 对象进行交互，但会使用 DriverManager 对象来管理这种类型的对象。它还提取与使用 Driver 对象相关的信息。

(3) Connection：此接口具有用于联系数据库的所有方法。连接(Connection)对象表示通信上下文，即，与数据库的所有通信仅通过连接对象进行。

(4) Statement：使用从此接口创建的对象将 SQL 语句提交到数据库。除了执行存储过程之外，一些派生接口还接收参数。

(5) ResultSet：在使用 Statement 对象执行 SQL 查询后，这些对象保存从数据库检索的数据。它作为一个迭代器并可移动 ResultSet 对象查询的数据。

(6) SQLException：此类处理数据库应用程序中发生的错误。

11.3 JDBC 编程步骤

使用 JDBC 访问数据库通常需要以下四个步骤。

1. 载入 JDBC 驱动

通常使用 Class 类的 forName(Stringdriverclass)静态方法来加载驱动,其中 Driverclass 为数据库驱动类所对应的字符串。

加载 MySQL 的 JDBC 驱动:

```
Class.forName("com.mysql.jdbc.Driver");
```

加载 Sql Server 的 JDBC 驱动:

```
Class.forName("com.microsoft.sqlserver.jdbc.SQLServerDriver");
```

加载 Oracle 的 JDBC 驱动:

```
Class.forName("oracle.jdbc.driver.OracleDriver");
```

注意:不同的数据库厂商提供的驱动类字符串不相同,具体参见各厂商提供的驱动文档说明。使用该方法前需要将数据库驱动包加入 CLASSPATH 环境变量中,并且在程序中导入该数据库驱动包。

2. 获得数据库连接

通过 DriverManager.getConnetction(String url,String user,String pass)来获取数据库连接。url 表示数据库 URL,user 表示登录数据库的用户名,pass 表示登录数据库的用户密码。参数 url 是一个由冒号":"分隔的具有三个组件的字符串,例如,<protocol>:<subprotocol>:<subname>,其中 protocol 总是 jdbc,subprotocol 是所使用的驱动的厂商指定的字符串,subname 标识连接的特定数据库。

MySQL 数据库连接如下:

```
Connection con = DriverManager.getConnection("jdbc:mysql://host:port:database","username","password");
```

SQL Server 数据库连接如下:

```
Connection con = DriverManager.getConnection("jdbc:sqlserver://host:port;DatabaseName = database","username", "password");
```

Oracle 数据库连接如下:

```
Connection con = DriverManager.getConnection("jdbc:oracle:thin:@hostname: port:database","username","password");
```

具体 subprotocol 的写法参阅厂商 JDBC 驱动的文档说明。

3. 使用 Connection 创建 Statement 对象

通过该对象执行 SQL 语句,该对象可以由 Connection 对象的方法创建,具体方法如下:

```
createStatement();//创建基本的 SQL 语句
preparedStatement(String sql);//创建预编译的 Statement 对象
preparedCall(String sql);//创建 CallableStatement 存储过程
```

4. 使用 Statement 执行静态 SQL 语句

可以通过以下三种方法执行 SQL 语句：

```
executeQuery(String sql);//只能执行查询语句,返回 ResultSet 对象
executeUpdate(String sql);//主要执行 DML 和 DDL 语句。执行 DML 返回受 SQL
//语句影响的行数,执行 DDL 返回 0
execute(Sring sql);//执行任意 SQL 语句,但是比较麻烦
```

SQL 是检索和操作关系型数据库的标准语言,标准 SQL 语句可以操作任何关系数据库。

SQL 语句的关键字不区分大小写,可以分为以下四种。

(1) 查询语句 select,这是 SQL 里面最复杂、最灵活、功能最多的语句;

(2) 数据操作语句 DML,主要有 insert、update 和 delete;

(3) 数据定义语句 DDL,主要有 create、alter、drop 和 truncate;

(4) 数据控制语句 DCL,主要有 grant 和 revoke。

关于详细的 SQL 操作语句,请扫描如下二维码:

5. 处理结果集

如果执行的是 select 语句,执行结果将返回一个 ResultSet 对象,该对象保存了查询到的结果。程序通过操作 ResultSet 对象来取出查询结果。ResultSet 提供了两类方法:

(1) next、previous、last、first、beforeFirst、afterLast、absolute 等移动记录指针的方法;

(2) getXxx 获取记录指针指向行的特定列数据。使用列索引作为参数性能好,使用列名作为参数可读性会更好。

另外,如果要修改结果集,需要调用 ResultSet 对象的 updateXxx(int index, Xxx value)方法,参数 1 是要更新列的索引,参数 2 代表要更新的列值。Xxx 代表 JDBC 类型。列修改完成后,需要调用 updateRow()方法,提交修改。以 MySQL 关系型数据库为例,示例程序如下:

```
try {
        Class.forName("com.mysql.jdbc.Driver"); //加载驱动程序
}
catch(ClassNotFoundException e) {
  System.out.println("JDBC driver exception");
}
try {
    //获取数据库连接
    Connection conn = DriverManager.getConnection(url, usr, pass);
```

```
    //创建 PreparedStatement 对象,设置结果集可滚动、可更新
    PreparedStatement psmt = conn.preparedStatement("select * from
    student",ResultSet.TYPE_SCROLL_INSENSITIVE, ResultSet.CONCUR_UPDATABLE);
    ResultSet rs = psmt.executeQuery();
        rs.first();
        int rownum = rs.getRow();
        for(int i = 1; i< = rownum; i++) {
            rs.absolute(i);
            //修改记录指针所指向记录的第 2 列值
rs.updateString(2,"学生" + i);
            rs.updateRow(); //提交修改
            }
}
catch(SQLException e) {
    e.printStackTrace();
}
finally {  //关闭数据库资源
    if(rs ! = null)
            rs.close();
    if(psmt ! = null)
            psmt.close();
    if(conn ! = null)
            conn.close();
}
```

6. 回收数据库资源

使用完数据库资源后应当依次关闭 ResultSet、Statement、Connection 等对象。通过调用 close()方法来实现关闭各对象。

11.4 数据库访问公共类

由于数据库的驱动加载、获取连接和关闭不用的数据库资源会反复被不同的应用程序使用,因此将数据库连接和关闭包装成一个实用类 DButil,以方便使用。此外,为了适应不同的数据库,将数据库驱动名,数据库 url、username、pasword 等信息存入文件中,通过 Properties 对象进行加载,提高程序的灵活性。

```
import java.sql.*;
import java.util.Vector;
import javax.swing.JOptionPane;
import java.sql.Connection;
import java.sql.DriverManager;
import java.util.Properties;
```

```
public class DButil {
    public Connection openConnection() {
        Properties prop = new Properties();
        String driver = null;
        String url = null;
        String username = null;
        String password = null;

        try {
            //Properties 的 getProperty 方法会读取属性文件中的"键(key)"对应的"值(value)"
prop.load(this.getClass().getClassLoader().getResourceAsStream(
                    "DBConfig.properties"));
            driver = prop.getProperty("driver");
            url = prop.getProperty("url");
            username = prop.getProperty("username");
            password = prop.getProperty("password");
            Class.forName(driver);
            return DriverManager.getConnection(url,username, password);

        } catch(Exception e) {
            e.printStackTrace();
        }
        return null;
    }
}
```

基于上述 DBUtil，建立了与 MySQL 数据库的连接，下面编写数据库访问公共类，相关代码如下：

```
import java.sql.Connection;
import java.sql.ResultSet;
import java.sql.SQLException;
import java.sql.Statement;
/**
 * 该类作用：数据库操作，增删查改
 *
 * 主要方法：excuteUpdate，closeConn 和 excuteQuery
 * closeConn：关闭数据库连接
 * executeUpdate：适用于实现增删改操作，不适用于查询，一次性可以执行多条 sql 语句
 * executeQuery：用于查询功能的方法，且只适用于查询
 * @authorMr deng
 *
 */
```

```
public class DBOperation {
public Connection con = null;
public Statement st = null;
public ResultSet rs = null;
//只适用于增删改操作,不适用于查询操作
public boolean executeUpdate(String[] sql) {
    boolean bool = true;
    DButil util = new DButil();
    Connection con = util.openConnection();
    try {
        con.setAutoCommit(false);
        st = con.createStatement();
        for(int i = 0; i<sql.length; i++){
    st.addBatch(sql[i]);//当要执行多条 sql 语句时,可以通过 jdbc 的批处理机制完成,这样可以
                        //提高执行效率
        }
        st.executeBatch();//执行批处理
        con.commit();
        } catch(SQLException e) {

        try {
            bool = false;
            con.rollback();
            } catch(SQLException e1) {
            e1.printStackTrace();
        }
        e.printStackTrace();
        }finally{
        if(st! = null){
            try {
                st.close();
                if(con! = null){
                  con.close();
                }
            } catch(SQLException e) {
            e.printStackTrace();
            }
        }
    }
    return bool;
}
    //用于查询功能的方法,且只适用于查询
```

```
    public ResultSet executeQuery(String sql) {
        try {
            DButil util = new DButil();
            con = util.openConnection();
            st = con.createStatement();
            rs = st.executeQuery(sql);
                } catch(SQLException e) {
            e.printStackTrace();
        }
         return rs;
    }
    //查询操纵后,关闭数据库连接
    public void closeConn() {
        if(rs! = null)
        {try {
                rs.close();
                if(st! = null){
                st.close();
            if(con! = null){
                con.close();
                    }
                }
            } catch(SQLException e) {
            e.printStackTrace();
            }
        }
    }
    }
```

DBConfig.properties 文件内容如下：

```
driver = com.mysql.jdbc.Driver
url = jdbc:mysql://127.0.0.1:3306/test
username = root
password = root
```

在 Java 中，properties 配置文件的用法，请扫描如下二维码：

11.5 数据库连接池

数据库连接的建立和关闭会消耗大量的系统资源，对系统的性能产生较大的影响。前面通过 DriverManager 获取数据库连接对象，一个数据库连接对象对应一个物理数据库连接，每次操作都需要打开一个物理连接，使用完毕后，再关闭数据库连接，频繁地打开和关闭数据库连接将造成系统性能的极大损失。

为了解决数据库连接的频繁建立和释放，JDBC 2.0 规范中引入了数据库连接池的概念。数据库连接池的设计思想是：当数据库应用程序启动时，系统(如 TOMCAT 容器)主动建立足够的数据库连接，并将这些连接组成一个连接池。每次应用程序请求数据库连接时，无须重新建立连接，而是从连接池中取出已有的连接使用，使用完毕后，不再关闭数据库连接，而是直接归还给连接池，以供下次使用。使用连接池极大地提高了程序的运行效率。

数据库连接池的常用参数有数据库的初始连接数、连接池的最大连接数、连接池的最小连接数和连接池的每次增加容量。

JDBC 的连接池使用 javax.sql.DataSource 来表示。该数据源 DataSource 只是一个接口，通常由商用服务器(WebSphere、WebLogic 等)厂商提供实现。一些开源组织也提供了数据源的免费实现，如 DBCP 和 CP30。

1. DBCP 数据源

DBCP 是 Apache 软件基金会下的开源数据库连接池的实现，使用该连接池实现需要两个 jar 文件：commons-dbcp.jar(连接池的实现)和 commons-pool.jar(连接池实现的依赖库)。

使用连接池前需要将这两个 jar 文件添加到 CLASSPATH 环境变量中。著名的免费 Web 应用服务器 Tomcat 就是使用该连接器来实现连接池的。数据库连接池既可以和应用服务器整合使用，也可以由应用程序独立使用。使用 DBCP 获取数据库连接的代码如下：

```
BasicDataSource ds = new BasicDataSource();                       //创建数据源对象
ds.setDriverClassName("com.mysql.jdbc.Driver");                   //加载 MySQL 驱动
ds.setUrl("jdbc:mysql://192.168.1.3:3306/db_test");               //设置数据库的 url
ds.setUsername("root");                                           //设置登录数据库的用户名
ds.setPassword("passme");                                         //设置登录数据库用户的密码
ds.setInitialSize("5");                                           //设置连接池初始连接数
ds.setMaxActive("50");                                            //设置连接池最大活动连接数
ds.setMinIdle(2);                                                 //设置连接池最小空闲连接数
Connetion conn = ds.getConnetion();                               //获取数据库连接
```

数据源只需要创建一次，它是产生数据库连接的生产者。创建连接池的代码最好放在应用程序启动时，自动初始化数据源对象。程序中需要访问数据库时，只需要访问该 ds 对象，并获取数据库连接即可。当数据库访问结束时，需要关闭数据库连接 conn.close()。通过关闭数据库连接，把数据库连接释放掉，连接归还给连接池，以供其他用户再次使用。

2. CP30 数据源

与 DBCP 数据源相比，CP30 数据源性能更好一些，著名的数据访问框架 Hibernate 就推荐使用该连接池。CP30 不仅可以自动清除不再使用的数据库连接，还可以自动清除不用的 Statement 和 ResultSet。使用 CP30 数据源，需要 c3p0-*.jar 文件支持，其中"*"代表不同的版本号。获取 CP30 连接池的代码如下：

```
ComboPoolDataSoure ds = new ComboPoolDataSoure();                  //创建连接池对象
ds.setDriverClassName("com.mysql.jdbc.Driver");                    //加载 MySQL 驱动
ds.setJdbcUrl("jdbc:mysql://192.168.1.3:3306/db_test");            //设置数据库的 url
ds.setUsername("root");                                            //设置登录数据库的用户名
ds.setPassword("passme");                                          //设置登录数据库用户的密码
ds.setInitialPoolSize("5");                                        //设置连接池初始连接数
ds.setMaxPoolSize("50");                                           //设置连接池最大连接数
ds.setMinPoolSize(2);                                              //设置连接池最小连接数
ds.setMaxStatement(100);                                           //设置连接池缓冲的最大语句数
Connetion conn = ds.getConnetion();                                //获取数据库连接
```

11.6 创新素质拓展

【目的】

帮助学生使用数据库访问公共类 DBOperation，实现对 MySQL 数据库的访问，理解JDBC 访问数据库的一般步骤，具体包括：第一步，加载数据库驱动程序 Class. forName ("sun. mysql. jdbc. Driver")；第二步，连接数据库 Driver. getConnection(url，username，pwd)；第三步，数据库操作，主要通过 Statement 和 Result 两个接口完成。同时，鼓励独立思考问题，尝试如何通过调用数据库访问公共类，解决数据库访问相关问题，培养创新意识与实践能力。

【要求】

结合第 7 章知识，完善用户登录界面，输入用户名和密码，然后再点击"登录"按钮时，检索数据库 addressbook 中的用户信息表 usernifo(其中"用户名"对应数据库表中的字段 username，"密码"对应数据库表中的字段 pwd)。若用户信息匹配，则跳转到主界面 MainWindow，否则提示错误信息。

【程序运行效果示例】

运行效果如图 11.2、图 11.3 和图 11.4 所示。

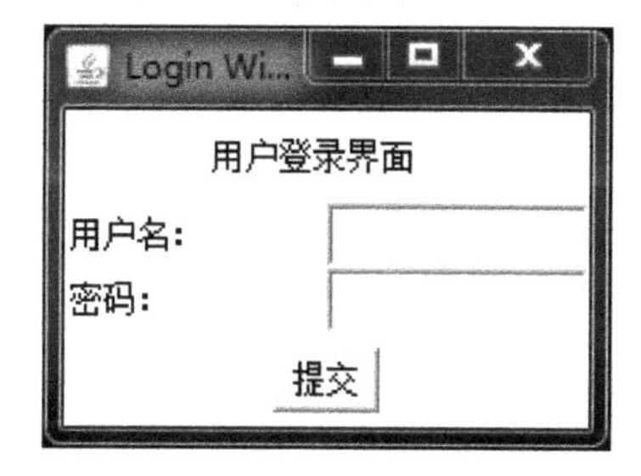

图 11.2 用户登录界面

图 11.3　登录成功跳转主界面

图 11.4　登录失败提升窗体

【参考程序】

```
import MainWindow. * ;
import PubClass. DBOperation;
import java. awt. * ;
import java. awt. event. * ;
import java. sql. ResultSet;
import java. sql. SQLException;
import javax. swing. JOptionPane;
public class LoginExcise implements ActionListener,WindowListener{
Frame f;
Label b1,b2,b3;
TextField t1,t2;
Button submit;
Panel p1,p2,p3,p4;
DBOperation db;
```

```
    LoginExcise()
    {
        【代码 1】//实例化对象,设置 Frame 标题为 Login Window
        b1 = new Label("用户登录界面");
        b2 = new Label("用户名:");
        b3 = new Label("密码:");
        t1 = new TextField(10);
        t2 = new TextField(10);
        t2.setEchoChar('*');
        submit = new Button("提交");
        【代码 2】//将 submit 按钮注册事件监听器
        p1 = new Panel();
        p2 = new Panel(new GridLayout(2,2));
        p3 = new Panel();
        【代码 3】//将 p1 放置在 f 的 NORTH 位置
        【代码 4】//将 p1 放置在 f 的 CENTER 位置
        【代码 5】//将 p1 放置在 f 的 SOUTH 位置
        【代码 6】//将 f 注册窗体事件监听器
        p1.add(b1);
        p2.add(b2);
        p2.add(t1);
        p2.add(b3);
        p2.add(t2);
        p3.add(submit);

        f.setVisible(true);
        f.pack();


    }
    public static void main(String[] args)
    {
        【代码 7】;//实例化 LoginExcise 对象
    }
    @Override
    public void actionPerformed(ActionEvent arg0) {

        try {
        【代码 8】//实例化 DBOperation 对象 db,创建数据库连接
        String sql = "select * from userinfo where username = '" + t1.getText().toString() + "' and
pwd = '" + t2.getText().toString() + "'";
            System.out.println(sql);
```

```
        【代码 9】//对象 db 执行查询操作
        if(rs.next())
        {
        【代码 10】//实例化 MainWindow 对象,跳转至主界面
            f.dispose();
        }
        else
        {
JOptionPane.showMessageDialog(b1, this, "Login error! Please check user information!", 0);
        }
    } catch(ClassNotFoundException e) {
        // TODO Auto-generated catch block
        e.printStackTrace();
    } catch(SQLException e) {
        // TODO Auto-generated catch block
        e.printStackTrace();
    }finally
    {
        try {
            db.close();
        } catch(SQLException e) {
            // TODO Auto-generated catch block
            e.printStackTrace();
        }
    }
}
@Override
public void windowClosing(WindowEvent arg0) {
        【代码 11】;///关闭登录界面
}

//以下为冗余的代码块
@Override
public void windowActivated(WindowEvent arg0) {}
@Override
public void windowClosed(WindowEvent arg0){}
@Override
public void windowDeactivated(WindowEvent arg0) {}
@Override
public void windowDeiconified(WindowEvent arg0) {}
@Override
public void windowIconified(WindowEvent arg0) {}
```

```
    @Override
    public void windowOpened(WindowEvent arg0){}
    }
```

【思考题】

1. 程序中冗余代码块能省略吗？

2. 为解决冗余代码块问题，也可以使用 WindowAdapter 类，应该如何改写？

3. 配置文件 DBConfig. properties 中，url 的值在本项目中该如何编写？

11.7　本章练习

1. JDBC 的基本层次结构由(　　　　)、(　　　　)、(　　　　)、(　　　　)和数据库五部分组成。

2. 根据访问数据库的技术不同，JDBC 驱动程序相应地分为(　　　　)、(　　　　)、和(　　　　)四种类型。

3. JDBC API 所包含的接口和类非常多，都定义在(　　　　)包和(　　　　)包中。

4. 使用(　　　　)方法加载和注册驱动程序后，由(　　　　)类负责管理并跟踪JDBC驱动程序，在数据库和相应驱动程序之间建立连接。

5. (　　　　)接口负责建立与指定数据库的连接。

6. (　　　　)接口的对象可以代表一个预编译的 SOL 语句，它是(　　　　)接口的子接口。

7. (　　　　)接口表示从数据库中返回的结果集。

参考文献

[1] 胡剑锋. Java 程序设计[M]. 北京：清华大学出版社，2005.

[2] 吕林涛. Java 程序设计案例教程[M]. 北京：科学出版社，2017.

[3] 崔英敏. Java 程序设计入门[M]. 北京：人民邮电出版社，2017.

[4] 龚永罡. Java 程序设计[M]. 北京：清华大学出版社，2013.

[5] 工业和信息化部人才交流中心蓝桥软件学院学术委员会. Java 语言基础与面向对象编程实践[M]. 北京：电子工业出版社，2017.

[6] 工业和信息化部人才交流中心蓝桥软件学院学术委员会. Java 核心 API 与高级编程实践[M]. 北京：电子工业出版社，2017.